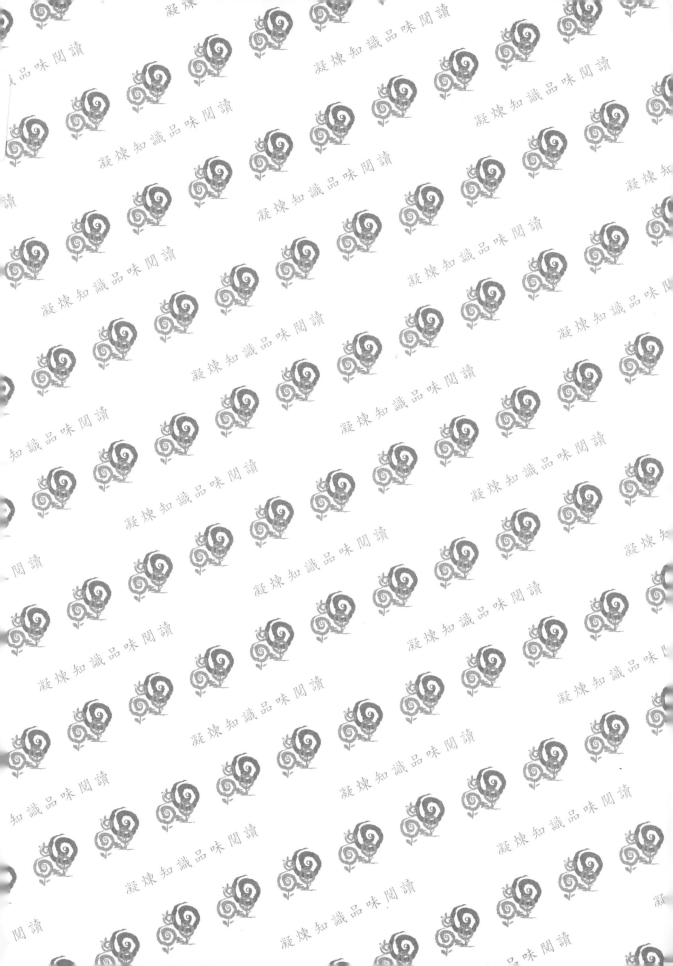

企業文化的創造與傳承

創新、競爭、適應、續航，品牌生存經典之道

葉保強——著

五南圖書出版公司 印行

序

　　30多年前，全球正流行卓越企業排名熱，美國《財富》雜誌帶頭製作「美國100家最佳僱主」龍虎榜（The 100 best companies to work for in America），很快發展成為一個運動，席捲全球商業界。連續排名於榜首的企業，除了財務有出眾的表現外，管理素質、產品品質及文化特質都是高水準的。當時，企業文化成為熱門的話題，商學院及管理界研究的熱點。我對企業文化的興趣始於此時，這些年我做了企業文化實證研究，及在香港《信報》的專欄，每週撰寫商業倫理或企業文化的文章。

　　我在撰寫本書的過程中，很高興在書架上仍能找到當時出版的經典作品，慶幸幾次搬家時仍將之保留，沒有丟棄。重讀這些紙面已發黃的作品，驚訝作者很多論述已成為傳統的智慧，經驗性的論述雖已過時，但有不少洞見仍對當今世界具有啓發性。文化的核心是抽象的信念、價值，概括性高，多具普遍性，不易隨日月的轉移而失色。正確的信念、有正當性的價值，更禁得起時間的考驗，續航力強，持久性高。好文化的厲害之處，正因為擁有好的信念及好的價值。

　　非凡的文化來自非凡的創造者或領導人，公司創辦人扮演了文化的創造人角色，優秀的領導人既可幫助創造，亦可擔當文化的維護人及傳承人。文化的創造、維護及傳承，都得依靠優秀的人才來執行，因他們最了解文化的重要性，並能身體力行，發揮其威力。卓越企業必具備卓越的文化及優秀人才這個平凡真理，知易行難，無怪乎世上千千萬萬的企業中，只有少數的卓越企業，而卓越企業之中，只有極少數會贏得偉大的桂冠。

　　本書之能付梓，誠蒙五南圖書出版公司的張毓芬，特別是侯家嵐的支持與協助，特此致謝。我感謝《信報》創辦人林行止先生提供寶貴的媒體空間，讓我十多年來有機會發表我的觀察與論述，讓讀者知悉商業

倫理及企業文化方面的近況。梁寶耳是我大學時的前輩友人，他的自由思想，敢言作風，鋤弊健筆，是我學習的楷模；與他結緣，是我福氣。

葉保強

雲起居

2019年9月

Contents

第二部分　範例篇

第一部分

理論篇

第 **1** 章

企業的成敗繫乎文化

問渠哪得清如許，為有源頭活水來。

———— 朱熹《觀書有感》

創立公司要資本、人才、點子、規劃、時機。辦好一家公司要靠好領導人、好員工、創新、好管理、好產品、好服務、好文化。是的，好文化！好文化不單是成功因素，而且是少數關鍵成功因素之一。文化包含了信念及價值，主導公司上下的思想行為，公司的規劃決策。信念及價值是抽象的，似無實有，難以捉摸，但對公司的生存發展發揮著無比的價值。不少著名企業的創辦人或領導人都極為重視公司文化，甚至有此共識：公司的成敗在乎文化！文化是企業的源頭活水！是耶？非耶？本章的兩個著名例子，可為此共識的佐證。

成也文化：嬌生藥廠安度危機

Johnson & Johnson

美國跨國企業嬌生藥廠（Johnson & Johnson）上世紀遇到一宗空前的大危機，公司倚仗其核心價值，成功地消除危機，化險為夷，成就商業史的一個傳奇。

1982年美國芝加哥地區發生數宗藥物被下毒命案，一款暢銷的止痛藥Extra Strength Tylenol包裝內的膠囊懷疑被人做了手腳，注入了致命的氰化鉀（俗稱山埃鉀），自9月29日起，兩天內奪去了7條人命。其後調查發現，作案手法是先從藥局的貨架上偷回Tylenol藥盒，將盒內膠囊裡的原來藥料換上山埃，再將有毒的藥盒放回貨架上。膠囊內被換入的山埃，是令人致命之劑量的1萬倍。

案件曝光後，全國媒體密集報導案情的進展，舉國震驚及恐慌，已服食或經常服用同類藥物的人憂心忡忡，狂打電話到醫院查問。

嬌生公司這款產品的銷量是同類藥物之冠，Tylenol使用者達億人，超過其他競爭者聯合起來的同類止痛藥總量。

嬌生在這場風暴中如何應對？在危機發生不久，公司高層當機立斷，跟有關方面密切合作，及採取一系列的步驟，快速控制局勢，目的是要盡快讓消費者消除恐慌及憂慮，令社會拾回信心。

公司在10月初即向全國消費者提出警告，呼籲他們不要服用此藥品，並下令全國分店將Tylenol下架，及將市值超過1億美元的310萬瓶藥品回收。一夜間，Tylenol的市占率從危機前的35%急降為8%。

公司設了24小時的熱線來回應消費者的查詢，執行長詹姆士·布克（James Burke）親自出馬，向全國的主要媒體解答Tylenol相關問題，將公司回應危機的過程透明度提高，讓社會知悉公司處理危機的詳情。接著，公司立刻將原有的Tylenol膠囊改為藥丸，大大減低被暗中破壞的機會，呼籲消費者到藥房用舊裝換取新裝，令消費者安心。11月公司推出一種有三重防範暗中破壞的包裝，將Tylenol重新上市，這款包裝是保證產品不會被私下更換。一連串的動作，逐漸重建了消費者對公司及此藥品的信心，危機後不到1年，新款Tylenol藥的市占率升回29%，隨後的數年，再度成為美國在藥架上可購買的最暢銷止痛藥！

公司為了消費者的安全，寧願付出上億元的巨大虧損，在資本主義利潤掛帥下實屬罕見！然而，對擁有對的價值及有真實承擔的公司來說，做對的事是公司「性格」使然，再自然不過。而鑄造企業性格的關鍵原因，正是其核心價值。核心價值是企業文化的基本元素，嬌生之所以能在危機中做對的事，亦是其企業文化發揮的作用。

風平浪靜時，企業都以亮麗面目示人，世人難知其真性情，然而一旦風急浪高時，如重大弊案被揭發，或產品安全出現問題等，企業的真面目就難以掩蓋，真性情會充分流露，因此，危機是考驗企業公開擁抱的核心價值是真是假的最佳時機，亦是識別企業良莠的好時刻。

嬌生能安度這次危機，企業的核心價值起了關鍵的作用。它成為回應危機的思想與行為的依據，對回應作出原則性的指引，公司依照原則制定具體措施，一步一步解除危機。領導這些危機處理的是布克，他承認企業核價值：嬌生信條是指導其思想及行動的依據，公司應付危機的一系列舉措，特別是不惜付出巨額損失將藥物回收，都是貫徹嬌生信條的結果，信條給予整體回應必要的倫理支持及動力（Pandya & Shell, et.al., 2005）。

嬌生藥廠在這次事件中的優秀倫理表現，獲業界及社會人士高度評價，且在商業倫理史上成為典範，嬌生亦留名青史。應付這次危機涉及的回收，是美國史上最大的一宗，嬌生在財務損失嚴重下，仍能堅持做對的事，其對倫理的真實承擔，足可令嬌生名留青史。本個案可從危機處理、企業倫理等角度來分析及解讀，亦可從企業文化的視角來思考。本章採取企業文化角度，探討企業

之核心價值對企業正派經營的效應。

嬌生信條

非凡的企業源自非凡的價值，非凡的價值孕育非凡的企業文化。

嬌生非凡的企業文化的核心，是公司上下都極為珍惜的「我們的信條」（Our Credo）（下稱「信條」）。這份超過七○年歷史的信條內容豐富，氣魄恢宏，嬌生的企業文化精髓盡在其中。這份充滿傳奇的信條，必須全文細讀，方能感受其所包含的微言大義及倫理境界：❶

我們相信我們首要的責任是對醫生、護士及病人，對所有父母親及其他使用我們產品與服務的人士。為了滿足他們的要求，我們所做的每一樣商品必須有高品質。我們必須不斷努力提供價值，削減成本，維持合理價格。顧客的訂單必須快捷無誤地處理。我們的商業夥伴必須有機會獲取一個公平的利潤。

我們必須對在全世界各地為我們工作的員工負責。我們必須提供一個包容性的工作環境，每一個人必須被視為個體。我們必須尊重他們的多樣性及尊嚴，以及確認他們的優點。他們必須有安全感、滿足感及工作目標。報酬必須公平與足夠，而工作環境必須清潔、有秩序及安全。我們必須支持員工的健康及快樂，並協助他們實現家庭責任及其他個人的責任。員工必須自由的提建議或投訴。對那些合乎資格的員工，在聘任、培訓及升遷方面必須有平等的機會。我們必須提供才能優異的領導，他們的所作所為必須公正及符合倫理。

我們要向我們生活及工作其中的社區及世界負責。我們必須以支持全球更多地方更好的受惠及護理，來協助人們變得更健康。我們必須成為良好公民：支持一切善行及慈善活動，良好健康及教育，及承擔我們應該繳納的稅項。我們必須維護我們有幸使用的物業，保護環境及自然資源。

我們最後的責任是對我們的股東。商業必須有合理的利潤。我們必須嘗試新的點子，研究必須繼續，創新計畫被開發，為未來投資以及付出犯錯的代價。我們必須購置新儀器、新設備，以及推出新的產品。必須購置新設備，提供新設備及推出新產品。必須為應付逆境做好準備。當我們以這些原則經營時，股東應該可獲取公平的回報。

值得注意的是，嬌生信條將對股東的責任置於諸責任之末，是企業中少見的，亦與「企業只須向股東負責」主流的商業傳統大相逕庭，嬌生雖不隨波逐流，自闢蹊徑，仍能在同業中脫穎而出，為人所敬佩，再見其擇善固執，不從流俗的非凡之處。

選擇到對的核心價值自然難能可貴，但卻不足以成就卓越，對的核心價值必須得到全面貫徹，從理念轉化成行為，在適當的時刻作出適當的行為，卓越才能達成。換言之，核心價值若不淪為空洞口號，信奉核心價值的企業人必須思行合一，言行一致，應為的當為，不應為的不為，核心價值才是活的價值、真實的價值。推而廣之，企業文化若不淪為裝飾虛文，必須與實踐密切地結合，產生實際的行為。這樣，企業文化才是活的、真實的。

核心價值

要加深對嬌生信條的了解，必須回顧這段歷史。

1886年，嬌生由三兄弟羅伯特・伍德・約翰遜I（Robert Wood Johnson I）、詹姆斯・伍德・約翰遜（James Wood Johnson）、艾德華・邁德・約翰遜（Edward Mead Johnson）聯手創立。羅伯特・伍德・約翰遜I的兒子羅伯特・伍德・約翰遜II（Robert Wood Johnson II），1932至1963年接任公司主席，期間他草擬了一份文件，宣示公司的經營理念及原則，文件逐漸演變成今天的信條，信條包含的核心價值，成為公司經營與發展原則的方向盤。

信條內容的來源是約翰遜II在1935年寫的一本小冊子，冊子名為《測試真相：對工時，工資及工業未來的討論》（*Try Reality: A Discussion of Hours, Wages and the Industrial Future*），內容探討行業的工時、薪資及行業的未來，這份冊子的理念，便成為日後信條內容的框架。約翰遜II在1943年依據框架寫成了信條，認為不僅適用於自己的公司，同時視為整個產業應遵守的原則，因此取名為一個產業的信條，直至1848年才定名為我們的信條，因它如實地反映了公司的核心價值。

信條是約翰遜II本人創制的，其後的公司領導人對信條之承擔及傳承，及將信條完善化與活化，是使這份超過75年的信條能歷久彌新、持續不衰的關鍵之一。上文提及成功回應泰蘭羅（Tylenol）毒案危機的執行長布克，正是出色的功臣。

詹姆士・布克（James Burke）1953年加入公司，在1976年被拔擢為執行長（1976至1989年任執行長），1979年他召開了會議，稱為Credo Challenge，

目的是檢討信條的適時性。出席的是20多名高階經理，會中布克手指向掛在會議室牆上的信條，問在座的經理，信條是否仍能指導他們在公司作業，還是只供人景仰的歷史文獻，若是後者，他建議應將它銷毀。布克用意在挑起一場辯論，使大家能深入探討信條是否仍適合時代發展，發揮真正的指導作用。經過這場討論，大家重新確認了信條的時代意義。隨後，他還舉行了兩天研討會，每次與25人開會，總共接見了1,200名經理，檢討嬌生信條的意義及合適性。之後還有兩次主要的跟進會議，及每年為新招聘的經理開兩次這樣的檢討會（Pandya & Shell, et.al., 2005）。

信條反思會不限於美國本土，布克在全球的分公司召開了同樣的會議，讓全球的員工反思信條的時代意義，此輪會議發現，信條的價值歷久常新，是引領公司向前的活價值，大家都誠心接受信條及在工作中加以實踐。事實上，這一連串的反思會令員工加深對信條的意識，了解信條的深義，加強對信條的堅守。1985年布克再次在全公司、全球各地分部作一個廣泛的調查，詢問員工公司是否能切實地遵行信條的價值，結果仍是正面的。

嬌生對信條的珍惜與重視，反映在對信條不斷的悉心照顧與維護，因應時代的改變，不時審視信條的適時性，務求使價值與時並進，避免淪為一紙空文，無法指導公司行動，而是有活力、有生命的活價值。為了達到這個目標，領導扮演了關鍵的角色，引領公司上下確認企業核心價值，加強對價值的意識及承擔。

公司過去對待信條的態度，足以證明公司是認真及嚴肅的。首先是布克在七〇年代所作的事。時移勢易，世事變遷。信條因應變遷，在條文作了修改，加強了內容，然而信條的基本精神始終如一，核心價值充滿生命力，緊貼時代發展的步伐。例如：為了響應當時環境保護的呼籲，信條在1979年添加了保護環境及自然資源的字句，納入了環境的價值。1987年，因應職場上工作生活平衡的價值，信條的第一段加入了父親及協助員工實現他們的家庭責任這段文字，以反映職場的新價值。

文化傳承

2013年是信條頒布以來70週年紀念，公司主席及執行長葛爾斯基（Alex Gorsky）推出Credo Challenge，讓公司上下再次反思信條如何能引導公司在新時代迎接新的挑戰。

2017年公司之執行委員會用焦點小組交流的方式，與來自公司不同地區、不同功能職級和部門的員工2,000人，就有關信條與他們的關聯，作交流及蒐集意見，問題包括：信條對你有何意義？如何確保信條不單今天，而是在將來亦是相干的？你認為如何改進信條，使其更能反映時代？蒐集了員工的意見後，執行小組審視收回的意見，經常深入研討，綜合的看法是，更新信條正合時勢，使其更貼近現時世界的需求，及在長線上鞏固公司對人類健康的承擔。❷

信條在公司占有神聖的地位。在新澤西州的總部大堂，信條就鐫刻在一塊重10噸的白色大理石上，供人瞻仰。這類石刻設置在公司全球約800幢建築物之內。信條通常在兩處呈現，一是公司的接待大堂，一是會議室內。公司的核心價值，呈現在重要的物理空間，除了展示信條的尊貴地位外，亦是公司無形價值文化的具體空間表現形式。

敗也文化：安隆財務詐欺敗亡

2001年12月驚爆的安隆醜聞（Enron Scandal），為日後不斷被揭發的企業弊案細節掀起序幕。「安隆」（Enron）這個名詞，自此成為了企業腐敗、財務作假、會計欺詐、企業貪婪、內線交易、公司治理失敗等代名詞。總部在美國德州休士頓市的安隆企業，主要業務是能源貿易，2000年申報的資產有1,011億美元，連續5年被《財富》雜誌譽為「美國最創新的企業」（America's Most Innovative Company），2001年是美國第七大企業，同年12月突然宣布破產，是當時美國最大宗的破產案。安隆弊案牽連很廣，涉案者包括世界有名的大會計事務所、投資銀行、股票分析師等。美國國會成立了11個專責委員會調查安隆弊案，足見案情的嚴重。安隆醜聞的情節充滿戲劇性，不用改編已經是一部很好的好萊塢電影腳本。

弊案事件簿

安隆欺詐案的主事者，主要是利用「創意會計術」（creating accounting）的會計伎倆，包括使用所謂「特殊用途項目」（special purpose entities），刻意隱藏了巨大的負債，使其不出現在公司的收支報表上，在公司財務上作假，試圖欺騙投資者及有關方面。涉案的是公司高層，包括了董事長康・雷伊（Ken Lay）、剛離職的執行長傑菲・史基林（Jeffrey Skilling）、財務長安德魯・費斯托（Andrew Fastow）及安隆董事局。這個財務作假案在2001年揭發後，安隆股票跌至一文不值，安隆全球的2萬名員工即時失業，留下高達150億美元的債務。安隆曾向很多大銀行貸款，包括摩根（J. P. Morgan）、花旗（Citigroup）等都受到拖累，摩根損失了9億，花旗則損失8億。另外，美林證券（Merrill Lynch）的一些高層被當局指控爲詐騙案的共犯。還有，代安隆做審計的會計事務所安德遜（Arthur Anderson LLP），由於審計的失職，被法庭判定妨礙司法公正（安德遜在安隆案曝光後，將有關安隆案的財務文件大量銷毀），勒令在2003年8月結束營業，導致其美國的7,500名員工失業，英國就有1,500名員工失去工作。安隆欺詐案牽連之廣，可見一斑。

安隆財務詐騙案涉及了以下一些重要事件。

1997年，安隆收購了一家叫JEDI的合夥公司（partnership）（其實是一家空殼公司）的股份，成立了一家由自己控制、名爲Chewco的新公司，然後將股份賣給這家公司。透過這類建立空殼公司的財技安排，安隆做了一連串的複雜賣買，將欠債虧蝕偷偷地隱藏起來。這樣的作法，令公司的財務變成迷宮，連熟練的分析員或投資者都弄不清公司的財務實況。2001年下旬開始，一連串的事件引爆了這宗案子。

根據多方調查的結果，1999年12月中，安隆發現業績離華爾街的預期很遠，於是開始做創意會計，而由費斯托（Fastow）剛創造出來的投資基金LJM2正好派上用場，巧妙地隱瞞了公司的負債，公司當時與LJM2基金進行了多項交易，幾個月後又從基金購買賣出的資產。這些假交易成功地編造了一個亮麗的財表假象。

2001年8月14日，執行長傑菲・史基林突然辭職，是在1年之內第6名高層行政人員離職。值得注意的是，史基林剛在2月12日接替雷伊當執行長，而雷伊改當董事長。董事長雷伊隨後召開投資分析員會議，大肆吹嘘他本人「對公司的表現從未有過如此的滿意」，會上分析員要求安隆披露更多的財務資

料，但遭雷伊拒絕。其後，分析員調低了安隆股票的評分，安隆股價隨即應聲下挫，每股跌至52週以來的最低價35.55美元（同年2月20日股價是75.09美元）。5月副總裁伯色達（Clifford Baxter）就公司的空殼公司安排不恰當作出投訴，其後辭職，卻在2002年1月末自殺身亡。

10月1日安隆的財務「黑洞」被揭發，全美震驚。10月12日，負責替安隆做審計的安德遜會計事務所勒令那些曾執行審計安隆的審計員，將安隆的有關文件銷毀，只留下最基本的文件。10月16日，安隆公布第三季的虧損達6億1,800萬美元。10月17日，安隆將股東的股票價值減低了12億美元，以填補公司的有限合夥公司（空殼公司）所涉及的交易上損失，這些有限合夥公司（空殼公司）是由公司的財務執行長費斯托所控制。另一方面，公司以行政改組為由，凍結了員工的401(k)退休福利計畫資金，使員工無法賣出手上的股票，不久，公司股價暴跌。10月22日，公司透露證券交易委員會（Security and Exchange Commission, SEC）已經開始調查與公司建立合夥關係的一些空殼公司。10月23日，雷伊向投資人保證，公司的財政狀態健全，叫他們不用擔心。10月24日，負責控制安隆的空殼公司財務執行長被解僱。

10月26日，華爾街日報報導了安隆的空殼公司Chewco公司之存在，由安隆的經理所主管。股價再跌至每股15.4美元。10月28日，雷伊去電庫務司奧尼爾（Paul O'Neill）求救；據報導，10月11月間，他至少去電奧尼爾的副手6次，要求協助。10月29日，又打電話向商業部長伊凡斯（Donald Evans）求助。11月8日，安隆承認自1997年開始，公司帳目有錯漏，在超過4年期間浮報了收入達5億8,600萬美元。12月2日安隆宣布破產時，股價暴跌至26美分。

在2001年11月末，安隆宣布破產的前幾天，解僱了4,000名員工，當時支付給被解僱員工的福利款項達5,500萬元，而約500名員工包括了11名行政人員，每人平均收到50萬至500萬元的遣散費。11月28日，安隆與Dyergy的合併宣布失敗。11月29日，證券交易委員會展開調查安隆，及負責審計其帳目的安德遜會計事務所。

12月1日安隆承認財務浮報，並申請破產保護令。如上文所言，安隆宣布破產時，其股票從1年多前的每股76美元暴跌到26美分，高達400億美元在股票市場蒸發！12月5日，安德遜會計事務所執行長接受國會聆訊，議員追問安隆有否違法。2002年1月10日，安德遜公布在2001年9至11月間，銷毀了安隆的文件；1月15日，將負責審計安隆的總會計師解僱，並將其他數位有關的審計師進行紀律處分。

2002年政府組成的專案小組開始對安隆詐欺案作刑事調查。2002年1月9日，司法部展開了對安隆的刑事調查。調查有以下幾個重點：安隆用空殼公司建立合夥公司，是否有心隱瞞負債，存心欺騙，誤導投資者？安隆的高層是否事先知道公司大難臨頭，即時出售了手上達11億美元的股票，但卻鼓勵投資者及員工不斷買入股票？1月25日，被指擅自將安隆文件銷毀的安德遜會計師事務所合夥人鄧肯，在國會聆訊時拒絕作答。原本答應出席國會聆訊及剛辭去董事長職的安隆前主席雷伊，2月3日突然改變初衷，拒絕出席聆訊。

安隆的崛起

安隆剛開業時，是家名不見經傳的小小天然氣公司，但短短的十幾年間，卻搖身一變，一度成為美國排行第七的大企業。從安隆發跡史，可隱約看到其經營的手法及背後不正派的賭徒式企業文化。

1986年，安隆是由兩間小規模的能源公司Houston Natural Gas及InterNorth合併而成的，由雷伊當執行長，公司的業務很簡單，每天出售某一數量的天然氣給能源公司或商戶。雷伊有野心，不甘心將事業限於做小生意，適逢政府推動消除能源限制，雷伊立刻展開遊說政府官員及議員，大力爭取減少政府干預能源的供求。1992年，期貨貿易委員會豁免了對安隆及其他能源的市場推廣公司受到政府監管。當時委員會的主席是德州參議員格蘭（Phil Gramm）的妻子溫蒂（Wendy），之後她成為安隆董事局的董事。

自此，安隆慢慢改變了經營方式，從天然氣販售商變成了能源經紀，經營能源的貿易，其後業務愈多元化，包括網際網路、天氣資訊服務等。同時，公司四處收購其他電力公司，包括英國、印度、本土之奧勒岡州的發電廠，亦計畫推出一個高速寬頻的電訊網絡，及與Blockbuster Video簽了一份20年的合約，經營影帶生意。1997年，安隆股票不超過20美元，但到2000年8月就飆升到84美元歷史新高。當時安隆股票成為投資者的寵兒，受到市場追捧，很多安隆員工都將退休金轉成公司股票。

內線交易

根據這次財務詐欺揭發的證據，安隆高層被懷疑涉及嚴重的內線交易。在醜聞爆發之前，公司高層分別將手上的安隆股票賣掉，但卻同時大力唱好安隆前景，鼓勵職員持有股票。根據《紐約時報》（*New York Times*）的資料，以下是在這段期間，安隆高層賣出股票情況：主席雷伊（Ken Lay）在2000年11

月到2001年7月31日之間，賣出了62萬7,000張股票；Lou Pai（Enron Xcelerator 董事）在2001年5月18日至6月7日，賣出1百萬張；Jim Derrick為法律顧問，2001年6月6至15日賣出16萬張；Ken Rise（Broadbend Services董事）2001年7月13日出售38萬6,000股；Robert A. Belfer為董事，2001年7月27日賣出10萬股；2001年9月21日賣出10萬9,000股；Jeffrey K. Skilling（前總裁）2001年9月17日賣出50萬股。

安隆高層有綿密的政商關係。安隆是美國史上最大的政治捐獻者，2000年總統競選時，安隆捐了1,700萬美元，其中的七成五是捐給共和黨的。雷伊深謀遠慮，苦心經營，以大筆的政治捐獻，在國會兩院建立了深厚的人脈，在小布希當選的前後，其政治影響力，可算是一時無兩。雷伊跟小布希的關係亦相當密切，從小布希當德州州長到當選美國總統期間，安隆捐了差不多60萬美元給他，包括雷伊在2001年為小布希就職典禮的支出貢獻了10萬美元。安隆與政府高層的密切關聯可想而知。小布希執政期間，由副總統錢尼主持的能源專責小組，雷伊是唯一獲得錢尼親自接見的能源執行長。2000年，政府的能源專責小組發表報告，支持了很多安隆所喜愛的能源建議。

治理失效

美國參議院經過6個月的調查，在2002年上旬出版了一個名為「董事局在安隆破產案的角色」（The Role of the Board of Directors in Enron's Collapse）的報告，揭露了董事局一早就被告知公司出了問題，可惜董事局卻沒有採取及時的行動，阻止安隆愈來愈猖獗的財務做假活動，表示董事局失職，沒有好好履行其監督的職責，讓安隆一步步走向自我毀滅的道路。

根據報告，早在1999年2月7日，安隆在倫敦的一次董事會中，董事們就已經知道安隆出現問題。那次，公司的會計事務所安德遜用「高風險」這個名詞來形容安隆的會計作法。當時領導安德遜會計事務所的公司負責人鄧肯，他告知委員會安隆的會計手法「做得太過」，正處於可以接受作法的「邊緣」。

當時在場的有擔任過10年審計委員會的主席，及其他有權出席的董事，對審計師所敘述的會計手法沒有表示反對，也沒有尋求第二個意見，或要求一個更審慎的作法。那次的警訊不是唯一的一次，其實自1999至2001年期間，安德遜的審計師在每年一或兩次的匯報中都有提及這點，但結果都是一樣，從來沒有董事反對這樣的手法，或要求再做進一步的調查。審計委員會主席的行為更令人費解，縱使做了多年的主席，但卻從沒有在董事會正式會議或其委員

會會議之外，另找機會接觸會計事務所了解實情。這種作法有違公司治理應有的規則。

調查員翻查了數千頁的公司文件及會議紀錄，及與安隆13名非公司的董事面談過，得出的結論是，董事局監管形同虛設，安隆像一個沒人管的公司。非公司董事的代表指報告對他們不公平，認為公司的高層執行人員不斷地向董事說謊及誤導他們，就算他們多麼努力，亦無法使有心犯法的執行人員自我揭露敗行云云。面對參議院委員會所展示的詳細資料，這種辯護很難令人相信。

關鍵的是，董事就算完全怠忽職守，亦不用負上任何形式的責任。況且，他們事先已經買有保險，保費由股民來支付，這樣的董事會職權結構實在令人費解。董事好處取盡（董事每年的酬金，包括現金及股票加起來有35萬美元），卻不用擔心要付出任何成本。

弊案涉案人

前財務長費斯托在2004年1月承認證券詐欺及電訊詐欺兩項控罪，被罰2,300萬美元及被判入獄10年。2004年2月，前執行長史基林及會計長（chief accountant）高斯（Richard K. Causey）被控超過30項罪名，這些控罪都與他們在公司自1999年以來的行為有關。史基林否認指控，由於案情複雜，涉及的文件極多，辯方律師申請將開審延後至2006年年初。

前董事長雷伊於2004年6月接受《紐約時報》獨家專訪，首次公開談論安隆弊案。自安隆案被調查以來，在幾次國會調查委員會的聆訊中，雷伊一直拒絕回答有關安隆案的內情，只表達對事件有無比的悲哀。在專訪中，雷伊將財務欺騙全部推給財務長費斯托，指他是會計做假的總設計師。事實上，不少中層經理已經提醒過雷伊，這些做假行為，媒體很早就已經廣泛地報導過。

2004年7月7日，雷伊被聯邦政府指控包括銀行詐欺（bank fraud）、串謀（conspiracy）、證券詐欺（security fraud）、電訊詐欺（wire fraud）等11項罪名。這些活動都在2001年8月到12月期間，當他接替突然離職的史基林執行長職位時發生的。於此同時，證管會指控雷伊證券詐欺及內線交易，要索回他由賣出股票中賺到的9,000萬美元。雷伊一直宣稱自己是無辜的，指對這些不當的財務做假，他一概不知情，是財務長一手做出來的。但證據卻證明他對做假行為一直是知情的，一些中層經理包括沃堅斯（Watkins）曾寫信將事情向他報告過，指出1999及2000年公司將利潤浮報。雷伊在未定罪前突然過世。史基林以串謀、詐欺及內線交易等定罪，被判入獄24年4個月（其後刑期稍

減），及罰款4,500萬美元，史氏預期在2019年刑滿出獄。

2004年9月19日，侯斯頓聯邦法院首次開審有關首宗安隆刑事案，被控者是4名美林證券公司（Merrill Lynch）中階行政人員及2名安隆的低階行政人員，案件涉及1999年12月一宗虛假的尼日利亞發電平底船的交易，該交易涉嫌將收入浮報了1,200萬美元。

安隆文化

安隆大詐騙案之所以出現，涉及因素很多，不能只用單一原因說明。除了資本主義體制、新經濟、會計行業行規、政治監管、企業倫理氛圍、公司領導層等問題外，安隆企業文化亦是關鍵原因。

安隆的企業文化究竟是怎樣？醜聞公開後，安隆的一切被放在顯微鏡之下，企業文化真實面向無所遁形。（*Business Week*, Feb 25, 2002, 37-39, March 11, 2002, 32-38）簡單地說，安隆文化就是勝者全取（winners-take-all）、弱肉強食的森林文化。

安隆文化充分反映在安隆幾個紅人廣為流傳的故事。紅人包括前總執行長史基林（Jeff Skilling）、女高階行政人員瑪柯（Rebecca Mark）及新秀克萊蒙斯（Lynda R. Clemmons）。

克萊蒙斯在安隆的成名史，羨煞旁人。她的成功故事，廣為人知，很傳神地呈現安隆文化。克萊蒙斯象徵了有創意、敢一馬當先、夠聰明、肯拚搏。1997年，克萊蒙斯只不過是一名天然氣及石油的貿易員，但她腦筋動得快，創造了用一種氣候衍生工具來生財的新型公司，公司成立之後兩年內，就已經籌集了10億美元，保護公司免受短期能源價格起跌被天氣所影響。這個成就雖然立刻令她成為了業界的紅人，但這間新公司像其他的安隆計畫一樣，表面上亮麗，但卻賺不到一分錢。

安隆文化受人注目的地方在於其敢走偏鋒、敢冒險、夠反叛、有企業家的精神，但由於公司不顧一切強調營收增長與個人的主動，以及公司想做就去做的作風，卻缺乏權力制衡，鼓勵強悍作風的文化慢慢地演變成一種不講道德、只求目的不擇手段的文化。公司放手讓年輕及經驗資淺的經理做他們想做的，但卻沒有相應的管控。在一次訪談中（BBC, Oct. 16, 2002），安隆的前員工米勒（Miller）將安隆不擇手段的文化講得更白，他說，如果搶走鄰居的午餐，你才能升級的話，就搶鄰居的午餐吧。這跟安隆在文宣上的文化：尊重、誠信、溝通、卓越（respect, integrity, communication and excellence）的傳遞，實

在反差太大了。

塑造「想做就去做」文化的一個核心人物，正是前總執行長史基林。他在2001年3月初的一個國會聆訊上的表現，充分展示出他那股強悍的霸氣，在長達5小時的聆訊下，雖然國會議員的提問咄咄逼人，史基林的回答絲毫沒有示弱，反而不時露出頑強的傲慢，而令人驚訝的是，他並沒有如其他被傳訊的證人一般，行使美國憲法第5條修正案所賦予的沉默權利。他有問必答，堅持他不知情，從來沒有說謊，總之，今次事件，錯在他人，與他無關。相信他的話的議員很少。

史基林未進入安隆之前，是著名的麥堅士顧問公司（McKinsey & Co.）顧問，當時的任務是要將安隆的一間分公司安隆財務（Enron Finance Corp.），轉成一家以金融產品及服務為主的新經濟公司，並以此作為安隆未來發展的模式。由於安隆財務相當成功，很受雷伊賞識，在1997年給他總裁位置，在2001年升為執行長。

史基林尚未大權在握之前，安隆另一名要員瑪柯（Rebecca Mark），則是跟安隆一起打天下的功臣，立下不少汗馬功勞，她所統領的一間分公司安隆國際（Enron International），直至她在2000年中離職前，一直都賺錢。這位女士是商界公認的女強人、談判高手，做事勤快而有狠勁，綽號「鯊魚瑪柯」（Mark the Shark），擅長建發電廠及出售電力，九〇年代中，在美國就收購了5座發電廠，跟著在亞洲、歐洲、南美及中東收購及興建超過15個電廠。由於出眾的表現，她被《財富》雜誌兩次推選為美國50位最有權力的商界女強人之一。

文化效應

史基林是在安隆鋒頭更勁的紅人，根本不把瑪柯的商業模式放在眼裡，認為這種舊經濟的生意方式已經過時，投資大、回報期長、賺的錢潛力有限，新經濟不是靠建造實體的發電廠或賣電力來賺錢，有形的資產不是新經濟的生財工具，他心目中的創新市場，不必擁有任何實質的資產，單憑做貿易就可生財。在新經濟下，任何可以交易的東西，都可以（電力、寬頻、氣象資訊）做貿易。史基林的新經濟商業模式願景，最後取得了勝利，安隆就以此方式經營，從經營傳統生產及買賣能源，很快變成做能源貿易及其他產品與服務的貿易，且取得成功，受到不少管理學界及經濟學紅人的青睞，將之吹捧為新經濟的創新經營模式。

史基林取得董事長雷伊的信任及獲取實權之後，開始建立自己的王國，拓展霸業，招兵買馬，剷除異己，絕不手軟，將所有不同路的人排擠的排擠，剷除的剷除，在他的強悍整治下，瑪柯不斷被削權，不少地盤不斷被史基林侵蝕，在1993年史基林說服了雷伊，將瑪柯在美國的所有電廠改由他管理，然後他將其很快賣掉取得現金，用來資助他的新計畫。史基林得勢不饒人，不斷在背後中傷瑪柯，最後將她踢出局。

強悍好勝的史基林打擊敵人絕不手軟，對手下或一些他認為不及他精明的人不留情面，經常在公眾場合羞辱他們。史基林為人粗野，深沉狡猾，野心勃勃；大權在握之後，用他的願景來重建安隆，一種強者全取，弱肉強食的安隆文化逐漸形成，所有要在安隆生存及發財的人，都要拚命地做，能賺錢就是卓越，工作就是一切，家庭生活、個人的生活品質是奢侈，跟不上的人會被視為「受損壞的貨品」而被拋棄。每年公司利用員工業績評鑑，開除了不少跟不上公司發展步伐的員工。為防止員工將公司祕密向競爭者外洩，安隆僱用了退休警察或中央情報人員做保安，及經常偵查員工的電子郵件，有時闖入員工辦公室及沒收電腦，員工經常在緊張不安的氣氛下工作。不被淘汰而僥倖成功的，會得到很多的物質獎勵。然而，這種達爾文式的森林倫理令員工惶惶不可終日，深怕隨時會被吃掉。

史基林主導安隆後，安隆真是起了一場革命：不少管理層被裁撤，大量僱用新人，用新思維、新做事方式，廢除論資排輩的傳統，員工的獎勵完全依據績效，史基林喜用剛拿到工商管理碩士學位的人，並給予很大的權力，他們可以在沒有上司的批准下，做500萬美元的決策。經理一有表現就可以升級，也擢升很快，不只在同一公司內急升，也能從一家公司升到另一家公司。但要賺錢得承擔巨大無比的壓力，對這群初出茅廬之輩，壓力雖大，但「無王管」，可為所欲為。這種職場環境正好是做壞事的溫床。

原來設置的制衡機制形同虛設，無法發揮作用。公司之內的法律小組功能亦被削弱，原因是公司內部的報告是相當分散的，而不是集中到公司的總部。另一方面，公司的業績評估系統亦形同虛設，委員會由20人組成，對公司超過400名副總裁，然後是主任及所有經理的業績做評估打分數，評分與員工的獎金及報酬掛鉤，但委員會對每一個人的評分是要無異議的，員工中最好的5%即是「超優」（superior）的分數，是可以比次好的「優」（excellent）（即接著的30%），分數高出66%，超優業績的人，比其他人取得異常豐厚的配股。這個制度原來的目的是避免被評分的人向委員會成員阿諛奉承，但實施後的效

果剛好相反，因為由於委員權力大，無人敢得罪，結果公司便形成了一種唯唯諾諾的「擦鞋」文化。理論上，公司強調團隊功能，但事實上卻是一種弱肉強食、勝者全取的文化。好勝心愈強，野心愈大的人，愈容易在這個文化下成功，獲取厚利，而這些人都有特別的人格特質，不願意將權力、資訊及榮耀與他人分享，私己主義、自私、貪婪、虛榮成為文化主流，久而久之，這種只會獨占，不會分享的倫理，在安隆不顧一切只要擴張的壓力下，逐步將公司推向犯罪邊緣。

弊案的效應

安隆弊案曝光及調查以來，對美國及全球有很明顯的效應。其中最重要的兩項是關於公司治理及會計行業的改革。美國通過及執行了專門針對企業弊案的「薩班斯─奧克斯利法案」（*Sarbanes-Oxley Act*），對違反證券法的人加重了刑罰，每家上市公司的執行長必須親自簽名證實財報是按照規則而申報的，並且是公平地報告公司的財務狀況，執行長及財務長若由於「實質的違規」（material non-compliance）而要修改公司的財務結果時，必須交回在過去12個月內取得的花紅及由賣出股票所賺得的利潤。此外，法案又規定公司不能借錢給董事等。

安隆案在英國也產生效應。英國的貿易工業部制定了會計行業的新規則，包括監督機構有更廣泛的權力調查上市公司，國稅局亦可以將有問題的戶口送交有關當局，公司董事若拒絕宣示他們沒有向其審計師隱瞞任何有關資訊，可能會被重罰。❸

企業成敗在文化

從上述的討論，我們不難發現文化對企業的重要性。嬌生藥廠能安度危機，是依靠公司的領導人秉持公司的核心價值，不惜支付龐大財務損失，作出正確的決定，最終「轉危為機」，贏回消費者的信心，奪回社會的信任與尊敬。好的企業文化是公司道德的方向盤，在重大事故時，指點正確的方向。嬌生的成功例子跟安隆的失敗例子，形成強烈的對比。安隆因陷於敗壞的公司文化不能自拔，領導層行為背離公司宣示的價值，上行下效，以錯為對，肆無忌憚，令公司不斷沉淪，逐步走上違法犯紀的歪道，最終受到法律制裁，領導層鋃鐺入獄，公司破產收場，企業毀於其敗壞的文化，莫此為甚。在本書後面第

二部分的企業文化範例，亦可見證好文化的正向效應。

　　值得謹記的是，世上沒有完美的企業，亦沒有完美的文化（perfect culture）。卓越的企業文化除了具備好的價值外，還有賴經常悉心的維護、及時更新，方能保持其剛健的活力及引航力。若疏於保養、懶於維護，就算是優秀的文化亦會變得平庸，失去生命力及續航力；企業會迷失方向，進退失據，容易犯錯，由盛轉衰。此外，優秀文化還得成功的傳承，保存爲人類文化的珍貴遺產。

註　釋

1.　嬌生信條在公司的官網上刊登，讓公眾知悉。

2.　Adam Grant interviewed Alex Gorsky, Chairman and CEO, Johnson & Johnson Dec 13, 2018.

3.　安隆詐欺弊案，部分資料來自筆者在《信報》2002年2月及5月的文章，及參考了《紐約時報》（*New York Times*）、《華盛頓郵報》（*Washington Post*）、《商業周刊》（*Business Week*）、*Fortune*、*The Economist*、BBC News的相關報導。此外，影視資料有：1. Enron: The Smartest Guys in the Room, an award-winning 2005 documentary film which examines the collapse of the Enron Corporation. 2. The Crooked E: The Unshredded Truth About Enron, (a television movie aired by CBS in January 2003 based on the book *Anatomy of Greed* by Brian Cruver).

第 2 章

企業文化的內涵與功能

當文化是剛健時，你會相信人人都會做正確的事。

——拜恩‧哲斯基（Brian Chesky），Airbnb共同創辦人

　　企業對人類社會愈來愈重要，生活中的食衣住行娛樂學習無不依賴各式各樣的產品服務，好產品與服務來自好企業，好企業有好的企業文化。文化是企業的無形資產，企業存活的核心元素，了解及有效管理文化是企業生存發展的重要議題。無形資產在現今知識經濟上的地位愈來愈重要，其增值潛力遠比一般有形資產高。商譽或品牌這些無形資產，就是很好的例子。商譽出眾的公司不單會留住舊客戶，同時會不斷吸引新顧客；反之，商譽不佳的則令人卻步，連原來的客戶亦會跑光，最後可能導致公司關門。商譽品牌代表了公司的產品服務品質，商譽品牌反映了企業文化，優良的商譽品牌反映了卓越的企業文化。❶

企業文化的關注

　　上世紀七〇年代管理學界及商界流行企業文化的討論，當時還有其他流行的名稱，包括「組織氣候」、「公司文化」、「企業精神」、「組織文化」等。論者用這些名詞來陳述一個企業成員可以經驗到的一種企業內相對穩定的性質，而這種性質是可以影響成員的思想及行為的。

　　荷蘭學者何史特（Hofstede, 1980）名著《文化的影響》（*Culture's Consequences*），探討國家文化對企業組織及行為的影響，開拓了企業文化研究的新方向。當時美日企業爭雄國際，旗鼓相當，美日不同的管理模式成為學者爭相研究的對象。這時出版的暢銷書如《Z理論》（*Theory Z*）（Ouchi, 1981），《日本管理之藝術》（*The Art of Japanese Management*）（Pascale & Athos, 1981）等一時洛陽紙貴，企業文化成為全球商業管理界熱議的課題。隨後而來的書籍，如《企業文化》（*Corporate Culture*）（Deal & Kennedy, 1982），及《追尋卓越》（*In Search of Excellence*）（Peters & Waterman, 1982）等暢銷書，亦以企業文化為賣點，長期高居於《紐約時報》的暢銷書排行榜。八〇年代早期是研究企業文化的春秋戰國時期，百家爭鳴，百花齊放，盛況空前，一時無兩，並奠下了日後研究的方向與基調。值得注意的是，除了通俗的管理學作品外，較為嚴謹的有同儕評審的學術性刊物，愈來愈多企業文化的研究與論述。

事實上，企業文化的關注及研究並非在八○年代才出現，而是在更早的三○年代就有相關著作及研究了，不過它們並沒有用「企業文化」這個題目而已。在美國，社會學家斯爾歷克（Selznick, 1957）在四○年代及五○年代已經開始研究企業內的管理與倫理的關係，指出倫理及價值在企業及領導的重要性。斯氏認為，企業的領導人要將技術部門的員工，轉化成有知覺及承擔感的員工，使他們成為公司事務的參與者，不是旁觀者；領導人最重要的責任，是將價值傳遞及移植到員工身上。換言之，企業領導人是價值的促進及保護者。六○年代及七○年代，英國管理大師漢狄（Handy, 1976, 1985）就以組織意識型態的框架，分析今天企業文化所關心相同議題，漢狄所指的意識型態，基本上在內容類似企業文化。

與企業文化熱潮同時期出現的人事管理學，鼓吹將管理從冷冰冰的組織結構、生產技術、管理技術，重新回歸到有溫度的人性管理。在這個號召下，企業內員工的價值、信念及文化，就自然成為研究的重點了。對員工的價值、信念及文化的關注，很自然變成對企業文化的關注，因為前者正是後者的核心內容。在下文的論述中，「企業文化」、「組織文化」及「公司文化」的意義大致是相同的。❷

什麼是文化

將人類文化視為一個系統，企業文化是其子系統。企業文化與所處的社會或國家文化有密切關聯，了解人類文化有助於了解企業文化。

近年對企業的研究，包括組織行為、組織心理、人力資源、商業策略，分別運用了各種社會科學的工具與方法來研究企業。由於這些研究大部分都以企業的某一特殊面向或問題為主軸，所得到的結論只能是有關企業的部分現象，因此在使用這些研究結果時，必須經過分析及整合，才可以幫助我們了解企業整體的多元性及複雜面向。要了解企業的整體，有賴企業文化學，即用更廣闊的文化框架來分析及觀察企業。

文化人類學對人類文化的研究，有助於對企業文化的了解。值得留意的是，人類學的文化定義很廣，將人類生活的每一面都視為文化，這樣寬廣的定義，對企業文化雖有點參考作用，但實質幫助不大。具體了解企業文化，需要找尋一個較精準的定義。雖然如此，我們不妨先從人類學文化的定義開始，了解文化的涵義，然後再追尋企業文化的定義。

在人類學對文化的論述中，以下是兩個常見的「文化」定義：

> 「文化」是人類觀念技能信念及習俗（所構成的）的龐大工具，部分是物質的，部分是人文的，及部分是精神性的，人們用以應付他們所面對的具體特定問題。（Malinowski, 1948）

> 每一個文化都有三個基本面：技術的、社會的及理念的。技術面是關於工具、物質、技術及機器；社會面包含了人們之間的關係；理念面包括了信念、禮俗、藝術、倫理、宗教行為及神話。（Lewis, 1969）

文化是群體的集體思維、習慣及行為的綜合；因此，文化反映了集體性活動及其結果。人是社會動物，其生存及活動脫離不了與其他成員的互動與合作，人類文化是集體性的信念、價值、習慣、規範及行為等元素所組成。這些信念價值及規範都承載著多重的意義：認知意義、情緒意義、行為意義。認知方面，文化可以幫助人了解外在世界，解讀現象。文化幫助人們回答世界「是什麼」、「如何運作」的問題，及什麼是重要的、什麼是珍貴的、什麼是好的、什麼是壞的問題。情緒方面，文化可以幫忙紓解在生活上各種焦慮不安（外面世界充滿未知及不確定性，因此也充滿危險與陷阱），給予人們情緒的安撫及穩定，文化亦可引發人們的喜愛或厭惡、尊崇或鄙棄、仁慈或殘暴、包容或排他等情緒。在行為方面，人們基於對世界的不同認知或價值解讀，及所引發相關的情緒，會產生不同的行為。

文化有一定的歷史性，每個文化有獨特的歷史，是經過長期發展及累積而形成的。文化是群體與環境的互動或回應環境挑戰的結果，這些環境是多樣的，包括自然、政治、經濟、社會、宗教的；在這些多元複雜回應的過程激發及衍生的信念、價值、行為、習俗或策略，經年累月被累積保留下來傳播、流傳、重複，讓其他人學習、模仿、分享、接受、遵守，成為群體的生活依據，代代相傳地成為群體的集體資源。文化的發展及演化的過程漫長，不是一夜之間可成的。

文化既是人類回應自然及人文環境的結果，自然及人文環境不斷地變化，體群文化亦會隨自然環境及人文環境的變化而變化。文化雖有其連續性──下代人承繼上一代人的文化，但遇到環境變化時，文化變化亦是經常出現的，表示文化基本上是動態而不是靜態的。不同文化面對外部環境的變化有迥異的反應。封閉的文化因循保守，恐懼改變，變化緩慢，文化趨近靜態；開

放的文化進取，接受變化，與時俱進，充滿動能。另外，同一文化內（母文化），不同的社群可能會因應個別不同的需要、關心，各取所需，以不同方式解讀、學習、接受及實行母文化，因此產生多樣的次文化，即社群各自的次文化不是同一的；反映了同一文化內有不同變化及創新的出現。

文化包含了豐富的象徵元素，包括各種符號、傳奇、價值、故事等，這些元素在人們彼此的聯繫及溝通之中擔當了重要的角色。另一方面，文化的象徵內涵給予人們很大想像及解讀的空間與自由，想像解讀的空間是沒有預定或明確的邊界，這些由個別成員所構成的想像及解讀空間之間的界線是模糊的，彼此有不同程度的重疊。對不同的成員而言，文化的意義經常不是整齊劃一及秩序井然的；而是含混、模糊、混亂性。文化這個複雜體中所包含的觀念、價值、信念之間的關係，並非如一幅拼湊好了的拼圖一樣，每一細部與另一細部互相完美地銜接成一個完整的整體，而是細部之間有糾纏不清的關係，充滿著模糊、含混、不一致。換言之，文化是一個形狀多樣化，結構模糊的信念價值規範之群聚（cluster）。正由於有這個特性，文化的成員必須不時對文化進行解讀及整理，消除其矛盾，減低含糊，清理混亂，重組一幅清晰融貫而可了解的圖像，作為彼此互動及合作的基礎。

根據以上的討論，我們取得一個簡明的文化定義：文化是社會成員所共同分享及遵從的信念、價值、思想、知識、規範、道德、習俗、行為取向及習慣等的元素，這些文化元素彼此依存、互相滲透，構成相對穩定的複雜體，成為思想行為的依據及指引。依此定義，文化對成員的思想及行為發揮著直接或間接、明顯或隱晦的規範及指引作用。文化與人，如影隨形，然而人卻常不自覺，受影響而無所感，恰如俗語所言：「魚在水中不知水，人在凡塵不識凡」。人有文化，國有文化，企業有企業文化。

文化的功能

文化究竟有何功能？依人類學，文化的主要功能有四：減低集體不確定性、秩序的形成、創造連續性、協助成員塑造身分及承擔。

減低集體不確定性

文化的一個重要功能是為社群提供穩定性，用克羅孔（Kluckhohn, 1968）的說法，文化是人面對驚心動魄的變化及挫敗世界時的穩定點。尤其

是面對一些不確定的因素時，文化的穩定性功能尤其顯著，不確定性會引起人們的焦慮不安，因為人們會對結果不可預測的狀況不知所措，因而產生害怕。文化可以提供人類認知及情緒上的支援，有助於制定相應的行為及策略，是人適應環境變化的厲害工具。在動物世界中，人類是最能利用文化來協助及加強適應力的物種。

形成秩序

構成文化核心的信念、價值、規範，可以在混亂或不確定中創造及形成秩序，包括認知秩序、情緒秩序及行為秩序。秩序包含了可預測性，即現象之間的因果關係，行為的因與果變得可以理解及預測的，因此秩序使社會成員的思想情緒及行為有所依從。文化中的行為規範功能尤其明顯，規範框架了人們互動合作的形式，為成員提供了基本的行為準則，包括什麼是對的行為、什麼是錯的動作、什麼是合適的作法，什麼是不合適的回應；在情緒方面，遵守什麼規範獲得支持、鼓勵或稱讚，違反什麼規範受到指責或懲罰。

創造連續性

文化的傳承需透過社會化（socialization），不同的社群文化之所以持續，有賴社會化。社會化是指對社會成員的教導及引導，將文化元素傳遞給成員。社會化包括了平行的傳遞（同代）及垂直的傳承（跨代）。成員在社會化過程中，學習社群的主流信念、價值、規範，並以此調整及指導自己的思想行為，使思想行為與其他成員配合，及符合社群的期望，因此可以融入社會，參與社群活動，讓集體合作暢通無礙。

塑造集體身分及承擔

經過長期的社會化，成員內化了社群的核心信念、價值、規範、習慣，逐漸形成了一個共同身分的意識，即「我們」的意識。成員所共同接受及遵守的信念、價值、規範、習慣，集結起來形成了大家的共同身分，這組文化元素足以將他們與不屬於這個社群的人輕易區分開來。共同身分給予成員情緒上的互相支持，這種情緒支持會加強成員的社會聯繫，將他們緊密地綁在一起，凝聚成一個擁有與眾不同的自覺團體，繼而形成了他們的互相忠誠及彼此承擔的基礎。因為是「我們」，成員彼此之間認定對方是忠心不二的對象；因為是「我們」，彼此就「有福同享，有難同當」的承擔。文化有力地塑造了「我們」群

體，提供了唇齒相依、共存共榮的思想情緒基礎。

這些文化元素不僅反映在不同的社會之中，同時會表現在不同文化的企業之內。

企業文化的定義

上文對文化內涵的梳理，有助於對企業文化的了解。

彼得斯及沃特曼（Peters & Waterman）是探討企業文化的先行者，其名著《追求卓越》對「企業文化」下了簡單直接的定義：「企業文化就是企業成員共同分享的價值（shared values）」（Peters & Waterman, 1982: 75）。書中挑選的卓越公司（excellent companies），包括IBM、波音飛機公司（Boeing）及麥當勞漢堡，毫無例外都各有獨特的企業文化。

在企業文化的諸多論著中，不難找到很多企業文化的定義。就八〇年代出版的西方論著定義，就可發現不少共同的地方（Brown, 1995: 6）：

「文化……是一個組織內的成員所共同擁有的信念與期望。這些信念與期望會產生強而有力的規範，約束及塑造組織成員或團體的行為。」（Schwarz & Davis, 1981: 33）

「企業文化可以被描述為一個信念、規範、習俗、價值系統、行為規則、經營手法的集合，這個集合給予企業其獨特性。」（Tunstall, 1983: 15）

「文化」是指一組成為組織管理系統與管理習慣及行為基石的內在價值、信念及原則；組織成員的習慣及行為既反映亦強化這些價值信念及原則。」（Dennison, 1990: 2）

「文化代表了在一個社群所共同擁有的一組互相依存的價值與行為，後者有時經過一段很長的時間會自我延續。」（Kotter & Heskett, 1992: 141）

「共同分享、相對融貫及互相關聯著含有情緒的信念、價值及規範，用作將一些人聯繫在一起，幫助他們了解他們的世界。」（Trice & Beyer, 1993: 33）

以上不同的定義內容互有重疊，就是以價值、習慣、信念、原則，甚至

行為，視為文化的基本元素。❸這組元素很多都是抽象、無形、不易直接量度的，或有時是隱晦地構成了組織結構、規章制度的核心。企業文化的大部分元素雖不能直接觀察到，但卻是客觀存在，且成員的行為與思想，經常發揮約束及指導的作用。企業文化的定義雖重點不同，但所呈現的共同之處是明顯的。

總之，「企業文化」、「公司文化」、「組織文化」的定義，有的寬鬆、有的狹窄。寬鬆的定義主要是將抽象的信念、價值、原則等，及可觀察的具體規章制度及行為都納入定義之內；狹窄定義則只將組織內成員所共同擁有的價值信念原則等納入。這兩個定義在很多論述企業文化場合時都會用到，本書主要使用寬鬆定義，即無形元素如信念價值，及有形元素如制服、建築、企業商徽等，都是文化的構成部分。

企業文化的元素

企業文化的內涵是指文化基本元素，文化的基本組成部分有兩類：無形的元素及有形的元素。

無形的元素包含了企業的基本信念（基本原則、基本假設）、核心價值及倫理規範，還包括組織內的抽象元素，如符號、語言（口號、笑話、故事、箴言、傳奇、歌曲、俚語、八卦、謠言、隱喻）、意識型態、人際倫理及企業歷史等，及反映企業核心價值的企業宣言（corporate mission statement）、員工的行為守則（code of conduct）等。有形的元素是具體的規章制度，包括了企業的徽號、襟章、制服（如領帶、圍巾、汗衫）、企業總部建築物外型、職場空間設計，企業英雄、口號、標語、衣飾、禮節、慶典、節日等。兩類文化元素並非彼此分割，而是互相關聯及依賴的，是文化的不同面向，後者是前者的具體組織表現，前者是後者意義所在。

企業的徽號（商徽）、襟章、制服、口號、標語、衣飾、禮節、慶典、節日等，都是不同程度地反映出企業的最基本的價值、信念、原則。員工的行為守則、企業宣言是核心價值的直接反映，而徽號亦是核心價值的最濃縮圖像表述；公司其餘的重要有形器物，都會不同程度表現企業的信念與價值。企業文化有形與無形元素組成不可分割的有機體，影響成員的思想行為、合作及互動模式、企業員工行為，無論是個別、小組或整體的，都是企業文化的影響結果，亦是企業文化效應。

企業象徵

不少企業用盡心思，設計象徵公司獨特個性的商徽（logo）。商徽雖多是抽象的符號或圖像，但卻很能標示企業的個性。好的企業徽號有效地在社會上傳遞及植入重要訊息，讓人一見到商徽就會聯想到公司的產品服務、品質、商譽、價值。國際有知名品牌，如麥當勞漢堡（McDonald's）、星巴克咖啡（Starbucks）、賓士汽車（Mercedes-Benz）、奇異電器（General Electric）、蘋果電腦（Apple Computer）等商徽，對消費者及社會大眾都會分別傳遞所代表之產品與服務的明確訊息，及所伴隨的品質或價值。商徽是企業性格的有力象徵，是企業形象及品牌的濃縮表述。除了商徽外，企業內還有不少有象徵意義的事物，如企業總裁的言行或宣示，不停地為企業文化注入養分，增添內涵，或對內容不斷的詮釋或擴展。

企業象徵的核心意義有一定的穩定性及持久性，但表述方式不是一成不變的。事實上，隨著時代的變遷，不少老牌企業在確定其核心價值時，亦會對其象徵給予新的表達，迎合時代發展；有的乾脆更換徽號，採用新的設計。中華航空公司亦改用梅花來作為公司的徽號，而香港國泰航空近年亦採取新的商徽，意圖刷新企業形象。

在香港，這個現象並不陌生，尤其是一些金融業或服務性行業，公司形象是非常重要的。老牌的英資銀行香港上海匯豐銀行（The Hong Kong & Shanghai Banking Corporation）就是典型的例子。銀行30年前為配合時代的發展，更換了商徽，易名為「香港匯豐銀行」（HSBC）。此外，為了打造企業新形象，銀行在1983年斥資7億8千萬美元，邀請了國際知名的英國建築大師霍士達（Norman Foster），在中環金融區的黃金地段舊總部原址，花2年時間重新蓋一幢結構表現主義色彩的超豪華總部大樓（extravaganza）！這幢建築物不僅成為香港的地標建築物，同時也是全球知名的建築物。

英雄及傳奇

企業英雄（corporate hero）是閱讀企業文化的很好切入點。企業英雄究竟是什麼人物？他們有什麼特質？他們在想些什麼？他們有什麼價值？他們有什麼願景？在企業發展上扮演了什麼角色？跟企業文化有何關聯？這些問題的答案，有助於具體揭示企業文化的創立、傳播、推廣、植入、延續、傳承的歷程及曲折。

　　簡單地說，企業英雄就是使企業成功或將企業推向成功之路的領導人物。成功的指標，包括企業持續保持穩健的增長，長期保持在營收及獲利有好成績，為股票不斷增值，不斷有新產品服務推出，創新生產或經營方式，為社會重要問題解困，造福社會及人類等。企業英雄不僅是造就企業各面向成功的功臣，更重要的是，英雄為企業能邁向卓越、打好良好根基，確定使命，建立正確的信念與價值，制定穩健的策略，在產品服務中不斷創新，引領企業持續發展，造福消費者及社會。企業英雄正是創造或維持卓越企業的關鍵人物，他們的貢獻遠遠超出自己的企業或產業範圍，惠及國家甚至全人類。著名的企業英雄，不少是企業的創辦人，有的已經作古，有的仍健在人間，以下是大家耳熟能詳的：美國福特汽車的創辦人亨利・福特（Henry Ford）、IBM創辦人的湯瑪士・沃森（Thomas Watson）、惠普（Hewlett Packard）創辦人比爾・休利特和戴夫・帕卡德（Bill Hewlett and Dave Packard）、Intel創辦人安迪・葛洛夫（Andy Grove）、蘋果電腦的史提夫・賈伯斯（Steve Jobs）、Wal-Mart的森・沃爾頓（Sam Walton）；日本松下集團的松下幸之助、臺灣台塑集團的王永慶、統一集團的高清愿。仍在世的有微軟的比爾・蓋茲（Bill Gates）、Starbucks的侯活・舒爾茲（Howard Shultz）、Amazon.com的傑夫・貝佐斯（Jeff Bezos）；京瓷的創辦人稻盛和夫；中國聯想電腦的柳傳志、青島海爾集團的張瑞敏等。創辦人一手打造了企業文化，企業文化基本是其信念價值的化身。創辦人與企業文化的關係，下一章有詳細的討論。

　　企業英雄不一定是創辦人，他們都是繼創辦人之後的執行長或董事長，扮演了出色的領導人角色，例如：奇異的Jack Welch、eBay的Meg Whitman、Cisco的John Chambers、British Petroleum的Sir Brown、CitiGroup的Sandy Weil。這些企業英雄不是將企業起死回生，注入新生命的功臣；就是一直成功帶領公司成為優秀企業的靈魂人物。有少數的接班人不僅能延續企業的卓越，還令其更上一層樓，走向偉大。不管是不是公司的創辦人，企業英雄憑藉個人的願景、信念、價值、才能、意志、承擔，熱情，全副生命投入，將企業打造成持續卓越，留名百代的名店。柯林斯（Collins, 2001）的近作《從卓越到偉大》（*From Good to Great*）中，大多數偉大企業的領導人，都是名實相符的企業英雄。除了國際知名的大企業英雄之外，全球的中小企業尚有為數不少的英雄，只不過是未被媒體或學界發現而已。

　　除了各有特質、個人風格外，企業英雄多各有英雄故事，為人津津樂道。故事記錄了他們在公司的過去事蹟，尤其是為人稱善的言行或功績，或企

業內廣爲流傳及引述的箴言、警語。這些故事對公司員工會產生激勵及啓發，故事所包含的教訓經重複傳誦或引述，假以時日會累積成爲企業的集體意識、價值及信念，成爲塑造公司性格（corporate character）的基本素材。

世俗社會對企業英雄都有一種主觀而感性的刻板印象，以爲他們都是英明神武、氣宇不凡，令人耀眼的奇人。事實上，企業的眞英雄很少具有這種性質。依據柯林斯的研究，企業英雄在外型上很少符合世俗的感性圖像，大多數的外型與長相，跟常人沒有兩樣，有不少且行事低調，平易近人。一般人不輕易看到的是，企業英雄具備令公司變成偉大的罕有能耐，正是英雄看似平凡而實際不平凡之處。

除了英雄故事對員工激勵及啓發作用外，企業英雄本人在企業內扮演的角色亦是舉足輕重的。企業英雄擔當企業的超級模範生，他的一舉一動，一言一行，與人的合作及互動，他對建議的贊成或反對，對善事或惡行的反應，對事情的爲或不爲等，都會反映出做事及待人的高標準，感染周邊的人，激勵他人學習及仿效。對企業之外的利害關係人，他們代表了公司優秀的一面。英雄是有血有肉的眞實個體，他們體現、保存、加強，甚至發展企業的價值，同時本身反映了企業的獨特性格。眞人言行勝過言文故事，一個動作勝過千百箴言，英雄眞人的行止所產生的激勵效力是不容低估的。

核心價值、基本信念

價值與信念無形、抽象、摸不到、看不見、無色、無味、無重量，是心靈項目（mental entities），代表了人們認爲是重要、珍貴、眞的、好的、善的、值得追尋、維護、堅持的東西。人們不少自覺或不自覺的思想與行爲，都受信念及價值的影響。同時，人們也有不少的思想行爲是所持信念或價值的反映。

價值雖然抽象，但卻無處不在，時刻約束及引導著人們的思想行爲。價值有多種，有的關乎道德倫理，如守信、可靠、忠實、誠懇是做人道德；有的與道德無關，如便利、耐用是工具價值；利潤、效率是商業價值。企業涉及的價值經常是多元的，有倫理價值、工具價值、商業價值等。這只是一種分類法，關於價值還有其他的分類（見下一章）。

價值可分爲核心及非核心的。界定企業的使命及存在目的的價值，即是核心價值，如爲生產最優良的產品，即爲客人每天提供最物美價廉的商品。非核心價值是核心價值以外的價值。企業價值之間的關係經常是鬆散及含混的。核心價值經常有一項以上，非核心價值亦然。不過，核心價值及非核心價值之間

是否保持一致，核心價值內的價值或非核心價值內的價值是否融貫一致，連企業內部的人也不一定清楚。不同公司的情況都不盡相同，有些公司的價值系統出現不少矛盾，有些優良公司的價值系統有高度的一致性。價值高度一致的公司，在其發展的過程中，並不保證永遠不會出現價值衝突的情況。在回應市場變化或競爭需要，企業可能會推出新的策略，或發展新的業務，或採用新的經營模式，隨之新的價值會伴隨新事物被引入，導致與原來價值產生不協調，若新價值取得強勢，舊有價值便遇到有被修正或被放棄的壓力。另外，公司進行收購合併，兩家價值不相同的公司就會產生價值的不協調。這時，公司就要盡快作好協調，消除其間的價值矛盾，將兩套價值好好磨合。還有，全球化跨國企業經常會遇到價值融合的挑戰。跨國企業在別國開設分公司，其原來的價值與在地的價值可能不協調，就要作價值的調整來消除矛盾。無論如何，企業的價值並非一成不變，它們會隨時代的變化、公司的發展而有所調整（核心價值除外）。由此可見，企業價值的衝突或失調是經常發生的，因此，價值的協調與整合成為企業不能掉以輕心的恆常性重任。不一致的價值系統必會製造混亂與衝突，使公司及員工價值迷茫，進退失據。

　　商業世界充斥著流行的價值，包括創意、刻苦耐勞、積極進取、以和為貴、誠信、理性、尊重市場、遠見、效率、團隊精神、頭腦靈活。值得注意的是，一些重視商業倫理，以價值為本的公司，會開宗明義地確認道德價值為基本信念，或核心價值，並將之表述為公司使命（mission）、經營原則（business principles）、核心價值（core values）、願景（vision）等。優秀的企業都有非凡的核心價值，保持公司卓越，長期不衰。嬌生信條（Our Credo）之確定病人為公司的首要責任、惠普之道（The HP Way）內含的尊重個人、谷歌的不為惡（Don't be evil），都是其中佼佼者，有的令公司安度危機，有的為業界創立高標準，有的開拓商業新典範。

　　信念（beliefs）是有關真假對錯的命題，基本信念（basic beliefs）就是有關重要問題、事實、關係等方面的基本信念。信念跟價值一樣也是多元的：道德信念、倫理信念、科學信念、宗教信念、商業信念、政治信念等。信念大致上可為兩類：經驗的信念與規範的信念。前者主要是有關經驗世界的述句判斷，是有真假可言的。如「顧客不斷流失，公司就要關門」、「不創新就死亡」、「變化是常態」。後者不是要描述經驗世界的，而是關乎是非對錯的判斷，這些信念沒有經驗意義的真假可言，這種信念通常表達為一些倫理述句、道德判斷，主要的功能是判別道德意義上的是非對錯。如「應為客人分憂」、

「應照顧員工」、「公司要有社會責任」、「利潤是最高道德」等。

　　商業世界中流行的價值與信念，可說俯拾皆是，以下是一些大家熟悉的：

> 顧客永遠是對的。
> 服務至上。
> 市場就是檢證產品服務最好的標準。
> 以客為尊。
> 利潤掛帥。
> 顧客是上帝。

　　值得注意的是，企業的基本信念跟核心價值，其實在內容上有很多重疊，兩者不是截然不同的兩樣東西。很多企業的基本信念內容其實多是其核心價值，而有些企業的核心價值表述成基本信念。企業不太在意將兩者作嚴格的區分，經常寬鬆地使用兩個名詞。無論如何，對很多企業來說，兩者都是塑造企業獨特性格的最基本元素，儼然是企業的DNA、細胞、大腦、心臟。

企業歷史、傳聞軼事

　　企業歷史是過去經驗的紀錄，公司歷史是企業文化的一個重要部分（Wilkins, 1984）。一般而言，如果真實歷史是將全部經驗真實記錄的話，在大部分情況下，真實的企業歷史應有光明的一面，亦有黑暗的一面。理由很簡單，企業有好日子亦有壞日子，有成功亦有失敗，有盛亦有衰，有起有伏，有做對的事，亦有犯過錯，這是企業經營的規律，如人生的規律一樣。然而，不少企業歷史被刻意編織成企業的光榮史，只記錄美好光明的事蹟，掩蓋不光彩或黑暗的一面。企業史可分為兩類：官方史（official history）（或稱「正史」）及非官方史（unofficial history）（或稱「野史」）。前者是企業主或企業的有權者授權（authorized）來編寫的歷史，歷史的最後定稿必須得到企業同意及批准，並以此作為企業的正式紀錄，這類官史主要是符合及反映企業人的想像及意志，但不一定是歷史的全部，或完全真實的歷史。後者是沒有企業主或企業授權而寫成的歷史，結論並未經過企業同意及批准，呈現的歷史不一定符合企業人的意見或願望，重要的是，只要符合寫史的學術規範，尊重事實，其真實性卻不一定比官史為低，反過來可能是對企業歷史更真實的記錄。❹

正史及野史之外，企業的人員，無論是創辦人或一般員工留下的口述歷史，敘述個人及公司內的人與事，亦是企業史很珍貴的補充材料。不少企業創辦人或領導等的演講、訪問、專題報導或影像紀錄，都留在網路上，容易獲取，都是有助了解企業史及企業文化的素材。再者，現今在網路上有專門的網站，讓在職或去職員工針對企業重要的職場生活作出評論，是揭示企業如何對待員工的管道。大媒體每年都出版的最佳雇主、最佳職場之類的排行榜，亦可透視企業文化在職場文化方面的訊息。

很多企業野史的作者，都曾在企業內擔當過重要的職位，或長期在企業工作，是內部人或自己人（insider），擁有相當多鮮為人知的內幕消息。如前文言，野史是無須獲得企業當權者授權或批准的，因此少了一層由利益考量而來的干預或扭曲，其可信度較高。事實上，現代文明社會，尤其是成熟的民主社會，健全的法制保護了人民言論思想自由，企業野史家無須懼怕企業當權者的威脅或打壓，可以暢所欲言，就事論事，在較少顧忌之下來重構事實，比較能更客觀及公正的還原歷史。雖然如此，這並不表示外部寫史人全無偏見，寫的句句是真理，只表示在自由及不受干預的環境下，較易產生客觀性及可信性較高的企業史。

除了正史之外，企業內透過口耳相傳的傳說、軼事、八卦，也屬企業的非正式歷史。這些耳語相傳的傳說、軼事匯集起來，組成了企業的隱性歷史（tacit history）。無論如何，正史、野史、隱史集合起來構成了企業的全部歷史（全史）（whole history），是企業有名者及無名者共同工作生活的故事，是公司成員商業生活鉅細靡遺的歷史匯編，公司上下員工的集體回憶紀事。企業全史標示企業的性格、精神、傳統及獨特性。抹去歷史，企業如無根之樹，弱不禁風，一吹即倒。尊重歷史，企業才能繼往開來，薪火相傳，持續發展。企業對待歷史的態度，本身反映了其企業文化。

禮節、慶典、守則

企業都有各種禮節、儀式（rituals, etiquettes），包括早上見面、開會規矩、互相稱呼、寫信格式、上司下屬互動、請假規則、辭職規則等，要求員工遵守，是員工行為的禮儀規範，禮儀規範連同各種不同的規範，形成一個規範系統，製造了企業內生活的秩序。有些企業專門制定一套明文的公司規範，對員工的服飾、舉止、談吐、行為作出種種的規定，如上班必須打扮整齊，或穿著公司的制服，或配戴公司的襟章等。日本企業對公司禮儀要求尤其嚴格，其

中一項特別有日本特色的就是朝會。員工準時上班是員工倫理的首要之義，上班第一件要做的事是聚集在企業的廣場、大堂或辦公大廳，齊唱公司歌、喊口號（通常反映企業的基本信念或核心價值等）。不少以日本公司為榜樣的中國或臺灣公司都有類似的作法。有些企業則規定不同部門分別做一些集體的活動，例如：健身操之類的熱身運動，及向同事大喊一些互相鼓勵的口號。

有些企業的禮儀態度特別明顯地表現在員工的制服上，上級與下級分別有不同的制服，管理層及非管理層員工，級別不同制服有利於識別差異，新到職的員工有專門的服飾，一眼就能識別。不只在商業機構，公營醫院護士不同級別的制服就有很大的差別，新入行的與資深的護士，資深護士與護士長的服飾不同，一眼就可以看出。除了服飾外，員工之間的彼此稱謂亦有規則，不得隨便稱呼。例如：對上司必須尊稱其職稱，冠以其姓氏，不能直呼其名字；同事之間不能以小名相稱，對客人要以「先生」、「小姐」稱之等等。公司為員工印製的名片，是一個很能標示員工在公司位階的物件，尤以日本公司為甚。這類企業的層級性很強，論資排輩的傳統很深，高級行政人員都擁有面積大、裝潢講究、位置佳的辦公室，及有自己的祕書、專用的停車位，甚至有專用的升降機。

對照之下，有些公司的禮節文化相當的隨和寬鬆，職場氣氛少有層級性，平等性明顯。公司禮儀規範簡單，旨在促進一個打破職級隔閡，易於自由溝通、有效合作的寬鬆工作環境，讓員工更自由發揮創意，提高生產力的勞動。高科技的公司多呈現這類型態，公司的組織結構比較扁平，層級性不強，員工彼此之間（包括上司與下屬）都以名字相稱，沒有上尊下卑的等級氛圍。最有名的例子首推現今全球最大的量販商沃爾瑪（Wal-Mart）。創辦人沃爾頓敢為天下先，以「夥伴」（associates）稱呼員工，開業界之先，及經常親至全國各分公司與員工交談溝通，成為業界的傳奇。此外，以研製高檔戶外運動衣料Gore Tex名聞於世的Gore & Associates，亦以「夥伴」來稱呼員工，公司內的層級很少，上司與下屬的距離很短，員工之間彼此融洽，平等是職場的價值。惠普的創辦人亦深信平等，首開矽谷之職場平等之風，力促公司不分上下均以名字互稱，及尊重個人核心價值的具體呈現。

這類公司都有隨和的氣氛，沒有規定的制服，高階行政人員沒有專用的停車位、升降機，有些公司總執行長的辦公室就與其他的員工一樣，只占用開放辦公室的一個小間隔（cubicle），沒有門，員工可以隨時前來商討業務。全球晶元製造龍頭英特爾（Intel）創辦人葛洛夫（Grove）的辦公處，除是與員

工全無分別的隔間外，也沒有自己的私人祕書，所有通訊自己一手包辦。創辦早期，亞馬遜創辦人貝佐斯的辦公室（也是一個沒有門的間隔）就在西雅圖總部開放式辦公處的一個角落，而其辦公桌是用人家丟棄的大門經簡單改造而成的。縱使亞馬遜已成爲全球最賺錢的網商，但這種節約傳統至今仍保留下來，職場仍有不少辦公桌是大門改裝而成的。寬鬆式文化並非只限於高科技公司，一些傳統產業的企業亦會有寬鬆的一面。臺灣統一集團企業文化向來以誠信樸實著稱，應是創辦人價值及性格的忠實反映，前董事長及總裁高清愿先生在臺北松山區的總部辦公室，最能展現其樸實無華的風格。❺

公司的大小慶典、節日、紀念日，都各具象徵意義，表露文化的性格。例如：創辦人忌日，公司成立週年紀念日。其他節日如送舊日、榮退紀念會、迎新日；或各種獎狀的頒獎日等，都會累積成爲公司的獨特文化傳統。不少社會責任強的企業，會制定員工的志工日，鼓勵員工自願做志工，定期參與各種改善社區的義務工作，回饋社會。

與禮儀相配合的是企業內各種不同的規範、規則、守則等，在工作的各方面給予員工明確的行爲指引。這些規範都是根據企業基本信念核心價值而制定的，可說是信念與價值的延伸或組織性、行爲性的表述，是具體及可行動的、可執行的。事實上，企業的無形信念及價值要藉由這些可行動、可執行的具體規範守則而得以落實施行。一般而言，管理良好的企業會制定一套企業員工的行爲守則，對員工的行爲作整體的規範及指引，其中主要包含員工應有的權利及義務、應有的美德及企業對員工的良好行爲期望等。另一方面會針對企業的主要經營活動或功能，包括人事、獎懲、採購、銷售、市場推廣、製造、社區關係、環境、貪瀆、投訴等方面，作特定的規範。不管是通則或特殊守則，所條列的規則大致都是有關應爲之作，及不應爲之作，與如何對待相關的利害關係人，以助員工執行業務時有所依從，避免作出非法或違反道德的行爲。有些企業設有守則監督部門，培訓員工有關守則的內容及執行實務，同時監督守則的執行情況及給予輔導，發現執行不力及蓄意違規的個人或單位，則予以糾正或懲處。

企業文化的功能

企業文化的基本功能，包括：協調成員的互動、整合企業活動、減低不明朗因素、減低衝突、激勵員工、加強企業競爭力（Brown, 1995: 57-59）。

此外，文化中的信念價值及規範，可成為成員思想行為的依據（O'Reilly & Chatman, 1996; Schein E., 1992; Scholz, 1987）。

協調

企業組織內部的各個部門、單位、小組成員都各有分工及專業，且各自會有不同的目標、價值、利益及習慣。在一個有相當規模的企業之內，如何將分散在不同的部門或單位的分工（division of labor）及專門化（specialization）互相配合，促成有效率的合作，就需要協調（coordination）。再者，企業內的工作根本上是需要高度互相依賴、互相支援及協助，因此亦需要協調。要做好協調，企業需要依一組核心的目標或價值，對企業整體的各個構成部分作調節及溝通。

用一個系統的角度（system's view）來看企業，一家公司就好比一個分工合作的大系統，由很多的子系統（sub-systems）所組成，在這些系統之內出現大大小小的決策或行動並不是互不關聯的，而是互相依賴的（interdependent），這個過程需要協調及溝通，系統才可以和諧地運作。

整合

與協調有密切關聯的是企業文化的整合功能（integration）。整合就是將分散的部分集合起來，形成一個統一的整體。企業文化可以視為一種組織的紐帶，將成員串聯在一起，形成一個有機體。企業成員來自不同背景及擁有不同的經驗習慣、世界觀、價值觀等，企業文化提供員工一個理解及認知事物的共同架構，及由這個共同架構衍生行動綱領，企業也透過這個共同架構，整合員工的價值、信念。

企業文化幫助員工建立對企業的目標、發展方向、理想、價值及經營策略的共識，這個共識對成員確立自己的身分（我是誰？），如何行為（我應怎樣做？），及如何適應外在環境，發揮了重要功能。企業文化協助員工建立彼此工作關係及倫理、溝通模式，及建立企業內的權力與責任如何分配、獎懲制度、風險管理等。由於企業文化能為員工提供一個共同的認知、價值及互動架構，因此是員工之間的合作基礎，同時，這個基礎給予管理階層在管理員工時很大的助力。

文化內的信念價值及規範，灌注於成員心中，形成他們的共同世界觀、價值觀及行為依據，並逐漸塑造了成員的組織身分，產生共同的組織身分認同，

有利於成員的團結，加強組織內部的凝聚力，更易令企業成員具同心同德、團結一致的效應。

減低衝突

企業很難避免成員之間的衝突，企業文化則可以減低衝突。經過協調及整合，組織內的分歧與負面的差異——基本價值、信念等方面的差異，及由這些差異而來的選擇及行為上的分歧，便會逐漸減少。長期在包括企業的目標、發展方向、核心價值及信念等重要方面有嚴重分歧或衝突，會對企業造成很大的傷害，甚至會導致企業解體。在統一的基本價值信念前提下，分歧、甚至適量的衝突是可以容許的，但衝突一旦持續出現在核心價值基本信念時，企業會變得不穩定，成員的向心力會減弱，企業會失去方向，目標變得模糊。為了保存企業的完整性及存活力，這些分歧或衝突必須快速得到解決。

減低不明朗

經過企業文化的社會化（socialization），員工了解及接納公司的使命、基本信念、核心價值，並以此作為自己思想行為的依據，逐漸形成了組織內的身分認同。另一方面，社會化亦令員工熟悉組織環境，包括各種守則及規範、操作程序、獎懲機制、共事禮節、合作流程、行事禁忌等。員工的組織身分及對文化的熟悉，使組織環境內外都變得有秩序，無論與組織內的同事、直屬上司、執行長、部門經理、董事長等之互動，或如何對待組織外的客戶、供應商、消費者等，有規可循，不確定性或不明確性相對減低，進退較易得宜。一言以蔽之，企業文化使企業內外環境可預測性增加，不明確因素減少，對工作有利。

激勵員工

企業通常用各式各樣的獎勵計畫（獎金、花紅等）激勵員工，提高士氣。除了這些有形的機制之外，企業文化所包含的價值、信念與理想，對員工的思想行為亦可以產生潛移默化的作用，是一種無形及微妙的激勵元素。經過不斷的培訓及社會化作用，員工逐漸內化了公司的價值與理想，自然會將自己的價值、信念、利益、目標、理想，與公司的價值、信念、目標、利益及理想連結成一體，形成一個利益共同體（community of shared interests）或目標共同體（community of shared purpose）。

指引思想及行為

文化中的信念、價值及規範，可成為成員思想行為的依據，善惡是非的準則，作為或不作為的指引。企業內外的大小事，員工必須作出適當的回應，而回應是否適當，涉及員工的世界觀及價值價。企業的信念與價值是員工的世界觀及價值觀的主要來源，對包括商業世界的規律、工作的意義，什麼是品質？什麼是劣品？什麼是善？什麼是惡？提供內容。例如：「不創新就滅亡」、「變化是永恆」、「對公司必須忠心不二」、「待人要有禮」、「不要諂上欺下」等信念或價值，若被內化成為員工的職場價值或信念，便會成為他們思想及行為的依據，指引行為。例如：有關如何對待同仁方面，「待人要有禮」這個價值若被接納成為要遵守的價值，在與同仁發生爭執時，這個價值會有助員工挑選符合這個價值的回應，而不採取違反這價值的動作。從行為動態的角度來看，員工相信什麼信念，信奉什麼價值，大致上會產生何種思想與行為。如此，信念與價值可以是行為的推動器（driver），產生實際的行為。總而言之，信念價值除了是行為的指引外，同時是行為的推動力，實際地產生行為。信念價值對行為的指引，是針對未發生的行為，是在思想層次，但信念價值亦可在實際層面產生作用，推動行為的出現。

加強競爭力

企業文化是否會加強公司的生產力？提高整體競爭力？論者對這個問題都有共識。一般而言，一家企業文化強的公司，會比一家企業文化弱的公司有較強的競爭優勢。主要的原因是，強企業文化的公司會在減低不明朗、減少衝突、協調及整合理想、提高工作動力等方面都表現出色，因此導致整體表現出色。

企業文化究竟對公司的生產力有何關聯？不同的企業之間，在生產上及盈利上的表現非常參差不齊，不少論者認為，導致這個落差的原因之一，是不同企業之內的企業文化（Peters & Waterman 1982; Collins, 1997, 2001; Kotter & Heskett, 1992）。我們可以將企業視為一個生產組織（productive organization），不同的經濟系統，助長不同生產組織的出現與發展，兩者要有好的配合，才會產生高的經濟效益。例如：農業經濟的生產組織跟工業經濟的企業很不同，而工業社會的生產組織與後工業社會的生產組織有很大差異，以農業經濟的生產組織在工業經濟中生產，兩者可能無法不配合，經濟對生產

力造成一定約束，無法達到應有的效率。同理，以工業社會生產組織作為在知識經濟的生產組織，亦會變得格格不入、窒礙難行，無法達到應有的效能，阻礙生產。這個道理不只適用於經濟體與企業之間的關係，同時適用於經濟體與企業文化之間。一般而言，生產組織、公司文化及經濟體要彼此配合，對生產才會產生最好的效果。

文化必須與時俱進

　　人類社會已經進入知識經濟時期，全球化及物聯網（internet of things）逐步深化，網路商業的日益普遍，通訊技術的不斷創新及普及化，大數據（Big Data）、人工智慧（AI）、機械人（Robotics）的研發及應用，5G科技的即將來臨，世界將進入另一嶄新的局面。面對急速巨變而來的挑戰，企業必須作好準備，認識及確認文化的不可取代價值，更新企業文化使之與時代相呼應，不能故步自封，拒絕變化，才能不斷替文化注入生命，發揮文化的功能。

註 釋

1. 本書第二、三、四、八、九章部分材料來自「朱建民、葉保強、李瑞全，2005」本人撰寫部分。

2. 本書有關企業文化討論的主要文獻來源是Brown, 1995; Trice & Beyer, 1993; Kotter & Heskett, 1992; Pheysey, 1993。Brown, 1995，也是本章重要的參考。

3. 企業文化還有以下的定義：「企業文化是一個組織內隱藏的、內在的、看不見的、非形式的精神，這個精神指導著組織成員的行為。」（Scholz，1987：80）；「文化是一群人在解決外部適應及內部整合的問題時，所學到的一套共同分享的基本假定（a pattern of shared basic assumptions），這套假定曾長時期被證明有效，及因此新的成員會被傳授這套假定作為他們感知、認知及感覺這些問題的正確方法。」（Schein, 1992: 12）。

4. 歷史是所有事實的重現？還是經過篩選之事實的重構？本文的觀點是，歷史不是所有事實的重現，在認知上，人無法得知所有的事實，而在實際上，不是所有事實是重要或相關的，由此，歷史只可能是人基於有限的認知，依據某些觀點，挑選一些重要的相關事實而重構。換言之，不管是哪一類歷史都夾雜了個人（寫史人）的判斷、觀點（偏見），假定之對有關事實整合、篩選及重構的理性活動之結果。

5. 2000年，本人訪問高清愿總裁時，對此就留下深刻的印象。高總裁的個性及做事風格，塑造了統一的企業文化。

第 3 章

企業文化的生態系統

當視土地是我們所屬的社區時，我們會用愛與尊敬來使用它。

—— 奧爾多・利奧波德（Aldo Leopold）

企業是社會的部分，跟其他部分，包括經濟、政治、社會、法制有密切的關聯；企業亦是自然的一部分，依賴自然資源才能存活發展。企業亦由人組成，依靠人的支持及合作才能存在及發展。以上各個部分構成互相依賴，互助促進，互相影響的整體。企業文化是企業的重要組成，自然也是整體的部分，這個整體類似一個生態系統（ecosystem）。了解企業文化所屬的生態系統，更能加深對企業文化的認識。

企業文化的生態系統

企業文化的生態系統是指其有互相影響的人文、制度、文化及自然等四個次生態系統（sub-ecosystems）。人文生態系統是指企業文化的利害相關人社群，制度生態系統是指企業文化出現的法律及制度，文化生態系統是指支撐以上兩個系統的全球文化、區域文化、國家文化（含地域文化）；自然生態系統是指前三系統存活發展所依賴的自然系統，包括大氣層、氣候、海洋、森林、河川、草原、山岳、濕地等生態系統。四個次生態系統如四個同心圓，中心是人文系統、外一層是制度系統，然後是文化系統，最外層是自然系統，構成一個複雜動態大系統，彼此之間互相依賴（interdependent），緊密聯繫（interconnected）及彼此影響（mutual-influencing）。次系統內元素及次系統之間，都有物質流（material flow）、能源流（energy flow）、資訊流（information flow）、行為流（behavioral flow）及價值流（values flow）等交換與傳遞（Begon, Townsend, & Harper, 2006; Whittaker, 1975）。

人文生態系統：利害關係人社群

人文生態系統主要元素是企業的利害關係人（stakeholders），那些可以影響企業，也同時受到企業決策或行為影響的個人或團體。企業有不同的利害關係人：創辦人、領導人、員工、顧客、投資者、供應商／承包商、同業、公民社會、政府等。❶下面探討其他利害關係社群與企業文化的關係。

員工

　　沒有員工，公司不會存在。員工是公司產品及服務的生產主力，產品服務的構思、開發、設計、製造、行銷、銷售、研發等，都是員工集思廣益、群策群力的結果。員工如何對待企業文化？員工對企業文化所持的態度大致可分為以下幾種：(1)接受及經常遵守；(2)將之內化為個人在工作的思想及行為依據，貫徹始終；(3)不單如(2)，還將之納為工作之外的個人生活準則；(4)不單(3)，還經常向親友或外人傳播文化，扮演文化大使；(5)不熱心或勉強的支持；(6)私底下抗拒；(7)公開反對。

　　態度(1)到(4)都是接受及遵守的人，但程度各有不同。持第(4)種態度的員工，對企業文化達至死忠，或近乎宗教的態度，除了極少數的公司外，一般情況下都屬少數。若一家公司內的員工大部分都抱持(1)到(2)的態度，這家公司或組織的企業文化相當強。持強烈積極態度的員工中，可能不少個人價值與公司價值有高度的重疊，或由於嚮往公司的價值才加入公司，有些個人價值雖然沒有跟公司價值有高度的重疊，至少個人價值不會與公司價值不一致；在公司工作的經歷，使員工逐漸納入公司價值，個人價值與公司價值重疊之處與日俱增。這類員工通常在工作上投入，關心公司的大小事，易與人合作，對公司忠誠，及願意為公司犧牲，特別是第(4)類員工會以身為公司一員為榮，對公司有高度的組織認同。

　　持態度(5)的員工屬於消極的接納，原因可能是個人價值與公司價值有分歧，或對企業文化的價值或信念有所保留，但被迫表面上表現支持。這類人通常表現出緊張的情緒，有時或會用嬉笑怒罵的方式來發洩心中的納悶及無奈。因此是否能經常遵守文化規範是不穩定的，是否會由消極轉為積極，會受很多因素所影響，結果很難預測。在行為上，無論從工作的投入感、忠誠、合作方面，第(5)類員工都會比第(1)至(4)類員工遜色。

　　採取第(6)類態度的人，對企業文化陽奉陰違，口頭上支持，但行為卻相反。這些情況會出現在高階或中階的管理人身上，由於要應付執行長及下屬兩方面，都會假裝接受，而在一些不會直接威脅到其職位的情況下，會不自覺地表現一些與文化不合拍的思想或行為。另一種情況是企業合併後，被合併的弱勢文化員工對抗合併的強勢文化會有消極的抗爭。歷史上出現很多失敗的企業併購，都呈現文化不能融合而產生種種的弊病，包括製造大量第(6)類態度員工。

一般而言，對文化提出公開反對而付出成本最低的人，特別是沒有被解僱憂慮的員工，是極少數持有第(7)類態度者。昔日，有些企業推行僱員終身制，產生了大批獲終身僱用的員工。然而，時移世易，由於經濟轉型及社會文化的變遷，連一直流行員工終身制的日本，亦將這種制度廢除，這種由於以不會被解僱作為後盾而公開反對公司企業文化的員工，很快將成為歷史。持態度(7)的員工，不在乎是否會被解僱，這類人屬極少數，都會以公開反對及不合作的形式，抗拒企業文化。企業以外，最有可能持態度(7)的員工職場，可能只有終身職制度及言論自由的大學了，那些有終身職的教授由於有不被解僱的憂慮，可以公開對大學的企業文化提出異議。

除第(7)類外，以上6類員工都可能出現於任何企業之中，當然不同類型的者分布有所差別。重要的是，企業員工若持有第(1)至第(3)類態度占多數，企業文化自能得以延續與傳承。一般而言，萬眾一心，步伐一致的企業千中無一。不過，優秀的企業愈容易出現卓越的文化和同心同德、團結一致的員工。

顧客

顧客（包括消費者）是企業的一群重要利害關係人。沒有顧客，公司就要關門。如果產品服務對顧客的健康及利益有害的話，顧客不只會快速流失，也會聯合起來抗爭，甚或向法院提出告訴，這些都會為公司帶來困擾，損害商譽。顧客利益與企業利益息息相關，這個簡明道理，每家公司都應心知肚明。再者，顧客不單是產品服務被動的接受者，同時亦可以透過投訴提意見來影響企業的決策與經營手法。近日不少企業愈來愈重視聆聽顧客的批評與建議，廣設各種管道，吸納意見及批評，將之用於產品與服務的安全及品質改良上，與顧客建立良好的互動互信，是今日優質公司的經營重點。

事實上，經過近年消費者運動的啟蒙與洗禮，許多消費者開始覺醒，知道可以運用團結的力量，或與民間組織聯合起來，對不良廠商的缺德經營手法，進行各種的抗議、罷買、杯葛等行動對之施壓，迫使改變不合倫理的經營。近年的反血汗工廠運動取得實質的成果，就是消費者聯合民間組織團結向企業施壓的最佳例子。

股東／投資人

股東對企業企業文化的影響一向是不大的，尤其是一般小股民。近年這個現象在先進國家中有所改變，一些企業的小股東組織起來，推出他們的代

言人——股東倡議人（shareholder advocate），在股東大會上發言，對企業的政策、績效等提出質詢、批評及建議，試圖影響公司的決策。採取這類行為被稱為股東活躍主義（shareholder activism），現仍不很普遍，只發生在少數企業上。能影響公司重大決策的，只有少數持股量大的大股東，大股東的利益不一定跟小股東的一致，兩者有衝突時，他們都會為自己的利益而犧牲小股東利益。另一方面，絕大多數購買公司股票的小股民屬於短線客，只關心股票價位的升降、否能為自己多賺一點，絕少理會更大的問題，包括公司是否違反勞工權利、破壞環境或不執行社會責任。少數對這些問題關心的小股民，自覺人微言輕，權力太小，無法左右大局，無法作為。有心的小股民單打獨鬥自然難成事，但若團結起來，人數有足夠的多數，就能讓企業聽到自己聲音的機會大增。這正是股東活躍行為的意義所在。

美國七〇年代就出現股東活躍主義。當時南非推行種族隔離政策，嚴重歧視黑人，美國的黑人教會聲援非洲黑人。通用汽車公司在南非有很大的投資，公司董事非裔牧師里昂・蘇利文以南非政府的種族歧視政策為不當，建議通用撤資南非，以示抗議政府不當的政策，1977年提出著名的「蘇利文原則」（Sullivan principles），作為跨國企業應遵守的投資原則。原則有以下的規定：(1)不在食物供給、環境舒適度及工作設施上隔離種族；(2)提供所有員工平等與公正的就業機會；(3)對於相同時段做相同或類似的工作性質的所有員工，皆給與同等報酬；(4)對於做記錄、行政、管理以及技術工作的黑人及其他有色人種員工，給予充分的訓練；(5)增加管理和監督職位的黑人和其他有色人種的數量；(6)除了黑人與其他有色人種的工作環境以外，也應改善生活等方面的居住、交通、學校、娛樂以及衛生設施的品質。(7)努力消除阻礙社會發展、經濟發展與政治正義的法規或習慣（1984年增訂）。20餘年後，蘇利文與聯合國祕書長科菲・安南合作，在1999年制定「全球蘇利文原則」（global Sullivan principles），將最初只適用於南非一國推廣到全球，作為企業的行為倫理指引。

安隆財務做假案未發生前，總部在加州的塞拉俱樂部（Sierra Club）的一名成員，本身是杜邦（DuPont）公司的股東，由於不滿公司在喬治亞州建了一個礦場，於是發動一個股東議決（shareholder resolution），要求停止興建這個礦場。雖然行動只取得3.4%的票，沒有成功，但該票數卻代表了杜邦的5,100萬股股票。

股東活躍主義最具影響力的法人組織，無疑是全美最大的州立退休

基金：加州公職人員退休基金會（California Public Employee's Retirement System, CalPERS'）。該會自安隆事件以來，一直強力地向基金會持有股票的各公司施壓，要求大刀闊斧地推動公司治理改革。

除此之外，一些法人投資者，包括位於紐約的企業社會責任信仰中心（Interfaith Center for Corporate Responsibility），亦是股東活躍主義的重要領導者。在過去近數十年中，中心組成了一個包括機構投資者、基督教、猶太教、天主教等教會約275個組織的聯盟，聯盟擁有的股票總值達450億美元。這個組織協調有關的股東活躍主義行動，包括在股東大會上如何投票等事宜。

另一方面，美國公司的僱員購買自己公司的股票已成為潮流，規模大小不同的公司，包括製造業、專業科技服服務，金融保險地產、營建等，都有推出僱員股票擁有計畫（Employee's Stock Ownership Plan, ESOP）。根據美國國家僱員所有制中心（National Center for Employee Ownership）資料（2019年4月），2016年全美共有6,600個ESOP，總資產接近14兆美元。一家公司可以贊助多個ESOP，只贊助一個ESOP的公司約有6,460家。加入這些計畫的員工超過1,420萬人，其中活躍的有1,070萬人。參加ESOP的員工可以是股東活躍行動中的重要成員。

近年，有些關注社會問題勞工權利的投資者，發起了社會投資運動（social investment movement），專門挑選那些合乎商業倫理的公司作為投資的對象，在基金市場上，亦有不少以倫理投資招徠的倫理基金（ethical funds），關心商業倫理的投資者可以購買。值得注意的是，在倫理投資尚未成氣候之前，一般的小股民除了關心公司的盈利外，很少關注公司其他的經營手法或商業倫理。

同業

企業就算有心做有益公德的經營，但單打獨鬥要付出超乎承擔能力的成本，有害競爭力，因此很難成事。然而，若整個行業合力來推動，這些問題就會迎刃而解，個別企業便較易加入行列。在成衣業勞工問題的改革上，上世紀出現了這類同業合力解決問題的案例。「白宮成衣業夥伴協議」（簡稱夥伴協議）就是一個好例子（Hemphill, 1999）。夥伴協議是產業層面保障勞工權益協議，由美國柯林頓總統倡議及作協調人。

1996年4月，美國國會的一個聽證會，一位國家勞工委員會的高層人員作證，指製造凱茜‧李（Kathie Lee）品牌衣物的凱茜李公司，在宏都拉斯僱用

女童工在環境惡劣的血汗工廠生產成衣，工人由警衛看守，童工每小時工資僅31美分。公司女老闆凱茜‧李‧吉福德（Kathie Lee Gifford）起初否認指控，但在5月底改變態度，讓人權組織去巡查公司僱用的24家承包商工廠。7月，成衣業、消費者組織、勞工團體、零售及批發商合辦公開論壇，商討如何消除成衣業的血汗工廠。這一連串事件導致協議的產生。聽證會之後，國會議員喬治‧米勒（George Miller）提出法案，促請成衣業界自願在產品上印出「非血汗工廠製造」（No Sweat）的標籤，以證明產品不是來自血汗工廠。其後甘乃迺議員在「公平勞工標準法案」（Fair Labor Standards Act）的基礎上，提了一條「停止血汗工廠法案1996」（Stop Sweatshop Act, 1996），對違反法案的製造商及供應商予以較嚴厲的懲罰。雖然如此，成衣業和製鞋業利用血汗工廠來牟利的指控亦不絕於耳，迫使政府採取更積極的措施。

1996年8月2日，柯林頓總統接納勞工部長羅伯‧瑞格（Robert Reich）的建議，成立了一個白宮成衣業夥伴（Apparel Industry Partnership）的18人專責小組，小組成員包括成衣與鞋子製造商、消費者、企業及人權組織，及勞工團體的代表，小組的兩項任務：(1)採取額外的措施，保證行業內的公司所生產或銷售的產品是在合理及人道的工作環境下製造的。(2)發展方法通知消費者其所購買的產品不是在剝削的環境下所生產出來的。希望更有效解決困擾成衣行業20多年的勞工及人權問題。1997年4月，白宮成衣業夥伴專責小組提交了一份報告給總統，報告包括了成衣業的「職場行為守則」（Workplace Code of Conduct）及「監察原則」（Principles of Monitoring）。行為守則列出了一些基本的倫理守則，包括強迫勞工、童工、滋擾、濫權、歧視、工作安全與健康、薪酬與福利、工時、超時補水等標準的條款。白宮後來成立了一個9人小組，成員包括業界、勞工、人權組織的代表。1998年11月，小組向總統提交了夥伴協議（Partnership Agreement），協議成為成衣業的產業勞工人權守則，給業內個別企業遵守。此外，為了確保守則的落實，協議成立了公平勞工協會（Fair Labor Association），負責監督協議的實施。

另外，耐吉（NIKE）在改善海外承包商產生的血汗工廠方面，制定應對方法時，向同業利維（LEVL'S）學習，亦是業內傳為佳話的。同類情況亦發生在沃爾瑪身上，在考慮轉向永續經營之路前，公司董事向有關的環保團體及顧問請益，及邀請同業聯手推行綠色經營措施，同時亦向一直享有綠色企業美名的戶外運動設備公司巴塔哥尼亞（Patagonia）學習。

還有，業內回應環境危機而激發的永續經營理念創新，對企業有一定

的影響。例如：近年廣為人知的創新點子，包括生命週期產品（life-cycle products）、「搖籃到搖籃」（from cradle to cradle）生產及精益生產（lean production）、生能效率（eco-efficiency），都為企業開拓視野，打好改革的平臺。有些成功的企業貫徹綠色理念，包括Interface、Patagonia等，累積寶貴的永續經營經驗，扮演好榜樣角色，提供有志走向綠色經營的同業學習（McDonough & Braungart, 2002; Naturass & Altomare, 1999; Robert, 2002）。

近年投資界推出的永續指數（Sustainability Indices），亦有助於推動企業永續經營的工具。具代表性的是1999年推出的道瓊永續指數（The Dow Jones Sustainability Indices, DJSI），指數主要分析企業的經濟社會及環境績效，包括公司治理、風險管理、氣候變化防禦、供應鏈標準及勞工政策等。DJSI是一個家族指數，成員包括了分布在全球不同地區，包括歐洲、北歐、北美洲及亞太區等指數。

供應鏈，承包商

企業對承包商的影響力是巨大而單向的，若發揮善的力量，定能提升承包商的水準，改善供應鏈的弊病。企業自行制定甄選承包商的準則，包括承包商的生產及管理水準、商譽；及要求承包商遵守的經營規則，包括產品品質、勞工條件、環保水準、廉潔程度等。全球化下，產品服務的供應鏈已不再局限於個別國家之領土內，而是分布在全球各地，總部在美國的企業，承包商會在中南美洲、亞洲、非洲。供應鏈全球化之下，企業與承包商之間在地理上有巨大距離，造成企業對承包商之間的責任稀釋化，企業應否為外地承包商的行為負責？供應鏈是否為企業應有的管理範圍？自上世紀七〇年代以來的幾十年血汗工廠的爭議所得的教訓是，跨國企業對承包商行為無須負責任的說法，愈來愈失去說服力，企業開始承認供應鏈管理的責任，並制定相關的政策及監督機制，防止如血汗工廠等不當經營的出現。經驗證明，企業若秉持正確的價值，承認供應商是其重要的利害關係人，對承包商有相關的責任，是可以有效地將承包商導向正派經營方面發展，令供應鏈更符合倫理經營。上文提及的白宮成衣業夥伴的「職場行為守則」及「監察原則」；耐吉及利維的經驗，都是很好的例子。雖然企業在影響力方面占主導地位，但不表示承包商全是單方面的接受。一些規模大的承包商在學習到優良的管理之後，可以扮演示範角色，作為其他承包商的楷模，促進整個供應鏈的學習進程，提升承包商的素質。此外，少數本身有經營倫理的承包商，亦可對如何改善供應鏈作出回饋，主動要求協

助或提供建議，而非被動的聽命於企業。

公民社會

　　雖然社會大眾不一定是企業產品或服務的直接消費者，但公眾對企業的期望，對企業社會責任的要求，都會直接或間接地影響企業的決策及行為、經營手法，及企業的企業文化。今日社會民眾人權、環保意識高漲，企業是否公平對待員工、是否環保，成為民眾重要的關注。一間經常被媒體揭露違反人權、破壞環境的公司，在社會上留下惡名，壞商譽成為公司沉重負擔。惡待員工、破壞環境的公司會遭受人權組織及民間團體的連續強力抗議，發動杯葛其產品與服務，產品及服務的銷路會大受影響，因為經過這些宣傳，知情的關注人權、環保的消費者，不會購買這類公司的產品服務。

　　近年引起全球關注的血汗工廠就是一個很好的例子，全球球鞋龍頭耐吉（NIKE）成為眾矢之的，民間組織抗議杯葛，直接影響耐吉產品的銷路。雖然在執行企業社會責任上一向名聲欠佳，耐吉在2005年公布第一份企業社會責任報告，人們會半信半疑地來看待這份報告。雖然如此，這份報告的確非常詳細地報告了耐吉在全球700家承包商的經營情況，而有關這些承包商的經營資訊，都是按照國際公認的企業社會責任指標而蒐集的，同時有機制核實資訊是否真實。這份報告是耐吉跟很多具有公信力的國際機構、民間組織及勞工團體合作的結果。耐吉在規劃報告時，組成了一個審查委員會來決定報告的範圍、內容及重點。這個7人委員會的成員，包括了工會、民間組織、投資及商界與學界代表。

　　行為改變的背後是價值及理念的改變，沒有理念及價值的改變在先，行為的改變是無法出現的。耐吉在經營上一向以強悍著稱，尤其是在企業社會責任的議題上，表現了「老子知道的比你多」之傲慢，今日態度的巨大改變，背後當然有很多的因素，其中國際組織及民間政府的努力扮演了關鍵推手，迫使耐吉對經營方式大轉彎。

　　此次耐吉的報告採用的指引是由全球匯報計畫（Global Reporting Initiative）所制定的。再者，報告記錄了耐吉完成的569個深入包商工廠之經營審計及公平勞工聯會（Fair Labor Association）所做的獨立審計，檢驗包商是否完全遵守耐吉制定的經營守則各項規定。耐吉加強了與不同利害關係人社群的聯繫與合作，包括Organic Exchange、The Global Alliance for Workers and Communities。例如：在與Organic Exchange的合作下，在2004年，公司有47

%的棉製品包含了5%的有機棉，這是5年前含量的一倍之多。

商譽不佳的公司亦很難招攬到優秀人才，因為對人權及環境的尊重已經成為普世價值、人類文明的指標，受過教育的人都會接受成為個人的價值，優秀人才對這些價值的重視自然不在話下。人權與環保只是今日文明世界大家接受的共同價值（common values）之一些代表，其他普世價值包括誠信、不貪汙、社會責任等，亦是民眾用來評估公司行為的重要準則。

1989年，美國跨國石油公司Exxon Mobil一艘名為Valdez的油輪在美國阿拉斯加州的Prince William Sound觸礁，造成空前的環境災難。這場漏油災難直接催生了著名的CERES原則（原名是Valdez principles）。CERES是環境責任經濟聯盟（The Coalition for Environmentally Responsible Economies, CERES）的簡稱，創立於1989年漏油災難之後，由一名資產管理基金總裁及領頭的環保人士組成，聯盟的使命是促使企業遵守環境的責任。聯盟有超過50家大型企業，包括13家名列財富500的企業支持；成員包括了數百機構投資者，15個人數最多的環保團體。CERES原則具有標竿作用，1991年國際商會（International Chamber of Commerce）推出永續發展的商界契約（Business Charter for Sustainable Development），即是受原則的影響而制定的。2016年1月，與聯合國基金在紐約合辦氣候風險高峰會議，出席的110家機構投資者代表總資產達220兆美元，大會的目標是在2020年對全球清潔能源的投資增加一倍。

媒體

媒體是民主社會的第四權，有監督社會的使命。媒體透過客觀公正的報導事實，呈現真相，為公民提供有關社會的客觀、公平和即時訊息，有助維護及促進民主，防止政府及組織濫權，作出有違公眾利益的犯法或犯規行為。在企業文化方面，媒體的監督功能可表現在報導、揭發企業不當或違法行為上，一旦醜聞曝光，企業便要面對股東、員工、顧客、社會及政府各方的壓力，商譽受損，或招致有關方面調查或起訴，若罪名成立，會受到懲處等。這些惡果足以讓企業有所警惕，不敢造次，恣意妄為，為非作歹。媒體的監督，在法律之外，是防止企業胡作非為的阻嚇力量。

除了監督外，媒體可扮演積極的企業好事善行倡議者，制定指標，鼓勵企業扮演好僱主、企業公民的角色，間接促進良好企業文化的建設及維護。

八〇年代開始，美國《財富》（Fortune）雜誌選出了美國最受愛戴的公

司（America's most admired companies），用了8個指標，包括管理品質、產品服務品質、創新、長線投資價值、財務可靠性、吸收、培育及留住有才能員工、社區及環境責任、企業資產使用等，評估公司的表現。調查向全國8,200位資深行政人員進行意見調查，請他們推舉最值得愛戴的公司排名。《財富》另外亦制定了兩項重要的企業排名：美國100家最佳僱主（100 Best Companies to Work For），及世界最受愛戴的企業（World's Most Admired Companies）。另一家知名商業刊物《富比士》*Forbes*亦有類似的企業排名（America's Best Large employers）。僱員的專門網站Glassdoor每年亦有公布全美員工挑選最佳職場（Best Places to work-employees' choice）的龍虎榜。這些排名都深受企業關注，因為反映企業在社會中的商譽及品牌，排名有助於吸收優質的員工及投資者，對企業是有利的。因此，這一系列的排行榜扮演了促進企業不斷改善、精益求精、實行社會責任的推手。此外，不少的民間組織及商業媒體，都分別制定了不少有趣的企業社會責任指標（indices of corporate social responsibility），評估公司的社會責任。

政府

政府集結了有憲法根據的巨大政治權力，權力的擁有及行使都具正當性（legitimacy）。在憲法的框架下，政府通過立法及執法，及各種的監管機制，對企業監管，規範企業行為。政府亦可用其他的行政手段，包括發牌制度等來約束企業行為。針對貪汙問題，政府可用防止貪汙的法令，禁止企業與企業、企業與政府官員之間行賄受賄行為。美國政府有「海外貪汙行為法」（Foreign Corrupt Practices Act, 1977），專門對付美國企業在海外的賄賂行為，就算行賄外國官員不在美國境內進行，企業亦會被起訴或受懲。

政府管控企業行為的法令很多，例如：制定防止企業壟斷法，保障企業之間的公平競爭；制定廣告及行銷法，防止商戶欺騙消費者；制定勞工法令，防止商人欺壓、剝削工人；制定環保法，防止企業對環境造成破壞等。除了這些直接的干預監管外，政府亦可用其他的政策，包括稅制、補貼等政策，左右企業行為或投資。例如：政府可以利用課稅，對製造嚴重汙染的生產設備或工具課以重稅，因而壓抑企業這方面的行為；另一方面，政府也可以透過免稅或補貼，來鼓勵業者開發環保產品，或加入環保行業；政府亦可以對僱用弱勢社群——身心障礙及傷殘人士的公司減免某些所得稅，鼓勵業界為弱勢社群提供就業。政府亦可以在一些重要的基礎制度及基層建設上，為公司提供一個可

信、安全、健康、治安良好的投資環境，同時利用大量投資在教育、醫療、衛生，爲企業提供健康及高素質的員工。

無論如何，政府擁有強大的權力及資源，通過立法、執法、推動政策、維護社會的背景制度及基建，爲企業提供穩定、安全、有秩序的營商環境，條件是企業要依政府訂下的遊戲規則來做事。政府與企業的關係不是單向的，是動態而複雜的。企業亦可以透過政治代言人、說客，遊說議員及政府官員，左右政府政策的推行。事實上，現今不少的民主國家已被大企業綁架，企業利用其龐大的遊說資源，對議會及執政者的影響已超過可以接受的程度，國家法令及政策向大財團傾斜，敗壞的政商關係、錢權交易對公共利益及民主政治造成莫大的威脅，而有效解決良方仍遙不可及。

2001年底在美國驚爆的安隆（Enron）欺詐案而掀起的一連串企業做假帳醜聞〔其中另一宗震撼力比安隆更大的是世界通訊（Worldcom）的財務做假帳案〕，暴露了大企業高層的嚴重缺乏誠信，與安德遜會計事務所（Arthur Anderson）串謀（因醜聞而倒閉），浮報公司財報，以此操弄哄抬公司股價、欺騙股東及投資大眾，少數公司高層從中獲得漁利，導致無辜股民嚴重的財務損失，及整個金融市場的下挫，社會付出沉重的代價。企業欺詐惡行引起社會的強力反彈，政府的強力界入，運用公權力對罪有應得的欺詐者及企業作出應有的懲處，同時通過新法，防止這類欺詐再出現，並加強監管及執法，大力約束企業行爲。

「薩班斯—奧克斯利法案」（*Sarbanes-Oxley Act*）〔法案全稱「2002年上市公司會計改革和投資者保護法案」（*Public Company Accounting Reform and Investor Protection Act of* 2002）〕，是政府回應安隆弊案而產生的。該法案納入了「1933年證券法」、「1934年證券交易法」修訂版本，在公司治理、會計職業及證券市場監管等方面制定了規定。法案主旨在於提高公司財務資訊揭露的準確性和可靠性，以保護投資者。法案於2002年2月提出，7月25日在國會參眾兩院獲通過。「薩班斯—奧克斯利法案」被稱爲自羅斯福總統以來，對美國商業界影響最爲深遠的法案。法案明確界定公司管理階層的責任（如對公司內部控制進行評估等）、包括對股東應有的受託責任。另外，提高管理階層及白領犯罪的刑事責任。此外，亦對企業會計人員以及外部審計人員在確保財務報告的可靠性及眞實性的責任明確列出，防止用不當的財技，巧立名目、虛構利潤、隱瞞債務，協助財務做假等。法案制定的機制包括：建立一個獨立機構來監管上市公司的審計，審計師定期輪換，全面修訂會計準則，制

定關於審計委員會成員構成的標準，要求管理階層即時評估內部控制、更即時的提供財務報告及對審計時提供諮詢服務進行限制等。

專業團體

專業團體成員都經過長期的教育與培訓，掌握專門知識及技能，成員彼此分享了很多共同的價值、信念與行為守則。醫生、護士、教師、會計師、律師、工程師等專業團體，分別都有它們獨特的專業文化及傳統。如果一個企業中的成員都來自一、兩個專業團體，專業團體的企業文化就很容易成為該企業的主導企業文化。譬如，一個會計事務所的會計師成員、一間建築工程公司的工程師、一間電腦軟體公司的軟體工程人員、一間學校的教師、一間醫院的醫生護理人員等，都會以他們所熟悉的企業文化來影響公司的企業文化，使其所屬專業團體的企業文化，成為公司企業文化的一個重要部分。

制度生態系統：法令、公約、協議、規範、守則

制度生態系統係指由人制定的規範系統，包括了法令、公約、協議、規範、守則、指引等，以規範及指引企業的決策、政策、行為與經營模式。在全球化經濟下，各產業互相依賴愈加重要，彼此合作愈加緊密，同時遵守全球的國際公約、協議、規範、指引。這些全球性公約、協議、規範、指引，是維繫及促進人類社會的不同文化、民族互動及合作的超級規範（hypernorms），具有以下的特性：普遍性（universality），意思是為來自有威望及信用度高的具代表性國際組織，包括聯合國，經合組織等；正當性（legitimacy），因它們都建基在普世價值及原則（universal values and principles）之上；全球性（global-ness），指適用於全球的每個文化或國家的性質（Donaldson & Dunfee, 1999）。以下討論兩類有代表性的規範：一般性規範、特殊性規範。前者是不管何種產業的企業都適用的規範，後者是針對特殊的領域或產業而制定的規範。超級規範之外，還有嵌裝在不同文化之內的在地規範（local norms），這些在地規範只適用於某一特定環境或文化，不一定可應用到其他地方或文化，因此沒有全球適用性。在地企業在打造文化時，要調和超級規範與在地規範，避免兩者的矛盾，方能產生有用的指引及規範。❷

一般性規範

國際商會國際投資指引〔International Chamber of Commerce (ICC) Guidelines for International Investment (1972)〕。

經濟合作組織多國企業指引（1976, 2000）（OECD Guidelines for Multinational Enterprises , OECD）。

國際勞工辦公室關於多國企業及社會政策原則的三邊宣言（1977）（The International Labor Office Tripartite Declaration of Principles Concerning Multinational Enterprises and Social Policy, ILO）。

聯合國跨國企業行為守則（1972提出）〔The United Nations Code of Conduct on Transnational Corporations（TNC Code）〕。

聯合國全球盟約（U.N. Global Compact, 2000）。

聯合國多國企業及其他商業機構關於人權責任的規範（UN Norms on the Responsibilities of Transnational Corporations and Other Business Enterprises with Regard to Human Rights）（2004）。

整體而言，以上規範整合起來可以構成一個相當完備的企業行為德規範架構，這個架構不只適用於一般的企業，同時可以適用於跨／多國企業（multinationals, MNS）。上列規範大致分為幾類（Frederick, 1991; Getz, 1990）：

(1) 對待工人的倫理：不違反主人國的人力資源政策；尊重員工的參加工會及集體談判的權利；僱用政策及促進平等工作機會；提供員工同工同酬；事先公布經營的改變，尤其是關閉廠房，以減低這些改變所產生的負面影響；提供良好的工作環境，有限度的工作時間、有薪假期，及防止失業；促進工作穩定及職業保障，避免隨意解僱，及給予失業的僱員遣散費；尊重當地主人國的職業標準，同時要培訓當地員工，提升他們的素質；為員工提供足夠水準的健康及安全保障，並要給予他們有關工作風險的知情權；支付員工最起碼能應付生活的工資；使主人國的低薪階層受惠；為外來工人及主人國本土工人之間的工作機會、工作環境、在職訓練及生活條件作一個平衡。

(2) 對待消費者的倫理：尊重主人國有關保護消費的法律及政策；透過不同形式的資料公布、安全包裝、合適的標籤及適當的廣告，保障消費者的健康安全。

(3) 環境倫理：尊重主人國保護環境的法律、目的及優先次序；保護生態

平衡，保護環境，採取防禦性的措施來避免環境破壞，及對破壞的環境作養護；公布可能發生的環境傷害，及減低會導致環境破壞的意外風險；應促進國際環境標準的發展；控制一些導致空氣、水土汙染的工序；發展及使用一些能監控、保護及培育環境的科技；與主人國及國際組織合作，開發本國及國際環境保護標準；為主人國政府當局提供企業產品及生產過程對環境影響的資料。

(4) 對待主人國的倫理：不應賄賂或支付不適當的費用給政府官員；應避免在主人國不適當或非法的參與或干預；不應干預政府與政府之間的關係；為當地提供公平參與的機會；優先使用當地的配件及原料，及在當地作再投資；遵守當地法規、規範及習俗，遇到爭議時，應利用國際糾紛調解機制來解決；與政府有關方面合作，評估對發展中國家的影響，及加強發展中國家的科技能力；因應企業在其中經營國家的國情，發展及調校科技以滿足當地的需要；在發展中國家進行研究開發時，應盡量利用當地的資源及人才；以合理的條款及條件，頒發行業的智識財產權牌照。

(5) 一般倫理：尊重基本人權及基本自由；尊重所有人在法律面前獲得平等保護，工作上的職業選擇，公平及良好的工作環境，失業保障及防止歧視的權利；尊重所有人的思想自由、良心、宗教、意見表達、溝通、和平集會、結社、行動遷徙及居住自由；促進一個可以支持工人及其家人健康與幸福的生活標準。

◆ 產業聯盟自訂規範

除了一些國際或區域組織的努力之外，在企業倫理規範的制定上，商業界近年亦不甘落於人後。1994年，一群東西方跨國企業領導人，包括荷蘭的飛利浦公司總裁及日本佳能相機的社長等組成聯會，稱為考克斯圓桌（Caux Roundtable），聯會制定了跨國商業守則——「經營原則」（Principles of Business）（下稱「原則」）。「原則」確認了經營的一些核心價值及細目，並用利害關係人原則（stakeholder principles）來詮釋對跨國企業的不同利害關係人（stakeholders）之義務。

「原則」包含了兩個基本價值：共生與人類尊嚴。「共生」（Kyosei）觀念來自日本，意思是為了一個共同善（common good），大家一起生活與工作。共生的理想與實踐，使其合作與共同繁榮，健康與公平競爭、並駕齊驅、共存共榮。「人類尊嚴」是指人應被視為一個目的（完整個體）之基本價值，人不應只被視為滿足他人目標的手段。這點與康德倫理學所強調的尊重人的原

則互相呼應。共生和人類尊嚴分別來自東方及西方文化，考克斯圓桌經營原則是東西方企業力圖融合東西方文化的合作成果。「原則」指出，工人、資本、產品及科技的流動，使商業變得愈來愈國際化，光靠法律與市場不足以指導商業行為。因此對利害關係人的尊嚴與利益的尊重，是商人的基本責任。共同分享的價值，包括對共同繁榮的承擔，對全球或個別地區都同樣重要。基於這些原因，亦由於商業是推動社會變遷一個強而有力的因素，「原則」列出如何對待不同利害關係人的原則及義務。聯會1994年將經營原則在哥本哈根的聯合國社會高峰會上公布，之後成為全球不少企業經營的準則，日產汽車的內部倫理評審亦參考此原則。

◆ 聯合國主導的企業社會責任CSR規範

全球盟約（The Global Compact）是聯合國祕書長科菲・安南（Kofi Annan）在2000年7月推出，目的是以一個自願方式來推動優良的企業公民（good corporate citizen），作法是邀請公司與聯合國的機構、各國政府、勞工團體及公民社會合作，推動有關人權、勞工、環境等方面的九個普世原則。全球盟約正式啟動那天，有50名企業領袖出席，其後盟約有超過1,000家公司、國際勞工組織、非政府組織、學術團體及民間團體的代表支持。2004年6月24日在紐約的全球盟約第一次領袖高峰會（Global Compact Leaders Summit），安南宣布在盟約上多加一條原則，令盟約的原則增加到十條。

全球盟約包括了六個聯合國的核心機構：人權高級專員辦公室（the Office of the High Commissioner for Human Rights）、聯合國環境計畫（the United Nations Environmental Program）、國際勞工組織（International Labor Organization）、聯合國發展計畫（the United Nations Development Program）、聯合國產業發展組織（the United Nations Industrial Development Organization）、聯合國毒品及犯罪辦公室（the United Nations Office on Drug and Crime）。

全球盟約有兩個主要目標：(1)使十條原則成為全球企業策略及經營的一部分，及(2)要促成私營領域與其他利害關係人的夥伴合作關係，支持聯合國的目標。全球盟約要透過政策的對話、學習論壇、外展聯繫及特定計畫來達到這兩個目標。盟約到目前為止，處理過的問題包括：職場勞工問題、供應鏈管理、在落後地區開發可持續商業等問題。全球盟約推動建立國家層面的網絡，現今已在超過50個國家中建立了這些網絡，其中絕大部分集中在發展中國家。

　　加入全球盟約是自願性的，全球盟約並沒有對參與的公司作監督或量度它們的表現。參加的公司只須在其公司年報中，刊登有關執行全球盟約原則的「進展通訊」報告就可以了（這些進展報告是無須核實的）。對一些加入但卻經常違反盟約的公司，盟約執行機構於2003年7月1成立一個專責小組，研究如何處理這個問題。

◆ 全球盟約

　　全球盟約的十條原則分別針對人權、勞工標準、環境及反貪汙四大方面：

人權

原則1：企業應支持及尊重保護國際宣示的人權。

原則2：保證不會成為串謀侵犯人權的共犯。

勞工標準

原則3：企業應堅持結社自由及有效確認集體談判的權利。

原則4：消除所有形式的威迫及強制勞工。

原則5：有效廢除童工。

原則6：消除就業及職位的歧視。

環境

原則7：企業應支持環境問題的預警進路（precautionary approach）。

原則8：採取促進更大的環境責任計畫。

原則9：鼓勵環境友善科技的開發及傳播。

防止貪汙

原則10：企業應禁止所有形式的貪汙，包括勒索及貪汙。

〔資料來源：（http://www.unglobalcompact.org/content/）〕

　　這十條原則都包含了以上四方面的核心價值：人權、勞工權利、環境及防止貪汙，盟約要求公司在其影響範圍內接納、支持及執行這些價值。這些價值在全球都享有普遍的共識，同時是從以下的著名文件：世界人權宣言、國際勞工組織工作的基本原則及權利宣言（The International Labor Organization's Declaration on Fundamental Principles and Rights at Work）、里約熱內盧環境與發展宣言（The Rio Declaration on Environment and Development），及聯合國

防止貪汙公約（The United Nations Convention Against Corruption），所衍生出來的。

特殊性規範

世界衛生組織的母乳代替品行銷守則（World Health Organization Code of Marketing Breast Milk Substitutes），是針對乳製產品的規範，催生這個守則是因跨國食品企業雀巢公司在非洲不當的行銷產品手法。

蘇利文原則（The Sullivan Principles）針對南非政府的種族隔離政策對黑人工人的不公平對待而產生的公平商業經營標準，又稱蘇利文南非公平商業經營標準（The Sullivan Principles Standards for fair business practice in South Africa）。

世界衛生組織藥物與香菸守則（The WHO Code on Pharmaceuticals and Tobacco）。

美國海外貪汙法1977（The Foreign Corrupt Practices Act of 1977, FCPA）是美國聯邦法令，兩個主要部分包括要求企業財務加強透明度，處罰企業行賄外國官員。

「薩班斯—奧克斯利法案」（*Sarbanes-Oxley Act*），法案全稱「2002年上市公司會計改革和投資者保護法案」（*Public Company Accounting Reform and Investor Protection Act of* 2002）。該法案在公司治理、會計職業及證券市場監管等方面制定了規定。

◆ CERES原則

美國石油公司Exxon Mobil的Valdez油輪在美國阿拉斯加州觸礁造成環境災難。CERES是環境責任經濟聯盟（The Coalition for Environmentally Responsible Economies, CERES）的簡稱，創立於1989年漏油災難之後，聯盟的使命是敦促企業遵守環境的責任，之後成為企業環境責任的標竿規範。

◆ 氣候變化的全球性規範

聯合國氣候變化綱要公約（United Nations Framework Convention on Climate Change, UNFCCC）：1992年5月在紐約聯合國總部通過的一份有關氣候變化的國際公約，1992年6月，聯合國環境與發展會在巴西里約熱內盧會議期間，開放公約給與會國家簽署。公約於1994年3月21日生效。公約主要目標

是：「將大氣中溫室氣體的濃度穩定在防止氣候系統受到危險的人為干擾水準上。……」（第二條） 綱要公約沒有規定締約國的義務及實施機制，但後續從屬的議定書會有具體的規範及排放指標。自1995年起，每年有公約締約國會議（Conferences of the Parties, COP）評估回應氣候變化的進度。

京都議定書（Kyoto Protocol），全稱「聯合國氣候變化綱要公約的京都議定書」）（United Nations Framework Convention on Climate Change, Kyoto Protocol）：議定書是「聯合國氣候變化綱要公約」的後續從屬條款，在1997年12月，日本京都聯合國氣候變化綱要公約參加國第三次會議時通過的，目標是將溫室氣體的排放量限制在特定的水準之內。2009年，締約方第15屆會議在哥本哈根舉行，通過了「哥本哈根協議」。

巴黎協議（Paris Agreement）：2015年聯合國氣候高峰會中通過的氣候協議，巴黎協議取代京都議定書，主要目標把全球平均氣溫升幅控制在工業革命前水準以上低於$2\,^{\circ}\mathrm{C}$之內，並努力將氣溫升幅進一步限制在$1.5\,^{\circ}\mathrm{C}$之內。此外，協議致力加強各國應付氣候變化衝擊的能力。

文化生態系統：價值、信念

文化生態系統是指支撐以上兩個系統的全球文化、區域文化、國家文化（含區域文化）；價值及信念構成文化的核心元素，文化生態主要著重其價值與信念所構成的這些抽象元素。全球文化、區域文化（如北歐、南亞、中東、北美、亞太區）、國家文化都分別有價值與信念，有的價值及信念是全球性跨文化的，即不同文化或國家都擁有及奉行，有些文化只局限於區域之內，例如：中東地區的回教文化，南亞地區的印度教文化，東亞的儒教文化等所包含的價值及信念，並不是其他區域或國家文化所共同及奉行的。此外，就算在同一個民族國家領土上的不同地區，特別是領土廣大如中國、美國、前蘇聯等國家，都會出現不同的地域文化。以中國為例，長江以北地域跟長江以南地區在文化上就出現顯著差異，而漢人居住地以外的少數民族聚居區域，如新疆、西藏、雲南、貴州等，其與漢人居住地的文化差異性更大。無論如何，全球文化中具代表性的價值與信念是人權，由於其普遍性及正當性，人權堪稱人類社會的普世價值。

◆ 普世價值

聯合國多國企業及其他商業機構關於人權責任的規範，是以人權爲本的企業規範。其實支撐這組制度性規範及其他規範的，是一組以普世價值爲中心的公約及協議：

聯合國世界人權宣言（1948）（United Nations Universal Declaration of Human Rights, UDHR）。

歐洲人權協議（1950）（The European Convention on Human Rights, ECHR）。

赫爾辛基最終決議（1975）（The Helsinki Final Act, HFA）。

國際人權公約。

經濟、社會、文化權利國際公約（1966）。

公民權利和政治權利國際公約（1966）。

世界人權宣言的序言及第一、第二條，開宗明義地宣示了人類社會普世價值的基石：

> 「人類家庭所有成員的固有尊嚴及其平等，和不移權利的承認，乃是世界自由、正義與和平的基礎。」（序言）
>
> 「人人生而自由，在尊嚴和權利上一律平等，他們富有理性和良心，並應以兄弟關係的精神互相對待。」（第一條）
>
> 「人人有資格享受本宣言所載的一切權利和自由，不分種族、膚色、性別、語言、宗教、政治或其他見解、國籍或社會出身、財產、出生或其他身分等任何區別。
>
> 並且不得因一人所屬的國家或領土的、政治的、行政的或者國際的地位之不同而有所區別，無論該領土是獨立領土、託管領土、非自治領土或者處於其他任何主權受限制的情況之下。」（第二條）

宣言將人的尊嚴（human dignity）與人權平等。發展到兩個人權公約時，兩者的關係在序言就展示得很清楚——「這些權利是源於人身的固有尊嚴」。

西方古典人權理念自洛克所倡議的人身、自由及財產這三大權利以來，往後的人權觀念在這個基礎上有所增補及延伸，但其基本的動機都離不開保護人的基本自由，以維護人的尊嚴。人的尊嚴可用人的自主（human autonomy）來

闡釋：抽象的人的尊嚴之具體表現，是對自主的自覺追求及人的自主能力與行為，人的自主能力及自主行為，可以表現為人各種追求自由的意向及行為，包括自我作主、自我管理、自我規範、自我約束、自我指導等。

人權要保護的，主要是人達到自主所需二十多種的自由、能力、狀態、條件：生命、自由和人身安全；不被奴役的自由；法律之前的平等，不受歧視，平等保護的自由；基本權利受到侵害時，有權由合格的國家法庭作有效補救的自由，不受任意逮捕、拘禁或放逐的自由；公正及公開審訊；無罪推定的自由；私生活不受任意干預，榮譽和名譽不受攻擊；自由遷移及居住的自由；尋求政治庇護及避免迫害的自由；享有國籍之自由；婚嫁自由；財產自由；思想、良心和宗教自由；表達自由、集會和結社自由、政治參與自由；享受社會保障的自由；工作、自由選擇職業、享受公正和合適的工作條件，並享受失業的保障；同工同酬及公正及合適的報酬；組織及參加工會的權利；有權享受為維持本人及家屬的健康和福利所需的生活水準，包括食物、衣著、住房、醫療和必要的社會服務；在遭到失業、疾病、殘廢、守寡、衰老或在其他不能控制的情況下喪失謀生能力時，有權享受保障；受教育的權利；參加社會文化生活、享受藝術及分享科學進步成果的權利；有權要求能實現宣言所列出的各種權利和自由的社會及國際秩序的權利等。

以上這些基本人權及自由，已經在國際人權公約及很多的著名人權法案中得到落實，同時成為基本的超級規範。值得注意的是，上文所列出的個別人權（specific human rights），合起來建構成人權作為普世價值（human rights as universal value）。若我們回頭檢查全球重要的企業基本規範，不難發現它們在精神及具體的規定上，都跟人權普世價值有密切關聯的。這種關聯導致不同類型的基本規範：以人權作為規範的基礎（right-based norms）、由人權而指引的規範（right-inspired norms）、由人權為架構的規範（right-framed norms）、人權導向的規範（right-motivated norms）等。一言蔽之，它們都是人權相關的規範（right-related norms）。

人權之外，包含「己所不欲，勿施於人」的黃金定律，是接近所有主要文明所供奉的人們相處相待之道。黃金定律如人權一樣，應可視為人類的普世價值。

企業文化是否建基在正當的價值及信念上，視其能否與文化生態的要素，特別是普世價值保持一致。

自然生態系統：空氣、水、土地、陽光、物料

自然生態系統是指前三系統存活及發展所依賴的自然系統，因此生態系統就是人類的生命基礎，人類生存的根。生態的希臘文字根οἶκος的意思是家園，生態系統就是人類的家園。事實上，沒有自然，就沒有人類，沒有自然，何來企業？企業的生存與發展，建基在健康的自然環境之上。然而，這條自然鐵律經常被遺忘、忽視，經營者唯利是圖，無時無刻在在追尋短線利益，被扭曲的價值所蒙蔽，不斷做出傷害人類生存家園的行為，為了滿足人類永無止境的慾望，不理生態的局限，不停生產與滿足人類真正需要無關的產品，浪費能源，損耗資源，破壞自然環境，製造氣候變遷，威脅地球生物及人類生存，將人類推向不可挽回的險境。企業文化必須認識到人類生產活動的生態基礎，承認生產的所有要素，包括空氣、水、土地、陽光、物料等，全都來自大自然，企業的利害關係人都依賴自然的養育，自然遭受破壞，生產即會停頓，企業難逃滅亡的厄運。因此，企業必須全力維護自然，企業的生存發展才有保證。總之，正道的企業文化必包含保護自然生態為其要本要素。

企業是社群

生態系統類似一個社群（community），成員連成一體，分享共同的利害，分擔共同的責任，「同氣連枝，共榮共損」，有福同享，有禍同當，是利害共同體、禍福共同體。生態社群有興盛之年，亦會有衰敗之時，有的健壯長壽，有的羸弱短命，有的社群互相維護，雨露均霑，有的社群會自相殘害，你爭我奪。生態社群的成敗興衰縱有複雜的原因，然而，社群是互惠的合作或還是惡性的競爭？是積極的建設或是消極的破壞？（Diamond, 2005; Rees & Anonymous, 2004; Archer, 2008; Grinspoon, 2016; Archer, 2008）這些問題的答案，大致可透露誰勝誰敗的端倪。

如上所言，生態系統是社群、次系統及元素之間，共同分享及交換的元素：能源、物質、資訊、價值等，彼此互相依賴，互相促進。人文生態回應自然生態會衍生制度生態的新元素，制度生態會影響人文生態的走向，繼而影響自然生態，形成一個動態的多元及螺旋式之回饋系統，若回饋螺旋向上旋轉，對系統產生良性效應，令系統平衡穩定及持續；若回饋螺旋向下旋轉，將對系

統產生不良性效應；若螺旋向下旋轉不斷，會導致系統崩壞，最後走向滅亡。例如：一些先知先覺的個人、組織，認知人類及企業對生態破壞作出積極應對，制定及遵守規範與機制，力圖改變政策及行為，保護生態系統。這些先進個人、組織會成為楷模，對其他個人組織產生良性示範效應，促使愈來愈多的組織加入保護生態，自然環境的破壞得以遏止及逐漸回復健康狀態，修復後的自然會繼續滋養人類社會及其他物種，支撐人類及生物各種活動，生態社群生機處處，共存共榮。企業是生態系統之成員，生態系統是社群，企業自然亦是社群。

註 釋

1. 企業文化必須包括對待利害關係人的規範及責任，詳見「葉保強，2005」。
2. 詳見「葉保強，2005」。

第 **4** 章　企業文化的發現及觀察

健康創意文化的特點，是員工感到可自由地分享觀念、意見、批評。

————艾德·卡特姆（Ed Catmull），彼思（Pixar）創辦人

如上文所言，企業文化的核心元素是抽象元素，基本上觸摸不到，無法直接觀察得到。文化核心價值可以部分呈現於具體的事物或行為，例如：公司的徽章、服飾、辦公大樓設計、行銷口號，或董事長、執行長的重要演講、宣示、談話，或經常出現在員工之間的交談內容、行為、習慣等。文化的核心成分，包括價值、信念等抽象元素，得透過長期的間接觀察才被發現及辨識。問題是，怎樣去發現辨識公司的企業文化呢？答案是，採用科學方法，即用經驗觀察發現企業文化，主要的方法包括：(1)問卷調查；(2)訪談；(2)參與式觀察；(4)測量文化指標；(5)測量文化工具。這些屬於社會科學調查的方法已行之有年，相當成熟，一般的社科調查手冊都有詳細介紹，以下簡述其概要。

問卷調查

問卷調查是以系統的方法來蒐集及記錄員工有關企業文化的意見、觀感或反應。被訪者（經理、員工、利害相關人）對相同一組問題的回答，可以給予研究人員一個豐富的材料作比較、分析，整合成一幅企業文化的綜合圖像。問卷調查的好處是能蒐集系統的數據，但要做好客觀的科學問卷調查，必須符合一些要件，包括設計出相關而合適的問題，問卷的問題是按研究者預設的問題而設定的，研究者若原初的構思不夠完備，或構思不夠嚴謹，問卷問題就會遺漏了重要訊息，會令問卷不夠周延、不夠深入；若問題的文字寫得不夠精準，或表述得不清晰，這些設計上的不足，都會減低蒐集到數據的素質，對研究做成負面的影響。設計之外，調查的採樣亦是重要一環。研究者要在目標公司內選出一個有代表性的樣本，而不是隨意地蒐集缺乏代表性的數據。這些都是做量化研究的必須步驟，一般的量化研究都有標準操作程序，研究者必須遵守。

問卷調查範例

下面挑選一組研究企業文化時經常用的問卷調查問題。這組問題共有15題，對每一個問題，填表的受訪者要從：(1)公司立場（company's position）及(2)受訪者個人觀感或感知（personal perception）兩方面分別作答，受訪者

按自己的判斷，分別就公司的公開立場及自己的觀感來打分數。比較這兩組分數的差異，可以看到企業文化在公司的公開立場（對外的宣示）與員工感觀之間，對組織在感知上（perception）的差異。

公司立場	個人觀感	問題1：什麼是好上司？
		a. 硬朗、有決斷力、堅定及公正；對忠心的下屬百般保護、寬容博大、事事關心。
		b. 對事不對人（impersonal）、正確的、經常避免以權謀私，只要求下屬要遵從公司的規則。
		c. 重視平等，在工作上可以接受下屬的影響；會運用權力來獲取資源以完成工作。
		d. 關心他人的個人需要及價值，並作出適當的回應；會利用其權位為下屬提供一個發展機會及滿意的工作環境。
		問題2：什麼是好下屬？
		a. 對上司服從、勤奮、忠心。
		b. 有責任心、可靠、盡忠職守，避免做出令上司驚訝或尷尬的事。
		c. 自主性強、盡力做好工作、態度開放、樂於接受新的意見及建議，願意讓比自己更有才能與經驗的人來領導。
		d. 非常有興趣發展自己的潛能、樂於學習新事物、接受他人的幫助、尊重他人的需要及價值、願意幫助他人的發展。
		問題3：一個好的組織成員會對下列哪項給予優先考慮？
		a. 上司的私人要求。
		b. 成員自己職位的要求與責任，及個人行為的一般標準。
		c. 工作要求的技能、魄力及物質需要。
		d. 相關人等的個人需要。
		問題4：公司內成功的員工特質是什麼？
		a. 精明、好競爭、權力慾強。
		b. 誠懇、有責任心，對組織有強烈的忠誠度。
		c. 有精湛的技術與專業知識，努力完成任務。
		d. 人際關係良好、致力於他人的發展與擢升。
		問題5：組織怎樣看等員工？
		a. 組織高層可以隨意運用員工的時間與勞力。
		b. 員工的時間勞力是依據合約的條款被運用。
		c. 用技術及才能完成一個共同目標的同工。
		d. 一個獨立、有趣、有價值的個人。

		問題 6：什麼是控制及影響員工的因素？
		a. 上級運用的賞罰權力。
		b. 制度所規定的工作績效準則。
		c. 工作要求的溝通與討論所導致的行為，這些行為亦為個人對完成任務的承擔所推動。
		d. 在活動本身所包含的興趣與樂趣，及／或對有關人士之需要的關心與照顧。
		問題 7：在什麼情況或條件下，員工對另一個員工控制是合理的？
		a. 他／她在組織內有更大的權力。
		b. 他／她的職權規定有責任督導他人。
		c. 他／她在該項工作上，比他人有更多的知識。
		d. 他人接受某人的教導會協助其學習及發展。
		問題 8：工作的分配是基於什麼理由？
		a. 有權力者的個人需要及判斷。
		b. 制度所規定的分工及責任分配。
		c. 該項工作所需的資源與專業知識經驗。
		d. 組織成員個人發展及學習的個人願望。
		問題 9：員工工作動力的來源是什麼？
		a. 期望從有權力的人處獲取獎勵、逃避懲罰、對該有權力者的忠誠。
		b. 對以制裁為基礎的合約所規定的義務之尊重；及對組織或制度的忠誠。
		c. 對工作的卓越表現及成就的滿足，及／或對工作及目標的個人承擔。
		d. 對工作本身的取得樂趣及滿足，及對有關人等的需要及價值的尊重。
		問題 10：什麼是員工同心協力工作的原因？
		a. 上級要求，或互相利用對方以滿足個人私利。
		b. 組織制度上規定了合作的需要。
		c. 該工作要他們的合作才能完成。
		d. 合作給予個人滿足、刺激、挑戰。
		問題 11：什麼是競爭的功用？
		a. 獲取個人的權力及利益。
		b. 在組織內取得更高的職位。
		c. 使工作有更卓越的貢獻。
		d. 提醒自己個人的需要。

		問題 12：衝突為何發生？如何控制、解決？
		a. 由上級所控制，及通常是他們為了鞏固個人權力而發生。
		b. 由制度所訂定的規則、程序及工作責任所控制。
		c. 透過對工作所涉及的問題討論而得到解決。
		d. 透過對個人需要及價值的公開而深入討論、解決。
		問題 13：誰負責公司的決定？
		a. 擁有更大權力及權威的個人。
		b. 有工作職權的人。
		c. 對問題有最多經驗知識的人。
		d. 與工作最有關聯的人或受影響最大的人。
		問題 14：什麼是一個適當的控制及溝通系統？
		a. 命令及訊息是在金字塔組織結構下，自上而下傳遞，金字塔的上層對下層行使權力。
		b. 工作指令自上而下，在不同的功能金字塔之內，訊息自下而上，而集中匯合在頂端。金字塔內的權力與責任是由上一級統屬下一級，跨功能的交流是受到限制的。
		c. 有關工作的要求及問題的訊息，是由工作中心向上及向外傳送，最接近工作的人，決定工作所需的資源及支援，協作形式是隨工作性質及地點的不同而不同。
		d. 訊息及影響力是基於不同工作目標、學習、互相幫助、享樂，及共同的價值所帶動的。訊息是在自願性關係所構成的個人與個人之間流通，人們透過互相同意而決定工作的分配。
		問題 15：公司的職場好似什麼？
		a. 競爭的森林，員工之間你爭我奪，不剝削或利用他人的，就會被人剝削或利用。
		b. 有秩序的理性系統，人人可以在法律的範圍下競爭，並可以透過磋商及妥協來消解衝突。
		c. 不完美的系統，但可以透過組織的力量來加以改善。
		d. 有潛在威脅及支持的複雜系統，組織利用它作為成員享樂及發展的遊樂工作場所。

　　以上問題的a、b、c、d答案，分別描繪了四種不同面向的企業文化：權力取向型、角色取向型、工作取向型及自我取向型。打分數的規則是：在公司立場欄下，「1」代表該述句最能反映公司主流信念或價值；「2」代表稍差於「1」的情況，跟著是「3」及「4」。在個人觀點欄下，依同樣的規則打分數。然後將a、b、c、d的分數加起來，填入下列表格之內。

	權力取向	角色取向	工作取向	自我取向
公司立場				
個人觀點				

從個人觀點及公司的立場所得分數作比較，可以看到公司與個人對企業文化的感知上差異（Brown, 1995: 62-65）。❶

以上這類問題只集中在經理與員工之間的關係，其他利害關係人，包括消費者、供應商、政府、投資者、社區等，並沒有包括在內。因此，這組問題只能捕捉企業文化管理者與員工之間的關係，只屬企業文化的一個部分。

訪談

訪談是親身接觸調查的對象，進行面對面的交談，取得相關的資訊。一個合格的訪談，包括以下幾個條件：(1)挑選的訪談對象要有代表性。(2)要有一組事先準備好的問題。(3)未訪談前，預先書面通知受訪者訪談目的、日期、地點及訪談大約所需時間，並提供訪談的問題範圍及大綱，相關訪談資料的處理，是否錄音及穩私保護等安排。(4)進行訪談前，重複先前傳給受訪者有關訪談資料處理及個人隱私保護等安排，訪談時要留有足夠的時間，讓被訪者自由發揮意見或提供資料。

問卷調查是用比較有結構的方式，包括多重選擇題式蒐集資料，訪談則用低結構方式來獲取訊息，尤其是用開放式或半開放式的問題，讓受訪者較自由表達想法或傳達訊息，這些訊息一般在問卷調查不容易獲取。用半開放式訪談的優點，是激發及鼓勵被訪者的聯想，提供更多有關資料，不過，被訪者披露的訊息也可能混雜了支離破碎、無關宏旨的資訊，不一定都對研究有用，研究人員必須小心將有用的資料篩選出來。成功的訪談，事前準備工夫非常重要，這包括對被訪公司的歷史、被訪者背景的熟悉；臨場訪問時，要對被訪者的回答和身體反應有敏銳觀察及解讀，受訪者的回答是否清楚？是否意猶未盡？是否有弦外之音？是否有難言之隱？是否言不由衷？是否真誠坦率？口出的言辭與身體語言是否一致？及對這些能準確捕捉及解讀，都有助蒐集訊息的可信度。若發覺回答含糊或不完備時，研究者應及時跟進及追問，以獲取更完整的資料等。無論如何，訪談時要用心營造輕鬆氣氛，讓受訪者能在放鬆、無壓

力、自由的情況下回答問題。此外，研究人與受訪者在短時內建立的互信是有助於坦誠及真實的回答問題。無論如何，成功的訪談有賴於研究者對問題的掌握及理解、提問技巧及訪談經驗，及與受訪者建立的互信氛圍。

訪談時獲得的資料，必須經過審慎的篩選，確認其可信度，將可信度低的排除，以保證資訊的客觀性。原因是，有些受訪者面對面訪談時不一定會說真話，或將所知的全部事實都說出來，有些基於個人利益的考量或其他原因，甚至會刻意說謊、有心誤導或隱瞞。這些情況在問卷調查都會同樣出現，答問卷的人亦可以弄虛做假，胡亂填寫。研究人員若經驗豐富及觀察敏銳，可以從受訪者回答問題時的身體語言，包括音調轉變、眼神變化、臉部表情、肢體動靜等，或從回答的前文後理中來分辨受訪者的真誠、回答的真實性等。總之，從訪談或問卷調查所取得的資料不能照單全收，必須用批判眼光來篩檢、詮釋、辨析真假、去蕪存菁。

訪談除了一對一外，亦可採用小組方式。但如單獨面談一樣，小組訪談無法保證被訪者會說心中話；有時小組的環境會導致一些相當樣板式的反應，也可能導致後來發言的人照前面發言的人講類似的話，而不是心中話。

問卷調查與訪談兩個方法都各有優劣，要取得更完備的資料，最理想的當然是可以兩者彼此配合，但現實上這並不一定可以做到。調查時應用哪種方法，得視乎調查的問題，及研究人員能付出多少的研究資源及時間。

參與式觀察

參與式觀察是發現企業文化的方法，作法是親自進駐公司，對不同的部門從旁觀察員工的互動合作、行為與態度，記錄職場的各種活動氛圍，然後將之分析整合解讀，建構一幅企業文化的圖像。採用此方法首先要獲得公司的同意及批准，配合調動資源，提供支援。事實上，不少公司不願意讓研究者進駐公司做直接的觀察，因為有些內部事情是不宜被外人得知的，其次，員工對陌生人在身邊觀察及記錄自己的言行會感到不自在或有壓力；參與式觀察對正常的工作會造成不便，影響生產力。最重要的是，企業文化的核心價值及信念是公司較為敏感的部位，是否能讓陌生人直接觀察，得視乎公司的開放程度及對自己的文化自信。由於這些原因，與問卷調查或訪談相比，參與式觀察被容許的機會一般是比較低的。值得注意的是，就算公司批准了參與式觀察，從觀察獲取的訊息不一定能完全反映真實情況，主要原因是研究者的出現，會或多或少

影響到被觀察員工的言行，導致他們的言行可能會比沒有觀察者在旁時來得有所節制或收斂。換言之，有觀察者在旁而出現的行為並不完全代表自然行為。因此，研究者在解讀行為時要保持批判性，不可照單全收。雖然如此，這個問題也許會在一次或二次的觀察時出現，長期的觀察比較容易區分出自然的行為與做作的行為，員工不可能長期地包裝自己，長期不斷的觀察，自然的行為較難隱藏掩飾。問題是，可能只有少數的研究者能支付巨大的研究成本、投入時間作長期的近距離觀察。不過這個問題對一般研究並不會構成太大的問題，因為研究人員只要對少數的關鍵目標對象作這類觀察即可，不必將大部分的對象都作長期觀察。

有的企業文化研究同時使用了以上三種方法，有些則只使用問卷調查或／及訪談。總之，蒐集資訊涉及一定的成本，研究者會因應研究的議題及成本而決定採取哪些方法。下文介紹觀察企業文化的一些具體方法。

觀察的步驟

觀察企業文化可採取以下的步驟（Schein, 1992）：

step 1　初步接觸的印象及評估。

step 2　集中注意一些令人感到訝異或意外的事物。

step 3　將這些令人訝異或意外的事物作分類。

step 4　尋找願意揭露組織真相的人，並透過此人了解公司。

step 5　將見到、聽到的令人感到訝異或意外的事物向此人報告。

step 6　與此人一起分析這些令人感到訝異或意外的事物。

step 7　在令人放鬆的環境發掘這些事物的涵義。

step 8　為公司的文化提出一些假設。

step 9　有系統地尋找新的證據。

step 10　將原來的假設修正、改良、測試。

step 11　提出一個對公司企業文化的描述。

以下是用想像的例子，具體說明如何作參與式觀察（Lessem, 1990）：

研究者與助理第一次到某家軟體公司總部時，得到的初步印象及作出初步評估如下：

◆ 表面印象

歡迎的人很友善和親切。

公司員工穿著休閒衣著，公司內部裝潢令人舒適。

員工以小組形式工作。

工作氣氛似乎很隨便，無拘無束。

員工之間經常使用專技語言，在電腦後面的報告板上貼滿程式。

員工到處走動，不是待在桌子前。

辦公室是半開放式的。

◆ 小組規範

員工都分屬於不同的小組，執行不同的計畫。

小組強調要展示客戶的系統。

每名小組成員都可以看到模型的初型。

◆ 主導價值

創新取向（例如：在顯眼的地方，小組將過去5年開發的軟體展示出來）。

設計及開發，重視品質。

重視行動。

◆ 意外的發現

第一次到訪及四處巡視時，發現以下意外事物：

職場氣氛非常無拘無束。

建築內部的裝潢很隨意，沒有好好的規劃。

員工桌上亂成一團，滿地垃圾。

員工的衣著很時髦。

絕大多數員工都很年輕。

員工對研究人員很友善。

設計部門與開發部門的員工有不同程度的衝突。

員工離職人數很多。

員工的工資及福利低於同業。

員工缺乏正式訓練。

研究者將以上的意外發現事項綜合分類如下：

缺乏規章：衣著、裝潢、桌上雜亂、地面不潔。

衝突：不只發生在經理與技術員之間，同時發生在不同部門之間。

人事政策：員工低薪、少福利，接受的訓練很少。

四面觀察法

四面觀察法（Goffee & Jones, 1998: 72-81）：(1)空間的使用；(2)員工的溝通形式；(3)時間的運用；(4)身分的認同。

◆ 空間的使用

空間的使用是一個能直接觀察到的面向。研究人員焦點鎖定在公司員工實際使用空間的情況：員工的辦公空間是與別人共用？跟誰共用？他們是否強力捍衛他們的空間？辦公室的桌上是否擺置盆栽植物？辦公室的門是否在辦公時間內長期地關著？員工是否在一個開放的空間中工作？還是分散在個別彼此分隔或不透明的辦公室內工作？各個部門是否有清楚的區隔，包括有守衛或接待人員看守？誰擁有最多的空間？那些空間坐落在什麼地方？停車場是否有專用的車位？誰的辦公室景觀最好？

辦公室壁面上是光禿禿？還是掛著照片、記事貼紙、專業認證與上司的合照？公司的大門上是否到處都是公司的標記？公司內是否到處都是公司的口號？公司的裝潢簡單還是奢華？主管的辦公室是否與一般員工有很大的差異？空間的使用是否符合功能性的要求？

◆ 員工彼此的溝通

員工所偏好的溝通形式是什麼？電子郵件？電話？還是面對面的交談？他們花多少時間在面對面的交談？公司到處都是交談聲？還是鴉雀無聲？公司是否事無大小都發布公文？還是只在重大政策宣示上才發公文？在公司內找其他人是否容易？公司的層級或功能部門是否會妨礙溝通？面對面交談是以小組形式？還是一對一？誰在公司的溝通網絡中長期是主導者（輸出者）？誰是輸入者？公司是否將員工之間有效的溝通視為要認真處理的挑戰？

◆ 時間的運用

員工在辦公時間內怎樣使用時間？花多少時間在工作上？是否經常長時間地工作？就算下班時間已到，老闆未離開前，員工是否會下班？公司內誰能自在地第一個下班？公司用打卡機，還是用簽到來管理員工上下班時間？

員工必須經由上司提醒，才意識到浪費了時間？在未被提醒前，已經過了多少時間？員工一組人坐下喝飲料，是否會被視爲浪費時間？

一般員工會留在公司工作多久？員工會視其他員工是短暫的過客？還是會視留下來爲公司打拚的長工？公司是否很快就將新聘的員工視爲長期工？

組織內認識一個人需要多少時間？員工是否很快就能與他人分享其個人的私生活？或員工仍不了解與其長期共事的同事家庭？當員工轉調到別的部門時，舊同事是否幫助員工很快結交到新朋友？

◆ 身分的認同

員工怎樣表現個人特性？員工是否在衣著及談吐上努力跟他人看齊，避免突出自己？公司是否容許或鼓勵員工用特別的方式表現個人風格？員工是否認同自己的工作團隊、單位、部門或公司？或他們的行業、工會、職務？（例如：專業人士如律師或會計師，通常先認同自己的行業，然後才是自己的公司。）

當員工認同其組織時，所認同的是什麼？組織的基本信念？價值？傳統？願景？業績？形象？成員之間的情誼？員工能夠想像沒有組織生活的生活嗎？

公司怎樣對待將離職的員工？開送別會？送紀念禮物？離開的員工會視自己與公司的關係如同大家庭的一員嗎？他們會向朋友或鄰居推銷公司或其產品嗎？已離職的人會回來探訪嗎？或者人間蒸發？

測量文化指標

除了不同的觀察之外，不同的測量企業文化工具，有助揭示企業文化（Hofstede, et. al., 1990）。測量文化工具中，有的是一般性測量，由簡單到複雜都有；有的針對企業文化的某個面向，例如：上司與下屬的合作、職場文化、企業的價值與信念、企業與客戶、企業與供應商、企業與社區等。

一般性文化指標

這類指標的制定，主要是參考績效卓越的企業，抽取及綜合其企業文化特性。以下是一些概括性高的指標（Besner, 2015）：

◆ 溝通

企業的溝通是否順暢及有效，員工可以將想法與建議向領導層提出，領導層是否有效將必要的訊息與員工溝通。

◆ 創新

員工是否願意及能夠提出創新點子而高層願意聽取？高層是否鼓勵員工創新，對創新點子保持開放的態度？公司是否有機制來促進創新？

◆ 職場健康

員工的身心健康是否公司重視，是否有政策來維護及促進員工的健康？職場的環境是否令員工安全及愉快地作業？

◆ 合作

員工之間的合作是否良好？部門之間的合作是否良性？不合作或衝突的情況是否經常出現？是否有機制促進良好合作？

◆ 支援

員工是否感應到從同事及上司處獲得足夠的支援？公司是否有明確的規範要求員工互相支援？上司要給予下屬應有的支援？員工有否經常互相支援？上司經常支援下屬？下屬經常支援上司？

◆ 責任

員工認識自己的崗位責任嗎？經常履行責任？對行為及工作結果負責任？員工能力是否足夠執行責任？

◆ 公司使命與價值

員工知道、了解、實踐公司使命及價值嗎？公司招聘新員工是否挑選合適

的人？

培訓合適的人？拔擢合適的人？領導人經常傳遞公司使命及價值？公司有楷模嗎？

特殊性文化指標

主要測量公司上下對基本信念核心價值的認知及遵守：❷

員工知道公司的基本信念核心價值嗎？

員工了解公司的基本信念核心價值嗎？

員工接受公司的基本信念核心價值嗎？

員工經常樂意傳播公司的基本信念核心價值嗎？

員工經常遵守公司的基本信念核心價值嗎？

員工貫徹始終公司的基本信念核心價值嗎？

領導人經常宣示公司的基本信念核心價值嗎？

領導人的行為經常展示公司的基本信念核心價值嗎？

領導人行為經常與公司的基本信念核心價值保持一致？

公司的主要政策反映了公司的基本信念核心價值嗎？

公司的基本規範反映了公司的基本信念核心價值嗎？

公司的基本信念核心價值也是用來招募、培訓、拔擢、懲處員工的準則嗎？

公司的基本信念核心價值用於對待顧客、供應商、同業、社區、社會、自然環境嗎？

測量文化工具

組織文化庫存（The Organizational Culture Inventory, OCI）及組織文化評估工具（Organizational Culture Assessment Instrument, OCAI），即是兩款業界常用的工具。

組織文化庫存

根據管理顧問公司Human Synergistics，組織文化庫存是用文化指標測量組織文化的工具，在業界廣泛使用，適用於各種型態的組織。這項工具開發已有20年歷史，現今更配合最新的調查方法，主要測量與組織文化相關的行

為，包括了員工的信念、價值；公司規範對員工行為的影響等。組織文化庫存有兩種形式：(1)組織文化庫存標準版本：主要是測量組織現存的共同行為規範，那些員工認為要符合公司的期望必須遵行的行為。測試工具將員工反應分為三類；建設性（constructive）、消極性／防禦性（passive/defensive）、攻擊性／防禦性（aggressive/defensive）。這三類型各有四個層次。建設性：人文的（humanistic）、聯繫的（affiliative）、成就（achievement）、自我實現（self-actualizing）；消極性／防禦性有同意（approval）、成規（conventional）、依賴（dependent）、逃避（avoidance）；攻擊性／防禦性有對抗的（oppositional）、權力（power）、競爭的（competitive）、完美主義的（perfectionistic）。(2)組織文化庫存理想版：主要是測量組織認為理想的文化，即領導層及員工認為要為加強有效性及令組織達到目標應有的行為。測量的結果會呈現建基在共同價值信念的理想文化上，這個理想文化可用作準則，辨認現存文化的不足及有待改善的地方。由此可見，組織文化庫存有以下的價值：(1)為企業文化轉變提供可靠的信號及佐證。(2)為加強策略的落實、員工參與投入及包容、產品質素及可靠性、客戶服務的計畫提供佐證。(3)展示公司在文化改變中是否作好準備，及改善公司文化改變的準備工作。(4)解決公司靈活性、適應力及創新的障礙。(5)對改變的影響作評估：不斷使用文化調查來測量進展，辨認哪些改善成功，哪些失敗。❸

組織文化評估工具

組織文化評估工具是業界廣泛使用的工具，以Robert Quinn和Kim Cameron合作提出的競爭性價值架構（Quinn & Cameron, 1983; Cameron & Quinn, 2006; Cameron, N.D.）為基礎開發出來的工具，這項工具由於經過研究印證有效（Howard, 1998; Kwan & Walker, 2004; Lamond, 2003），廣為企業採用來辨認企業文化，現今全球約有1萬家企業使用過。

簡要陳述競爭價值這套觀念。相應於四類價值是四類組織文化，任何組織有各自由四類組織文化混合而成的文化。經過用工具問卷調查，可以揭示公司的織文化組混合情形。填寫問卷者從六方面表述其組織：主導特性、組織領導、員工管理、組織紐帶、戰略重點、成功準則。

研究顯示，絕大多數的組織都有主導文化，組織只有一種文化是極為罕有的，多數的文化是四類文化的混合體。組織經常出現衝突主要內含價值之間的競爭。每一文化類型在該文化類型下的活動會運作良好，在別的類型下可能效

果較差。然而，似乎沒有最佳的組織文化，某一特定類型的文化在某些特殊環境下，可能比其他類型表現良好。

研究發現，在39項組織有效性指標的分析，顯示二個重要的面向：

(1) 內部焦點及整合VS.外部焦點及分化

（Internal focus +integration）VS.（External focus + differentiation）

(2) 穩定與控制VS.彈性與酌情

（Stability + control）VS.（Flexibility + discretion）

將(1)作為水平軸，(2)為垂直軸，可以分割出四個有強烈差異的區域，分別對應於以下四個不同的文化類型，有的文化內部聚焦，主要關心的問題是：什麼對我們是重要的，我們要如何工作；有的文化焦點向外，關心的是顧客或市場認為哪些是重要的。此外，有些文化重視彈性及酌情，有些文化則要求穩定及控制。四個不同素質的文化特性簡述如下（OCAI, 2012: 4-8）：

◆ 家族式文化（The Clan Culture）

在文化內工作令人愉快，員工互相分享很多個人資訊，公司如同大家族。員工視公司的領頭人如師傅，甚至是父母親一般。組織成員靠忠心或傳統團結在一起，對組織有高度的承擔（commitment）。公司強調人力資源的長線效益，非常看重凝聚力及士氣。對顧客需要靈敏性高及對人關心是成功的標誌。公司重視團隊、參與及共識。

◆ 倡議式文化（The Adhocracy Culture）

職場充滿動能、企業精神及創造性。員工主動請纓分擔工作。領頭人被視為創新者及冒險者。員工聯繫的紐帶是對試驗及創新的承擔，強調公司要處於領先地位。公司長線目標是增長及獲取新資源。能取得獨一無二及新創產品服務才算成功。成為產品服務的領導地位是重要的。公司鼓勵個人主動及自由。

◆ 市場式文化（The Market Culture）

公司成果取向，主要目標是將任務完成。員工充滿競爭性及目標導向。領頭人是務實的推動者、生產者及競爭者，很實幹、要求高。強調勝利是組織的紐帶。公司注重聲譽及成功，長線焦點集中在競爭及達成可測量的目標，取得市場份額及市場深入才算成功。認為競爭性價格及市場領先位置是重要的，拚命競爭是公司做事風格。

◆ 層級式文化（The Hierarchy Culture）

工作環境是形式化及結構深嚴的。員工按程序作業，領導層自命是良好的協調人及注重效率的組織者。維持組織順暢的運作是關鍵的，組織由形式規則及政策聯繫著，長線的重點是穩定及有效順暢的表現。成功建基在可靠的完成任務、順暢的規劃及低成本上。對員工管理的重點是穩定就業及可預測性。

四個文化類型在領導類型、價值推手、有效性準則、品質策略方面都有差異。

	家族式文化
領導類型	促進者、師傅、團隊建造者
價值推手	承擔、溝通、發展
有效性準則	人文發展及參與產生有效性
品質策略	賦權、團隊建造、員工參與、人力資源發展、開放溝通

	倡議式文化
領導類型	創新者、企業家、遠見者
價值推手	創新輸出、轉變、靈活
有效性準則	創新、遠見、新資源產生有效性
品質策略	驚訝與喜悅、創造新標準、預測需求、不斷改進、尋找創意答案

	市場式文化
領導類型	實幹者、競爭者、生產者
價值推手	市場份額、目標成就、利潤
有效性準則	攻擊式競爭及顧客焦點產生有效性
品質策略	納入顧客及供應商的參與，以測量顧客偏好，改進生產力，創造外部合夥人，加強競爭力

	層級式文化
領導類型	協調者、監督者、組織者
價值推手	效率、守時、一致性及統一性
有效性準則	控制與效率配合適當的過程產生有效性
品質策略	偵測錯誤、測量、過程控制、系統問題解決、品質工具

文化可被辨識了解

　　文化雖無形資產，但並不表示是虛無不實的東西。找到適當的測量工具，配合合適的理論框架，企業文化的內容仍是可被辨識、發現及整合成為更容易了解的知識。不同的框架或測量工具呈現文化的不同面向或組成部分，因此不應以此代表文化的全面，只是由測量工具所能捕捉的面向而已，但亦不表示不是文化眞確的面向。若綜合不同的測量工具結果，經過整合，肯定有助建構較全面的文化圖像。

註　釋

1. Brown, 1995: 62-65；詳見「Jones & Pfeiffer, 1975」。
2. 此組指標由筆者制定。
3. The Organizational Culture Inventory, https://www.humansynergistics.com/change-solutions/change-solutions-for-organizations/assessments-for-organizations/organization-culture-inventory. Accessed March 2, 2019.

第**5**章 國家文化與企業文化

一家只會賺錢的企業，是一家差勁的企業。

——亨利‧福特（Henry Ford），福特汽車創辦人

麥士‧韋伯（Max Weber, 1976）就新教倫理（Protestant ethic）對資本主義體制影響的論述，開啓了文化與經濟制度關係研究的大門。韋伯發現，資本主義生產方式的文化基礎是新教倫理的核心信念及價值。依新教倫理，人的命運一開始就註定，人的慾望及衝動必須順從上帝的意旨才能獲得救贖，唯一的方法證明自己可以死後上天堂，就是靠在世俗世界中勤奮工作、節儉、減少物慾享樂、累積財富。這些工作倫理驅動人們努力勞動、節約生活，約束消費，導致財富不斷的累積，而財富的不斷累積為生產提供了資本，慢慢形成資本主義生產方式。這種重視個人的努力及成果，鼓勵勤奮節約，認定成功由個人的努力可達致等價值，成為資本主義制度下的主導思想，促進資本主義進一步的發展。新教價值不僅推動人的經濟行為，同時亦成為有價值行為的基礎。一言蔽之，新教倫理衍生集體行為，逐漸形成規範，規範會促進符合新教倫理的態度與行為出現，壓抑與其不一致的態度與行為，形成一個不斷自我加強、自我篩選的過程，導致資本主義體制的興起及持續發展。企業是社會的一個次系統，企業文化自然受到所處社會的文化所影響，究竟國家文化跟企業文化有何關係？前者如何影響後者？

不同文化的企業文化

企業的組織文化是怎樣演變出來的？研究企業文化的學者都認為，企業所處的社會的文化習俗、企業創辦人或具影響力之領袖的價值及信念、及企業的性質及所處的商業環境等，都是影響企業的組織文化的主要因素。本節集中討論不同社會的文化與公司文化的關係。

荷蘭學者吉爾特‧霍夫斯塔德（Greet Hofstede）的跨文化研究巨著《文化的結果：工作價值的國際差異》（*Culture's Consequences: International Differences in Work-related Values*）（Hofstede, 1980），探討國家文化中與工作有關的價值，研究對象是一家美國跨國公司，在1968及1972年分別對分布在全球40個不同國家的分公司做了兩次的問卷調查，收回的問卷有11萬6,000多份。問卷向員工提問了有關工作價值的問題，用了文化的四個面向整合結果，發現不同的國家文化（national culture）有不同價值。其後霍

夫斯塔德（Hofstede, 1991）調查了IBM分布於全球不同國家的員工對一些問題的意見及態度，構成五個跨文化的向度，整合研究結果。這五個向度是：(1)權力距離（power distance）；(2)個體主義或集體主義（individualism/collectivism）；(3)剛性或柔性（masculinity/femininity）；(4)迴避不確定性（uncertainty avoidance），及(5)儒家文化動力（Confucian dynamism）。前四個面向是1980年的研究用過的，第五個面向是在1991年新加上的。由五個向度組成的跨文化理論框架，有助於分析不同國家文化上的差異。霍夫斯塔德跨文化框架最近多加了第六個向度：放縱（indulgence）（Hofstede, et. al., 2010），測量人民對慾望的控制；另外，第(5)向度儒家文化動力改名爲長線取向（long-term orientation）。雖然霍夫斯塔德用組織文化這個名詞，其實主要是指企業內的組織文化，即企業文化。以下先討論霍夫斯塔德以四個向度爲主的論述。

權力距離

權力距離是指社會上無權或權力少的一群人與有權或權力大的人之間的距離。依霍夫斯塔德的見解，社會中權力弱的一群如何期望及接受社會權力的不平等分配，可以反映出該社會的權力距離的大小。在權力距離不大的社會，人民之間權力分配的不平等比較小，社會的權力分配比較分散，特權與地位象徵比較不明顯；在公司或機構內，上級經常會徵詢下級的意見。相較之下，權力距離大的社會，權力分配不平等較大，但這種不平等會被視爲理所當然，社會上無權的大多數非常依賴擁有權力的少數，權力的集中被視爲正常，機構或公司上下級之間的權力、薪酬、特權、地位都有顯著差異。霍夫斯塔德發現，在權力距離大的國家，如印尼、菲律賓等，人們重視的價值包括地位、服從、控制。管理學者瑞丁（Redding, 1983）就霍夫斯塔德對於在國家文化的四種相對特性，分別就權力距離大與權力距離小的國家，制定具體的行爲指標如表5.1。

表5.1 權力距離大的國家與權力距離小的國家之行為比較

權力距離小的國家	權力距離大的國家
父母對子女應服從自己的價值評價不高。	父母對子女應服從自己的價值評價高。
強調學生應獨立自主。	強調學生應從俗、合眾。
管理人員與部屬商討後才下決定。	管理人員下決策時較為專斷。

續表5.1

部屬對嚴密管理評價不佳。	部屬對嚴密管理評價佳。
有強烈的工作倫理感，不認為人討厭工作。	工作倫理感較弱，認為人不愛工作。
當上級採取參與式管理時，被管的人較為滿意。	當上級採取指令式管理時，被管的人較為滿意。
部屬較喜歡諮詢式管理人員決策作風。	部屬較喜歡獨斷式管理人員決策作風。
管理人員承認別人支持的重要。	管理人員喜歡將自己視為仁慈的決策者。
即使老闆不同意，個人較不會感到害怕。	個人害怕和老闆意見不一致。
員工較為合作。	員工較不願意互相信任。
管理者較能體恤部屬。	管理者較不能體恤部屬。
學生對「權力」與「財富」有正面的聯想。	學生對「權力」與「財富」有負面的聯想。
即使沒有正式的參與決策，非正式的員工亦可能貢獻意見。	沒有正式的商議或諮詢，正式員工亦可能參與決策。
教育程度高的員工較教育程度低的，較少具有專斷的價值觀。	不論教育程度高低，有同樣的權威價值觀。

（Redding, 1983）

　　根據霍夫斯塔德的標準，馬來西亞、菲律賓、委內瑞拉、墨西哥、瓜地馬拉、巴拿馬等國家屬於權力距離大的國家；而奧地利、紐西蘭、以色列、丹麥、愛爾蘭及瑞典等國家屬於權力距離小的國家。一般而言，霍夫斯塔德發現，拉丁美洲及拉丁歐洲的國家（包括法國、西班牙）、亞洲及非洲國家都是權力距離大的國家，而美國、英國及非拉丁歐洲都是權力距離小的國家。

個人主義、集體主義

　　個人主義或集體主義主要是用來描述社會成員的個人獨立性程度及社會的團結性。在個人主義強的社會，個人與個人之間的關係是鬆散的，每個人都要自己照顧自己及自己的家人。受僱的人是憑個人的才能或公司的規則而被任用或擢升。在集體主義強的社會，個人要對所屬的團體忠心，而團體給予個人各種支持與照顧，作為一種交換。個人是否受僱於組織或在組織內是否被擢升，就視乎該人與組織的關係，組織像對待家人般對待員工。眾所周知，美國、加拿大、澳洲、紐西蘭、英國及荷蘭是個人主義比較強的國家；瓜地馬拉、委內瑞拉、巴拿馬、印尼、厄瓜多爾，哥倫比亞屬集體主義強的國家。霍夫斯塔德認為，所有富有的國家或地區（除了香港及新加坡），都是個人主義比較濃的國家，而絕大部分的貧窮國家，都是集體主義強的國家。依霍夫斯塔德的見

解，個人主義比較強的國家如英國，人們重視的價值包括競爭及獨立。依瑞丁的詮釋，兩類社會分別表現出的行為指標如表5.2。

表5.2 個人主義社會與集體主義國家的行為比較

集體主義國家	個人主義國家
個人生存在家族或鄉黨裡，並對之效忠，以獲取保護。	個人只照顧及關懷自己及自己最親密的直屬家人。
「我們」意識。	「我」意識。
集體取向。	自我取向。
身分以社會成員為基礎。	身分以自我為基礎。
個人感情依附於組織。	個人感情獨立於組織。
強調個人屬於組織。	強調個人的原創性及成就。
個人生活受到組織的制約。	個人有獨立於組織的自由生活權利。
個人的職責、安全感、權力、專門知識是由組織所提供的。	個人在財務、感情上有高度的主動性及自主性。
友誼是社會關係所決定的；個人較注重在人際關係中獲取聲譽。	個人需要較為特定的友誼。
信任團體決策。	信任個人決策。
對團體內的人或團體外的人之價值標準差異顏大；排他主義。	對所有人或團體的價值相似；普遍主義。

（Redding, 1983）

剛性、柔性

　　剛性與柔性主要是指社會內的性別角色是否清楚地區分出來。剛性社會經常是以男性為主，兩性角色是很清楚區分開來的，男性要事事主導，硬朗及愛物質成就，而女性則要內歛，溫順及關心生活素質。公司內，管理階層要有剛性的表現、有決斷力、要主導、好競爭、重視工作表現、以衝突來解決分歧、工作就是一切、是其人生的價值。相較之下，柔性社會是充分表現女性特性的社會，兩性角色多重疊，無論男女都內歛、溫順、關心生活品質；公司經理尋求共識、重視平等、同舟共濟、工作品質、以妥協與協商來解決紛爭；人生價值是：為生活而工作。依瑞丁的詮釋，剛性社會與柔性社會的行為差異如表5.3。

表5.3　剛性國家與柔性國家的行為比較

柔性國家	剛性國家
以人取向。	以事、金錢取向。
重視生活和環境的品質。	重視表現和成長。
為生活而工作。	為工作而生活。
強調服務。	強調成就。
強調互相依賴。	強調獨立。
直覺、優柔。	堅決、果斷。
同情不幸者。	認同成就者。
接受平凡，不求比他人好。	尋找傑出，追求卓越。
小和慢是漂亮的。	大和快是漂亮的。
男人不一定要果斷，亦可照顧他人。	男人必須要果斷，女人照顧別人。
社會性別角色不是固定不變的。	社會性別角色區分清楚。
性別角色的差異並不表示權力的差異。	男性在各場合下有支配權。
強調柔性。	強調男性至上。

（Redding, 1983）

今日世界上剛性社會多集中在亞洲、南美、非洲及部分歐洲國家。眾所周知，日本現在仍是一個大男人的社會，女性的地位仍低。在霍夫斯塔德的研究中，日本、奧地利、委內瑞拉、義大利、比利時及墨西哥被歸類為剛性社會，而瑞典、丹麥、挪威、荷蘭、芬蘭、哥斯大黎加被視為柔性社會。英國及西德在53個剛性社會類別中，兩者同時排名第9位，而美國亦名列第15。依霍夫斯塔德之見，新加坡及臺灣這些柔性社會的主流價值是公眾參與及友誼。在大中華地區，中國一直以來高唱婦女撐著半邊天，但現實上仍是以男人為主導的社會。香港是經英式治理150年的華人國際都會，在政府機關及私人公司均能擔任高職的女性人數不少；臺灣的女性地位近年大幅提高，女性國會或地方議員人數逐年增加，尤其突出的是，2016年選出亞洲首位女性總統。三個華人社會的女性地位出現差別，主要是制度導致的文化差異所造成的。

迴避不確定性

迴避不確定性是指社會成員對待不確定性情況的態度，或對其一無所知的情況所感受到的威脅程度。在低度迴避不確定性的社會裡，成員對不確定性事

物的容忍很大，對「出軌」及有創意的想法習以為常，不會視為不妥；成員工作的動力來自成就感、自尊及歸屬感，在有需要時才努力工作，工作準時及做事精確是學來的。相較之下，高度迴避不確定性的社會成員經常恐懼於不確定性及不熟悉的事物，視時間如金錢，情緒上覺得要忙碌，做事精確及準時是天生而不是學來的，成員抗拒創新，工作的動力來自安全、自尊及歸屬感。根據霍夫斯塔德的研究，西德在這方面得分很高，表示傾向迴避不確定性情況，人們支持的價值是法治、秩序及做事清楚。依瑞丁的詮釋，這兩類國家分別展示的行為如表5.4。

表5.4　迴避不確定性得分高低的國家比較

迴避不確定性因素指標得分低的國家	迴避不確定性因素指標得分高的國家
人民焦慮感低。	人民焦慮感高。
對當前情況有較大的準備。	對未來較感到焦慮。
工作心理壓力小。	工作心理壓力大。
情緒上較少抗拒變革。	情緒上較大抗拒變革。
毫不猶豫轉換僱主。	較常為一個僱主工作。
效忠僱主不是美德。	效忠僱主是美德。
喜歡小組織。	喜歡大組織。
代溝小。	代溝大。
高層幹部之平均年齡低。	高層幹部之平均年齡高。
以能力經驗知識來選管理人員。	以年資來選管理人員。
成就動機高。	成就動機低。
希望成功。	害怕失敗。
富冒險精神。	較少冒險精神。
對個人出人地頭的野心較大。	對個人出人頭地的野心較小。
喜歡管理生涯甚於專家生涯。	喜歡專家生涯甚於管理生涯。
管理人員不一定是部門的專家。	管理人員一定是部門的專家。
為了實際目的，組織會有越級的情況出現。	組織的層級結構清楚且受人尊重。
較喜歡一般的指引。	較喜歡明確具體的指引。
為了實用，有時會違反規章。	不會違反公司規章。
視組織內的衝突為自然。	不希望組織內有衝突發生。
接受組織內員工之間的競爭。	情緒上不同意員工之間的競爭。
同意個人和專制的決策。	訴諸共識和諮詢式的領導。

續表5.4

員工獲授權。	部屬應受控制,不能太主動。
忍受模糊情況的能力高。	忍受模糊情況的能力低。
能和對手妥協。	不準備和對手妥協。
公民對能控制政治決策的能力表示樂觀。	公民對能控制政治決策的能力表示悲觀。
員工對公司活動背後的動機感到樂觀。	員工對公司活動背後的動機感到悲觀。
對人類具有主動、積極、領導技巧等特性表示樂觀。	對人類具有主動、積極、領導技巧等特性表示悲觀。

（Redding, 1983）

拉丁歐洲、拉丁美洲、地中海諸國、日本及韓國等,都是高度迴避不確定性的國家,而德語系諸國（奧地利、西德及瑞士）則是中度迴避不確定性的國家;所有亞洲國家除了日本和韓國,以及非洲諸國、荷蘭、英語系及北歐國家,都是中等的低迴避不確定性。

儒家文化動力

儒家動力是指社會的主導生命取向是長線還是短線。長線取向的價值包括刻苦耐勞、奮戰到底;社會秩序建基在地位之上,人們要遵守秩序、節儉、有羞恥心。短線取向所包含的價值是:個人安穩、保護「面子」、尊重傳統、禮尚往來。長線取向的價值比較未來取向、比較動態的;相較之下,短線取向較重過去及現在,比較靜態（Hofstede, 1991: 165-166）。儒家文化動力這個跨文化面向,在1980年的研究中沒有出現;之所以稱為「儒家」,是涉及的價值主要來自儒教傳統。霍夫斯塔德將中國、香港、臺灣、日本、南韓及巴西視為長線取向的國家,而把巴基斯坦、加拿大、英國、菲律賓等列為短線取向的國家。美國是屬於短線取向的國家,而荷蘭在歐洲諸國中,則是最長線取向的國家。

跨文化研究的意義

霍夫斯塔德是對國家文化之比較研究的拓荒者,從廣度及複雜性而言,跨文化研究的難度相當高,因此,霍夫斯塔德的研究貢獻是值得肯定的。國家文化本身高度的複雜,跨文化比較的複雜性加倍,因此,研究需要構建高度概括的框架與觀念,在方法上多使用理型（ideal types）作為分析工具。事實上,

四種相對文化特性是概括性高的理型，而不是一般的經驗概念。現實的國家文化當然包含理型以外的性質，但不會影響理型的有效性，因為理型正是只抽取共同核心性質的最大公約數，方便觀察及分析。霍夫斯塔德挑選這4個或5個特性不是隨意的，有相當普遍的經驗基礎。他根據文化人類學、社會學的研究結果，從為一定數量的人類社會中抽取關鍵的共同特性製成。這些共性包括社會成員與權力之間關係，成員自我認同等方面（葉保強，2002）。在同一國家內的不同企業文化，不是國家文化的複製品，兩者之間會存在不少的差異。國家文化如何展現在企業文化之內，例如：權力距離大的文化下的企業究竟有何種組織文化，成員擁有什麼信念、價值、行為、習慣，彼此之間如何互動？上級與下級如何合作？都是有待探討的問題。上述引述瑞丁的詮釋，是對這些問題的部分回答。

霍夫斯塔德的理論雖是30多年前提出的，對今日了解跨文化的企業狀況仍有一定的參考價值，衍生了不少的跨文化研究（Bergiel, et. al. 2012; Eringa, et. al. 2015; Meyer, 2014; Yeh, 1988; Wu, 2006）。從國家文化到組織文化之間的關係是複雜的，包括國家文化如何被納入企業文化之內，公司選擇哪些元素？理由是什麼？為何在同一個國家之內，會出現不同的組織文化？公司只是國家文化的單向接受者？還是對國家文化有影響的？什麼類型的國家會出現國家文化與組織文化兩者有高度同質性（組織文化只是國家文化的複製）？什麼類型國家下的多元企業文化？

今天全球化的世界中，文化的交流與互相影響愈來愈密切，一些共同的信念與價值、規範逐漸出現，形成全球文化，並日漸為大多數國家所接受，融入自己文化之內，導致原來文化的蛻變。全球化之下的變化，包括信念、價值的變化是常態，個別國家文化很難抵擋變化，組織文化亦不可能抗拒變化。全球文化、國家文化與企業文化之間存在動態關係，互相連結，彼此影響。跨文化的企業文化觀察，必須注意這個大脈絡，才不會只是見樹不見林。

方向盤下文化比較

如上文所言，霍夫斯塔德跨文化測量的工具，最近已從5個增加至6個，而儒家文化動力的名字改為長線取向。根據新版，文化是指國家內人們心靈（human mind）的集體心智編程／編碼（collective mental programming），影響人的思想方式，思想方式反映了人對生命的不同方面給予不同意義，社會的

制度亦反映這些意義。由於某一群人與另一群人之心智編程不盡相同，因此可用來區分不同的群體。值得注意的是，雖說集體心智編程，並不表示某一社會內每一成員都以同一方式被編程，個人與個人之間，仍會有相當大的差異性。給予個別國家的量化評分，是基於大數目定律及基於人極受社會控制這個事實。然而，就價值層面而言，有關某一文化的陳述並不陳述眞實（reality），那述句只是概括性陳述而已（Hofstede, et. al., 2010）。新的框架稱爲「文化方向盤」（Culture compass），頗能彰顯其功能。❶

下表是用文化方向盤對大中華地區三地的測量結果，以日本的分數用作比較。

表5.6　大中華地區與日本文化比較

	中國	臺灣	香港	日本
權力距離 （power distance）	80	58	68	54
個人主義 （individualism）	20	25	17	46
剛性 （masculinity）	66	57	45	95
迴避不確定性 （uncertainty avoidance）	30	29	69	92
長線取向 （long term orientation）	87	61	93	88
放縱 （indulgence）	24	17	49	42

（source: Hofstede Insights. https://www.hofstede-insights.com/product/compare-countries/. Accessed Jan 26, 2019.）

對上表的6個向度評分的涵義，以中國的評分作說明。中國的權力距離獲得80分高分，代表社會大眾認爲不平等是可以接受的。另外，上級下級的關係傾向兩極化，對上級的權力濫用是無法防禦的。個人受到正式的權威及制約所影響，但一般是對人能領導及採取主動感到樂觀。人們不要有越級的願望。在個人主義方面得20分，表示中國是高度集體主義社會。人們爲集體利益行事，但集體利益不一定是自己的利益。自己人的考慮影響招募及擢升，愈親近的成員（如家人），則獲得優先照顧，員工對組織的承擔低（但不表示對組織內個別人物的承擔低），自己人團體的關係是合作的，但對外人則是冷漠，甚

至是敵意的。剛性分數若是高，表示社會由競爭推動、成就推動及成功推動，而成功是指勝利者或領域中最好的，這個價值自學校開始到組織都保持不變。剛性社會裡，推動人們的動力來自要做到最好。柔性表示社會的主流價值是照顧他人及注重生活品質。柔性社會內生活質是成功的符號，而在群眾中突顯自己並不是值得羨慕的。柔性社會推動人們熱愛自己所做的事。中國剛性分數是66分高分，代表社會成功推動人們行為，對犧牲家庭生活或休閒活動在所不惜。學生最關心是取得高的考試分數，排名是成功的主要指標。迴避不確定性方面的得分是30分，這項低分表示中國人對不確定性處之泰然，生活務實（pragmatic），因時因地彈性地守法循規。中國人適應力強，富企業精神。長線取向方面，中國分數是80分，代表非常務實。人們相信真理是因情況、脈胳或時間而不同的。人們因應環境變化而改變傳統，為了達到目的，有很強的傾向投資、節約及堅忍。放縱（indulgence）是新的指標，意指人們從小到大被教育對慾望及衝動的控制程度。相對地，弱的控制稱為「放縱」，相對強的控制稱為「約束」。文化可以分別來描述。中國的分數是24分，代表是約束性社會（restrained society），有凡事向壞處想，悲觀的傾向；不重視休閒時間，對慾望的滿足加以控制，人們感到社會規範約束了行為，感到放縱本身是不太對的。

　　在權力距離方面，中國分數最高，比排名第二的香港高出2分，比臺灣多22分，表示臺灣在三地中的權力距離最短；日本的權力距離跟臺灣相近。中國、臺灣的集體主義接近，香港的集體主義比中、臺更強；人們印象中的日本社會崇尚集體，但數據卻顯示是比大中華三地更傾向個人主義。剛性方面，中國最為剛性，其次是臺灣，最後是香港；比起三地，日本剛性更強，差5分就到100分了。迴避不確定性向度上，中、臺幾乎相同，但香港則與兩者有很大的差異，表示香港人對不明確性有很大的焦慮；日本與三地亦呈現很大的差異。長線取向方面，三地的差異性很大，香港分數最多，比臺灣分數多出22分；日本比較像中國，只有數分之差。在放縱這點上，差異亦相當明顯，香港分數（49分）亦是最高，比臺灣分數多出32分，比中國多15分！總體而言，大中華地區三地在六個向度上都呈現不同程度的差異，若與日本的情況比較，差異更大，因此，不要以為同樣是東方社會，就會同多於異。當然，各地的政治制度、發展階段、歷史傳統、經濟制度、社會結構、教育體制等，都是導致這些差異的原因。表5.6是將大中華三地跟英美社會作比較，不僅更能突顯東西方社會之不同，同時亦可展示兩個西方社會的微妙差異，讀者可自行細讀數據。

表5.6　大中華地區社會與英國、美國文化比較

	中國	臺灣	香港	美國	英國
權力距離	80	58	68	40	35
個人主義	20	25	17	91	89
剛性	66	57	45	62	66
迴避不確定性	30	29	69	46	35
長線取向	87	61	93	26	51
放縱	24	17	49	68	69

（source: Hofstede Insights. https://www.hofstede-insights.com/product/compare-countries/. Accessed Jan 26, 2019.）

美國文化精神

按霍夫斯塔德的跨文化比較框架，美國文化的特色是：個人主義強，權力距離短，剛性社會、不迴避不確定性、短線行事，及比較不克制個人慾望與衝動。值得注意的是，霍夫斯塔德的文化方向盤只是眾多分析架構之一，跨文化模式之外，美國文化亦可從其他角度分析，揭示其複雜及多面性。

美國是現今世界上的經濟超級強國，全球最大規模的500（Fortune Global 500）家超大企業，不少都是美國著名企業，包括沃爾瑪（Wal-Mart）、通用汽車（General Motors）、埃克森‧美孚（Exxon Mobil）石油公司、福特汽車（Ford Motors）、奇異公司（General Electric）、花旗銀行（CitiBank）等名牌大企業。

以全球100個股最佳品牌排名來看，2018年榜上排名前20名的，大部分都是美國品牌企業，包括蘋果、谷歌、亞馬遜、沃爾瑪等。它們都是卓越的代表，成為全球爭相仿效的楷模。

美國之所以能產生國際頂尖品牌，卓越的公司、營商環境、商業文化自然是關鍵因素，然而支撐及養育它們的美國文化尤其是關鍵。美國文化尊重個體，重視自由平等、維護私有產權，鼓勵創新、重視勞動致富……，都有利於商業的發展。一言蔽之，美國文化是公司成長及茁壯的肥沃土壤。可以說，美國文化是卓越的企業文化的根，亦是它生存及成長的清泉活水。因此，了解美國文化成為了解企業文化成功的鑰匙。

　　美國立國200多年，基本上是移民社會，早期人口主要來自歐洲白人基督教文化移民，從非洲輸入大量的黑奴，充當莊園的勞動力，黑奴的後代日後成為美國人口的少數族裔。近年則愈來愈多來自亞洲、拉丁美洲的移民，多民族國家格局漸成。200多年來，經歷了不少變遷的美國，是否仍有連續不變的核心價值、信念、習俗？什麼是美國文化基本特質？

　　威廉斯（Williams, 1970; 1979）對美國文化概括論述，綜合了以下之美國價值由幾組元素構成。第一組包括競爭、成就、工作、行動、效率、實用、科學、世俗理性、物質享受、進步。另一組與個人主義有直接關係的價值，包括個人的價值、自由、民主、平等。還有，美國的價值也包括了人道主義、道德、民族主義、愛國主義、種族主義、種族優越性等。如上文言，美國是多族裔的移民社會，常以「熔爐」（melting pot）自居，意思是移民自然融入美國文化之中，接受及在日常生命中奉行美國文化。

　　美國文化基本上是以歐洲白人基督教文化為主體的多元文化體，價值根源來自洛克模式的自由主義（Lockean Liberalism），以維護個人的天賦權利及自由來實現個人的尊嚴，發展出剛性的個人主義，重個體、重行動、重實踐、重結果，繼而產生有美國特色的實用主義（pragmatism）。實用主義亦助長了美國人喜歡胼手胝足、捲起衣袖來做試驗的實幹文化（culture of doing），而最能體現這種精神者，包括了美國建國者（founder）及發明家班·法蘭克林（Ben Franklin）、偉大的發明家愛迪生（Edison）。他們兩人都象徵實用主義的精神：敢於實驗，不斷的失敗，再實驗，再失敗，再嘗試……，擁有這種鍥而不捨與努力不懈的精神。汽車大王亨利·福特（Henry Ford, 1863-1947），亦是美國精神的代表（Lacey, 1986; Watts, 2005; Porretto, 2003），以他姓氏命名的生產方式的福特主義（Fordism），正是美國價值在工業上的具體表現。這種東試試、西試試的修補文化（culture of tinkering），與個人主義的無縫結合，形成了潛力無窮的創新文化，孕育了無數敢為天下先的發明家、敢逆流而上的創新家（Chandler, 1977; 1986; 1994; Hounshell, 1984）。福特正是典型的修修補補的大師，縱使出生於農家，但性好機械，父親早就察覺兒子是適合修補的料，不會以務農為業。如果有人問：為何電腦革命會在美國矽谷出現？了解美國的深層價值與信念之後，答案是不言而喻的。

　　根據一項全球的企業經理價值研究（Hampden-Turner &Trompenaars, 1993），美國企業的個人主義性格比起其他國家都強。這個研究由荷蘭的國際商業研究（Center for International Business Studies）主持，用問卷調查方

式，在1988至1993年間調查了分散在美國、英國、德國、法國、瑞典，荷蘭及日本、新加坡等工業國的15,000名經理，詢問他們一些重要的價值。美國經理在有關個人主義的行為指標上得分是最高的，印證實了美國個人主義深入組織文化。美國經理展露個人主義的組織行為，包括：(1)在招聘新員工上，92%的經理認為，申請人的知識才能及上一份工作的表現，比是否能融入工作團隊之中更為重要；(2)若要選擇工作的話，97%的經理偏好鼓勵個人主動及個人主動能達成的工作，而不選擇沒有將個人榮譽突顯出來的工作。相較之下，日本及新加坡企業的組織文化之個人主義性格很弱，日本及新加坡是集體主義文化（Nakane, 1973），這個結論一點也不足為奇（Hampden-Turner &Trompenaars, 1993: 56-57）

福特模式

美國文化造就了不少改變世界的知名創新家，福特汽車公司的創辦人亨利·福利就是其中佼佼者。由福特本人所創造的「福特主義」（Fordism）生產模式（福特模式），是美國文化在商業領域的開花結果，產生影響深遠的福特企業文化。福特模式的影響不限於美國本土，全球的工業生產都爭相學習，福特文化不僅是生產模式，還包括福特本人的理念及價值，雖然當時還未有企業文化這個名詞，福特模式無疑是獨特的企業文化（Beckner, 2018; Dorff, 2016; Lombardo, 2017）。

福特模式基本上是有關規模生產（mass production）及規模消費（mass consumption）的意識型態（Beynon & Nichols, 2006; Thompson, N.D.），在上世紀1940年代到1960年代的工業國家非常流行。依福特原初的構思，大規模的生產及大規模的消費會帶動經濟發展，提高人民物質水準。在工業國家早期階段，生產從農業逐漸轉向工業時，福特模式是有效的方式，將手藝式產業（craft industry）轉化為大規模的生產，大量產出各式商品，導致商品市場的出現。除此之外，福特模式推行大規模的分工（massive division of labor）及功能專門化（functional specialization），加強生產效率，產生規模經濟效益。福特深明箇中優點：商品的數量愈大，愈有效減低固定成本（overheads），尤其是廠房及設備的投資，因而減低每件商品的單位價格；另一方面，精心設計的分工，將各部門功能專門化，如設立會計、人事、品管、採購、銷售等部門，集中管理，減低成本，增加效率。

福特模式還有以下的特色：標準化（standardization），包括組件標準

化，生產過程標準化，及簡單、容易製造（維修）的標準產品。標準化的一個必要條件，是組件及工人接近完美的可互換性（interchangeability），即任何同一型號的組件是可以由其他相同型號的組件來替代的。負責組件組裝的工人亦然，工人的互換性同樣強，沒有一個工人在生產線上是不可被替代的。其次，福特推出流水作業的生產線（assembly line），生產線上的裝配員（assembler）只需重複地做簡單的動作，裝配線是用電力來推動，保障生產不會停頓，生產力得以提高。福特的流水作業線在1914年首次設於密西根州高原園廠區（Highland Park），用來生產著名的T型號（Model T）房車，結果成效驚人，提高了十倍的生產力，同時大幅削減了產品價格。1910年每部Model T售價是780美元，到1914年則驟降至360美元！不到4年降價超過一半。這個結果完全符合福特的願景，他希望製造價廉物美的汽車，讓美國每個家庭都可以擁有一部Model T。與此同時，福特將工人的工資大幅地調高，是當時美國工人平均時薪接近兩倍，使員工有能力購買公司的汽車。同時福特工人享有每週40小時的工時待遇，是同業的其他工人無法享受的。

福特模式的另一特色，則是生產組織的垂直整合（vertical integration），將上、中、下游的生產整合起來。透過垂直整合，福特終於實現了將所有生產原料都一併由自己來製造的夢想。福特之所以能這樣做，由於它的大規模生產方式已經發展到接近完美的階段，可以用這些方法來生產其他製造汽車所需的東西。其次，由於那個年代的資訊科技不發達，加上福特本人不大相信會計及財務管理的效用，垂直整合生產工序所提供的直接監督，能更有效率地協調生產時的物流及零件裝配。垂直整合需要一個龐大複雜的科層組織來集中管理不同的活動及工人，中產管理人員是科層組織中的重要部分。除此之外，這類龐大的生產亦須有詳細的規章制度，清楚地界定各自的角色及工作；及各式各樣的計畫（工作程序，合作規範）與它們之間的有效聯繫及協調。

規模生產不是完全沒有缺點的，其中之一是其非人化（depersonalize）的一面。由於大量生產需要極細緻的分工，生產線上不同組的工人只做幾樣特定的工序，如將螺絲釘鎖緊，或將玻璃裝到車門上，或安裝車廂座位……，從上班到下班，每天就不斷重複地做這同一組動作。這類工作刻板沉悶，亦非常辛苦，工人流失率非常之高。1913年的流失率就有380%！福特為了應付工人流失，依靠提高工資，將工資加倍至每天5美元，比同行工人的工資高出很多。無論如何，福特模式確實大大提高了生產力，對非技術的工人帶來了明顯的好處，包括工時縮減了四成，工資增加了25倍，或可補償工作的沉悶刻板。

◆ 創辦人的價值

福特模式反映了創辦人的人格特質及個人信念與價值。福特是性格複雜的奇才，一生扮演著不同的角色及成就非凡，是工業家、創業家、發明家、機械師、政治家、改革家、道德家、民族英雄、消費者的倡議者、暴君、反猶太主義者（Watts, 2005）。然而，貫穿不同的角色中，仍可察覺福特一些不變的人格特質及穩定的價值取向。福特為人自強不息，偏好行動（"You can't build a reputation on what you are going to do."），崇尚維多利亞年代的價值，包括勤奮耐勞，依賴自力、儉樸、自我約束、勞動光榮、謙卑、尊重傳統，亦是美國立國早期清教徒的信念與價值。成長的環境對福特的性格及價值形成深遠的影響。福特出生於美國中西部農業心臟地帶，農村的生活與價值，及伴隨的民粹情懷，塑造了其性格及價值觀。農民生活及民粹情懷令他更能跟一般民眾有同理心，能站在他們的位置上思考及感受問題，了解消費大眾的需求與願望，帶動大眾消費的潮流。福特廣為人知的一句名言：「如果成功有祕密的話，就是能站在他人觀點，同時用他及自己的角度來看事物。」（"If there is any one secret of success, it lies in the ability to get the other person's point of view and see things from that person's angle as well as from your own."）正好反映了這點。此外，福特的另一流行的名言：「聚在一起是開始，維持在一起是進步，一起工作才是成功。」（"Coming together is a beginning; keeping together is progress; working together is success."）則表述了他重視團隊合作。

福特接受為期不長的正規教育，但並沒有減低他的機敏聰明、庶民智慧，對社會及自然界充滿好奇心；他雄心壯志，充滿自信，做事多依賴直覺或本能的猜測，而少靠系統分析；他對既有的作法、想法持懷疑態度，尤其不信任好聽的理論；他重視常識實踐，經常扮演智者給人指點迷津。對人方面，福特是個矛盾的人，在理念上對人性有寬大慷慨及理想的看法，但現實生活中，卻對周遭的人不時露出刻薄、唯我獨享（self aggrandizing）的態度。終其一生，福特有走在時代之前的進步思想與實踐，如大幅增加工人工資，規定每週40小時工時，及生產大眾可支付得起的產品，以改善生活，他深信商業並不只是追求利潤，他的名言：「一家只會賺錢的企業是一家差勁的企業。」（"A business that earns nothing but money is a poor business."）反映了他對商業任務的寬廣理解。另方面，福特亦有保守的反進步行為與思想，包括用暴力阻止工人組織自由工會；對親生兒子艾特素（Edsel）過分的嚴苛挑剔，令他惶惶不

可終日，生活長期緊張與充滿壓力，導致罹患胃癌早死；以及反猶太主義的思想及行動。總之，人無完人，缺點難免，超凡企業家如福特亦不例外，但這不會削弱其偉大的成就與貢獻。

◆ 價值傳承

福特文化傳承反映在今天福特汽車的願景、使命及組織文化之中。福特的願景是：公司上下以一家精實的自動汽車領導者與全球企業聯手工作。願景的涵義是：要成為領導者，公司必須能滿足顧客、員工、投資者、經銷商、供應商及社區。

2008年執行長艾倫・穆勒利（Alan Mulally）推出了「一個福特」（One Ford）的使命，內容是「一個團隊、一個計畫、一個目標」（One Team, One Plan, One Goal.），將願景具體化表述。創辦人創立的信念及價值，包括團隊精神及產品品質，經新一代領導的詮釋，反映在福特汽車的願景及使命之中，並落實成為公司的組織文化。

執行董事長，威廉・福特二世（William Ford Jr.）（福特的曾孫）在企業年報的公開信寫道：「超過150年前，我們在底特律一家小工廠製造汽車，從卑微的開始，我們在規模生產上發起了革命，製造人們有能力購買的汽車，將全世界裝上車輪，我們昔日的願景是使人人可擁有及購買汽車，這仍是我們今天的願景……。」（Ford 2018 annual report）此即是福特文化傳承的最好佐證。

中華文化精神

中華文化的三大組成部分是儒教、佛教、道教。自漢唐以來，儒釋道三教經歷長期的互動、激盪、互學、共存、融合、演化，形成以儒教為主、道教佛教為輔的混合文化，塑造中華文化的政治、經濟、社會、心理、人格等領域。在今日，華人政治、華人社會、華人性格、華人行為、信念、價值，通通都充滿著濃厚的中華文化內涵，特別是以儒教為主導的文化特質。探討中華文化的組織文化，儒教文化基本上可充當中華文化的代表（proxy）。這裡所謂的中華文化，是指以儒教為主的中華文化。下文探討中華文化特質，及受中華文化塑造的組織文化特色。

以儒教為主導的中華文化是以德治為主軸、刑治為輔的文化體。德治

主要元素來自儒教，混合了道教及佛教的教義，刑治的元素來源是韓非、商鞅、慎到等法家思想，刑治並非西方以公正、人權、規範爲本的法治，而是以刑法治國之術。法家認爲君主以刑法懲罰來治理百姓，令百姓對君主心存畏懼，不敢造反，刑法是君主控制人民之工具，但是，君主在法律之上，法律之外，不受法律約束。刑治如是，由孔孟創立的德治傳統亦難與帝制（imperial institution）清楚切割，德治亦是在君主專制下而形成及發展的思想，同樣沾滿帝制的氣味。君主治民除了刑法外，還要用道德倫理，以治理人心，使其臣服，唯君是從。刑法是硬法，以威嚇、懲罰、控制爲目的，守法循規；德治是軟法，以道德誘導人心，忠君尊上。刑德兼用，軟硬兼施，成就了二千多年穩定持續的中華帝國及中華文化，及深植於社會的帝制元素（imperial elements），包括尊上、忠君、集中、定於一、一統、一尊、唯上、尊尊、親親、長長、老老、等級、身分、集體主義、權力差距、威權主義、家長主義、父權主義等。值得強調的是，儒教的尊尊親親原則，可說是人倫關係的大法，尊尊奠定了君子至尊的地位，親親確定了家族的無上威嚴，事君以忠，事親以孝，是人的一生最重要的兩大責任。忠君的實踐，成就了二千年持續的君主專制，教親的奉行，造就了中華家族延續不衰的傳統。孔子對孝給予比忠更高的道德地位，尊之爲「仁之本」，足見儒教對家族的重視，祖宗崇拜代替神靈的崇拜，順理成章成了中華文化中的世俗宗教。無論如何，德治及刑治都是專制君主治民治國的工具，是帝制的文化產物。

中華文化中的道教及佛教元素，亦廣泛滲透到社會及生活的層面，影響統治階層及平民百姓的思想行爲、人格特質。例如：道家的價值爲以柔制剛、大智若愚、上善若水、無爲而治、無爲而無不爲，虛懷若谷、道法自然、反璞歸眞等，都成爲人們待人接物、修心養性的方向盤。佛門智慧如清心寡慾、去貪、去嗔、去癡、去慢、善行福報、苦海無邊、回頭是岸、放下屠刀，立地成佛、大悲無淚、大悟無言、大笑無聲、色即是空，空即是色、一切皆空、一花一世界，一葉一如來、一切眾生，處處成佛等，其與佛門戒律不知成了多少人安身立命的明燈，都指導了人們的思想行爲。從古到今，華人的思想行爲流露著不同比重的三教元素，儒家信徒中有道或佛的氣息，道教徒或佛教徒的行爲亦不難尋獲儒教的元素。

三教融合的中華文化是在君主專制下形成、發展與鞏固的意識型態，同時亦爲帝制提供正當性的支持。中華文化是帝制下的產物，整體充斥著帝制元素。然而，不少對傳統文化發思古幽情的學者，卻有意無意地將中華文化去脈

絡化，抽離或刷掉其帝制元素，製造一幅偏離事實而一廂情願的扭曲圖像，既不科學亦不客觀。為避免這種抽離洗刷歷史的不當方法，應將中華文化置於適當的歷史脈絡下，才能客觀還原其真相。

中華德治文化

中華文化是歷史深厚的產物，裡面累積了層層的元素，若取其最大的概括，是德治為主、刑治為輔的文化，直接對應於中華帝國的陽儒陰法（外儒內法）的治理格局。儒教的主導精神是德治，中華文化可概括為德治文化，內含儒家的基本構成元素，包括仁、義、禮、美德、人本等哲學理念，組織文化是這些理念在組織上的落實。以下先論中華德治文化的基本元素。

◆ 仁、義、禮

儒家文化有三個核心元素：仁、義、禮是道德的來源，是超級德性（美德），亦是規範人們思想行為，是人文世界判斷對錯、是非、善惡的基本原則（Ip, 1996）。

◆ 仁

仁基本上是人的道德能力，能力的行使產生仁的行為。仁是愛人的能力，行使這個能力表現為愛人的行為。孔子在《論語》對「仁」有各種不同的闡釋：

「夫仁者，己欲立而立人，己欲達而達人。」（〈雍也〉）

「子張問仁於孔子。孔子曰：能行五者於天下，為仁矣。請問之。曰：恭、寬、信、敏、惠。」（〈陽貨〉）。

「孝弟也者，其為仁之本與。」

「克己復禮為仁。」

「己所不欲，勿施於人。」

◆ 義

義是儒家倫理第二核心元素。義指道路也，意味著合適、恰當、正確的意思。《論語》對「義」的闡釋：

「見義不為，無勇也。」

「君子之於天下也，無適也，無莫也，義之與比。」

「德之不修，學之不講，聞義不能徙，不善不能改，是吾憂也。」

「飯疏食飲水，曲肱而枕之，樂亦在其中矣。不義而富且貴，於我如浮雲。」

「君子義以爲質，禮以行之，孫以出之，信以成之。君子哉！」

「隱居以求其志，行義以達其道。」

子路曰：「君子尚勇乎？」子曰：「君子義以爲上。君子有勇而無義爲亂，小人有勇而無義爲盜。」

◆ 禮

禮治的社會秩序是儒家的理想世界，儒家對禮有很詳細的論述。

儒家認爲，治國要依禮，所謂「爲國以禮」；做人也要循禮，所謂「不學禮，無以立」。孔子常以禮來教導學生。弟子顏淵道：「夫子循循然善誘人，博我以文，約我以禮。」「君子博學於文，約之以禮。」

「非禮勿視、非禮勿聽，非禮勿言，非禮勿動。」

孝敬父母，禮更不可少：「生事之以禮，死葬之以禮，祭之以禮。」

孔子推崇周禮，視爲禮的標準：「周監於二代，郁郁乎文哉，吾從周。」周禮與名分等級密不可分。孔子所言：「齊之以禮」是與其「正名」的主張互相呼應。在周禮秩序內，人各有名位、等級及伴隨的禮儀：君君、臣臣、父父、子子。君有君之禮，臣有臣的禮，父子各有其禮，循禮而行，秩序井然。君臣父子之禮的正當性、合適性何在？孔子在儒學上的獨特貢獻，是倡議禮的合理性、合適性建基在仁義之上。禮必須正當、適合，守禮循禮才能產生規範作用，否則就會徒具形式，失去禮應有之義。義在仁心的作用下，會衍生恰當的反應與行爲。沒有仁義的支撐，禮不只沒有道德意義，反而成爲合理行爲的阻礙、自由的枷鎖。仁與義的注入，給禮予道德內容，協調人際關係，達致和諧。《論語》對此有清楚的表述：「禮云禮云、玉帛云乎哉？樂云樂云，鐘鼓云乎哉？」（〈陽貨〉）「人而不仁，如禮何？人而不仁，如樂何？」（〈八佾〉）。禮比之於刑法，用禮治理國家效用更大：「道之以政，齊之以刑，民而無恥；道之以德，齊之以禮，有恥且格。」禮之效用，是達致和諧：「禮之用，和爲貴。」

孔子對禮的效用，有極大的期望。「上好禮，則民易使也」（〈憲問〉）；「上好禮，則民莫敢不敬」（〈子路〉）。意思是君主（或在上位者）如果切實地推行禮治，人民就會順服，容易被指使；人民亦不敢不尊敬君主。

◆ 美德

人們實踐仁、義、禮，就會產生各種善行，成就道德。人的善行亦來自人的美德，貫徹美德的是道德的人。君子是道德人的典範，擁有及踐行各種美德，道德修養很高，充分實現仁義禮德性的理想人格。除了仁義禮三個超級德性之外，儒家倫理還提出了很多的德性，它們都是君子所擁有的人格特質。儒家倫理根本上是以美德為本的倫理學，從儒家倡議的道德條目，或對君子小人之分的論述中，展示了儒家的重要美德。

智、仁、勇。

恭、寬、信、敏、惠。

剛毅木訥。

忠恕。

克己復禮。

其餘的德性：

「博學而篤志，切問而近思，仁在其中矣。」

「志士仁人，無求生以害仁，有殺身以成仁。」

「見義不為，無勇也。」

「君子有勇而無義為亂，小人有勇而無義為盜。」

「仁者必有勇，勇者不必有仁。」

「君子喻以義，小人喻以利。」（〈里仁〉）

「群居終日，言不及義，好行小慧，鮮矣仁。」（〈衛靈公〉）

「巧言令色，鮮矣仁。」

「人而無信，不知其可也。」（〈為政〉）

「敬事而信。」（〈學而〉）

「君子泰而不驕，小人驕而不泰。」（〈子路〉）

「君子之於天下也，無適也，無莫也，義之與比。」（〈里仁〉）

這些古代的德性，哪些仍適用於今天的商業社會，需要詳細的詮釋。

◆ 忠恕

忠恕既是美德，也是儒者倡議人與人彼此對待之道。孔子自稱一生「一以貫之」之道，就是忠恕待人。《論語》：「己所不欲，勿施於人。」（〈衛靈公〉）及「己欲立而立人，己欲達而達人」（〈雍也〉），彰明忠恕的涵義。

按宋儒的詮釋，忠指己欲立而立人，己欲達而達人；恕是己所不欲，勿施於人。儒家的恕道，基本上跟黃金定律的內涵一致，但忠恕之道則要求個人道德實踐跟其他人的道德實踐連結在一起，在完成自我的道德發展中，完成他人的道德發展，因此比黃金定律更有積極的一面。

◆ 中庸

除了忠恕外，中庸之道也是處理事物的重要原則。《禮記‧中庸》對「中庸」的闡釋：「執其兩端，用其中於民。」朱子在《四書集注》則解釋為：「中者，不偏不倚，無過不及之名；庸，平常也。」孔子認為處事不宜走極端，應採取平衡原則，所謂「執兩端，用其中」，又是中庸之道的一個表述。孔子崇尚中庸之道：「中庸之為德，其至矣乎！民鮮久矣。」（〈雍也〉）能道中庸之人，是德行高尚的人。

然而，行中庸之道亦可能製造不問是非、迎合俗流或權貴的鄉愿？孔子鄙視鄉愿，因「鄉愿，德之賊也。」孟子眼中，鄉愿「言不顧行，行不顧言……閹然媚於世也者。」、「同乎流俗，合乎汙世。居之似忠信，行之似廉潔。眾皆悅之，自以為是，而不可與入堯舜之道。」（〈盡心〉下），是品德低下的人！問題是，世俗人的行為多由私利驅動，有幾人能秉持中庸之道，值得懷疑。

◆ 人本

儒教基本上是以人為本的世俗文化，跟以神為本的文化（基督文化、回教文化）有很大的差異。表述人本精神最清楚的，莫過於孔子論述仁的來源：「仁遠乎哉？我欲仁，斯仁至矣。」意思是，仁不是跟人距離很遠的東西，只要人有實現仁的意願，仁愛之行就可出現。簡言之，仁是內在於人，不是外來的（如神明或天）。由於視仁心內於人性，儒教文化亦是人文主義文化。道德與人性結合的論述，由孟子的「四端說」來完成。

「惻隱之心，人皆有之；羞惡之心，人皆有之；恭敬之心，人皆有之；是非之心，人皆有之。」（〈告子〉上）

「仁、義、禮、智，非由外鑠我也，我固有之。」（〈告子〉上）

「仁、義、禮、智根於心。」（〈盡心〉上）

「惻隱之心，仁之端也；羞惡之心，義之端也；辭讓之心，禮之端也；是非之心，智之端也。人之有四端也，猶其有四體也。」（〈公孫丑〉上）

孔孟的論述奠下了儒家人本倫理根基：人人皆有仁、義、禮、智、信等道德潛能；不論窮富、權位、學問、年齡、性別，只要發揮人的道德心，就可以產生道德行為，做有道德的人。儒教的「人人皆可為堯舜」，表述了仁心之平等，與佛教的「人人皆可成佛」、道家「道大、天大、地大、人亦大」的平等觀互相輝映，融入在中華文化之中。

中華企業文化

回顧上文霍夫斯塔德文化方向盤呈現的中華組織文化之大部分特性，包括集體主義、大權力距離、剛性社會、不迴避不明確性、務實（長線取向）、及控制慾望六個特性，與中華文化的特質大致上是互相呼應的。補充霍夫斯塔德一般性的描述，下文就中華文化在企業或組織層面上表現的幾個特質：家族集體主義、人情關係主義、家長主義、威權主義、人治（Ip, 1999, 2000, 2003a, 2003b, 2002, 2009, 2011, 2013, 2016; 葉保強，2015），作更具體的論述。

◆ 家族集體主義

基於親親的文化傳統，華人非常重視家族，社會的長期穩定，事實上都依靠家族。家族本身是以血緣為本的集體，家族集體主義盛行於華人社會，其要旨是，家族利益高於個人利益，當家族利益與個人利益發生矛盾時，個人必須調整、壓抑，甚至犧牲利益來成就家族利益。維護及延續家族利益是華人的一般行為目標、動力及責任。華人家族成員包括了有直接或間接血緣關係者。華人對家族有極高的忠誠與認同，視努力為家族爭光是人生的責任，視自己的失敗會令家族蒙羞；家族的成就加強了自我的肯定，家族的失敗會是自我的挫敗。華人甚至為了維護家族而犧牲自己的事業或婚姻。家族是集體，個人幸福只能在集體幸福中得到實現，離開家族的昌盛就沒有個人的快樂。家族集體主義塑造了獨特的以「關係為本」的自我型態，即自我的意義、位置、感情、思想、行為取向，都受個人的家族關係所塑造及影響。換言之，沒有家族元素的獨立自我觀念是不存在的。長期在家族的影響及壓力下，華人形成了高度依賴群體的自我，經常遷就或逢迎群體的意向而壓抑自我，形成合眾或趨同（conformist）的性格傾向，缺乏獨立自主的個性。華人只以家族為信任的對象，不信任外人，奉行「親疏有別」、「內外有別」的差別對待熟人與生人（無家族關係的），家族之外很難與生人聯繫成持久的互信社群（community），導致公民意識及國家觀念薄弱；無怪華人離開家族，就成一

盤散沙，很難與陌生人組成公民社會。

◆ 人情關係主義

家族集體主義影響下，家族關係成為了人際關係的模範。家族是初級社會團體，成員之間以血緣紐帶連結，以個人感情聯繫起來，形成以情為本的親密社團。成員透過經常的接觸與交往，彼此發展深入了解及情誼。成員之間的聯繫與信任建基在熟悉及感情上，彼此互動合作，以人情主導，以關係取向（Jacobs, 1979）。簡言之，感情及關係的有無或輕重，決定了互動合作的程度，甚至是否會有互動或合作的發生。在利益及機會的給予或交換上，人情或關係是關鍵的準則。順口溜：「有關係就沒關係，無關係就有關係」，正是關係取向鮮明的陳述。不少人認為，華人社會的講關係、搞關係、靠關係、曬關係等關係學，已成為做生意取勝之道。關係主義其實源自儒家對「親親」（親愛你的家族成員）的社會後果，亦是家族集體主義的自然產物。

◆ 家長主義

家長主義（paternalism）是一種父權主義（patriarchy），是以家長對待子女方式來對待他人的做事原則與態度。家長主義者以關愛受惠者及照顧他們利益為由，無須先得到受惠者的同意，就事事為他們作主。家長主義引起爭議之處，是這個行事方式壓制或剝奪了受惠者的自由及自主，以受惠者利益為名，侵犯了受惠者的選擇自由。按家長主義，家長掌握所有真理，動機善良，一切為受惠者著想，受惠者無理由抗拒或反對。問題是，導向地獄的路經常是以善良動機而鋪設的。家長主義加上威權主義及集體主義，迫人走向地獄的風險愈高。不少華人社會視官員為大家長，企業主亦常以大家長的姿態來對待員工，要求員工視企業為大家族。傳統中國的店主稱僱員為長工，即長期僱用的員工。一旦成為長工，店主就有義務照顧員工的衣食起居及其他私事，如同家長照顧子女一般。大家長的作風唯我獨尊，員工必須言聽計從；大家長可以為所欲為，因為他是為了對方好，知道什麼是最好的，尤其重要的是，權力與權威都集中在他人身上。

◆ 威權主義

威權主義跟父權主義是連體嬰，兩者都與家族集體主義關係密切。家族權威是族長或宗子，權力、財政、道德、傳統、智慧、慈悲集於一身，自然成為

至高無上的權威。華人社會是父權社會，父權權威所形成的威權主義表現為：權威的思想、指令、決定、判斷、地位及行為只能接受、依從，不容質疑、不能反對、異議。威權主義很容易養成威權者自大、獨斷、專橫、自以為是、目中無人的人格特質；強化了威權者喜歡駕馭、主宰、操控、欺凌他人；喜歡將自己的喜好、價值、意見強加到他人的習性。在社群中，威權主義容易形成「一言堂」及導致個人崇拜，養育成員的畏懼及依賴權威的懦怯性格，令威權者的惡行變本加厲。威權主義的極端表現是，權威變成了真理道德的化身，對錯是非的標準。威權主義排斥平等對待原則，權威的人自視高人一等，待人如君臨天下，發號施令。家族集體主義、父權主義及威權主義都建基在層級及不平等的關係上，家族中人與人的關係是垂直而非水平的：上尊下卑、論資排輩。將此人倫的秩序推廣成社會秩序，層級深嚴、等級不平等成為社會的主結構。

◆ 人治

威權主義、家長主義的共性是人治。威權主義治理者是占高位、擁大權的人，行事決斷的基礎是權威、權位；家長主義的治理者是家長，治理原則是其個人的喜好及判斷，兩者的治理方式都不是靠規則或制度，而是靠個人的判斷或偏好。人治的問題是，同一類事，同一家長的判斷可以此一時、彼一時，前後不一致；同一類的行為，家長甲可以判定是對的，家長乙可以視為錯的。人治模式帶來極大的隨意性，行為的對錯善惡因人而異，產生混亂及不穩定，令人無所適從。就算是英明神武的治理者，都難免主觀及容易出錯，製造不公平。但世間英明治理者萬一無一，在多數平庸或劣質的治理者下，人治帶來的損害之處就不言而喻了。

家族集體主義、家長主義、威權主義及人情關係主義，人治彼此融成一體，互相支持及強化，都是中華文化在現實世界中衍生出的組織文化。❷

創辦人體現文化特質

真實世界中，不少著名的華人企業及創辦人都以不同程度展露了這些特質。臺灣的台塑集團及王永慶、統一集團的高清愿、鴻海集團的郭台銘的領導風格，透露了家長式、剛性、威權式，而由他們一手打造的企業，自然少不了這些特質。奇美集團的許文龍是有道家文化丰采的創辦人，他無為而治，謙

讓的風格是華人企業家中少見的。香港恒生銀行早期企業文化的華人色彩特別鮮明，創辦人之一何善衡扮演仁厚大家長，向員工諄諄善誘勤、儉、忍、謙、學、禮、和的儒家工作倫理，養成了一代憨厚勤奮樸實的「恒生人」。近年一些華人企業文化的研究，都揭示上文所論的文化特色（Ip, 2009, 2011, 2013, 2015; Yeh, 1988; Wu, 2006; 黃光國，1984；鄭伯壎、黃敏萍，2005；樊景立、鄭伯壎，2000；葉保強，2016b）。前文亦詳細論述，福特正是美國文化的表現。其他的美國著名企業，包括蘋果電腦、沃爾瑪、惠普、西南航空、耐吉等；日本的松下集團、資生堂；瑞典的宜家家居的企業文化，都是創辦人信念及價值的反映。

註　釋

1. 最新版本刊登在Hofstede Insights的官網上。https://www.hofstede-insights.com/product/compare-countries/.Accessed Jan 26 2019.

2. 這些結果，是多數只停留在理念或理想層面論述中華文化之傳統文化學者所難以察覺到的。

第 6 章　創辦人與企業文化

只有身先士卒的上司，才會得到下屬的擁戴。

—— 松下幸之助，松下集團創辦人

　　創辦人創立了企業，沒有創辦人則沒有企業。創辦人個人的人格特質、價值、信念、地位，對公司文化有著無可比擬的深遠影響（Schein, 1983）。創辦人的精神滲透到公司的組織細胞，公司的「性格」可說是創辦人性格的反映，公司文化幾乎等同於創辦人的信念及價值（簡稱價值，下同）。簡言之，創辦人的價值界定了公司的精神內容、經營模式、發展策略、人員制度、競爭形式、策略聯盟、合作夥伴、社會關係。不理解公司創辦人的價值，就無法理解其公司之文化。對公司文化的理解不足，無法說明公司的行為與決策。總之，創辦人價值塑造公司文化，公司文化影響公司大小的行為與決策。以著名的企業為例，美國公司如嬌生、惠普、蘋果、耐吉、谷歌、沃爾瑪、西南航空等；瑞典的宜家家居；日本的松下電器、佳能相機；中國的海爾；韓國的浦項鋼鐵；臺灣的台塑集團、統一企業等的公司文化，都深受其創辦人價值及信念的影響。

創辦人與企業

　　企業創辦初期，面對諸多的不確定及風險。創辦人由於在組織內的地位比較穩固，及個人自信比較足夠，比其他員工更能應付或迎接期間所帶來的焦慮不安或經營風險。遇到經營危機時，創辦人及公司的所有人在公司生存戰中扮演了特殊的角色，以保公司的存活。所有人（創辦人）有十足的誘因，將這個角色扮演得最好，因為他們是公司最大的利害關係人。其次，身為公司最大的利害關係人及有能力、願意迎接風險，創辦人大多會做一些短期內不一定是最有效率的決策，但這些決策多會反映他們對如何經營可帶來長線好處的想法，及這些想法背後的價值。創辦人經常流露出大機構少有的人情味，與員工及合夥人或商業有來往人建立及維持情感的聯繫與關心。一些百年老店都會視員工為親人一樣，就算經營相當困難，都不會解僱員工；有時亦由於太重人情之緣故，會用人唯親，用不太稱職的親人，而放棄用合適的外人。這些在理性管理看來，是沒有效率且不公平的作法，亦會在重視人情的創辦人公司內經常出現。

　　公司草創期，首要問題是存活。創辦人的任務，是與合資人或合作夥伴在如何生存發展的大問題上取得共識。具體而言，創辦人必須在公司的核心任務

及具體的目標上，與合作夥伴作詳細的溝通及達成共識；跟員工溝通，讓員工認識公司的方向。目標制定後，創辦人必須規劃達到目標的手段，包括組織結構、工作分工、獎懲制度、績效準則、記錄系統、監控機制等；同時，更全面的規劃應包括在組織結構上設有糾正錯誤策略及機制，以回應經營不達標、績效不如期望等問題。以上只陳述一般的過程，具高度概括性，不代表每家公司的發展都依循這個軌跡，其中有不少的例外是意料中事。例如：單個創辦人的企業就可能不必取得任何共識；或創辦人推行家長式管理，不會主動跟下屬溝通公司目標等大事，亦不會主動詢問下屬的意見。總之，創辦人在企業的發展扮演著籌劃師、營建者、營運長、保護人、領導人、宣導人等多重角色。

創辦人價值與企業文化

貫穿在多重角色之中是創辦人的價值，促進公司內部的整合（Schein, 1983）。創辦人的價值有助公司內部整合，在建構及運行方面提供共識的基礎。公司的使命、核心價值、經營目標、人才準則、營運模式、獎懲機制等都受價值的指引及規範。價值為組織提供共通的語言，讓公司上下員工能順暢溝通交流，彼此了解，團結一致。此外，價值可成為甄選公司成員資格之準則，區分誰是自己人及外人，形成易於辨識的團體，塑造成員的組織身分。再者，價值亦用作界定包括組織內的權力分配、獲取、維繫、收回、失去之規則。另外，人際關係的規範，上下級、同級、男女員工等關係、親疏、正規或非正規關係、獎懲制度等，都反映了價值。公司面對不明確或無法控制因素時，價值可減低員工的焦慮不安。還有，價值乃公司重要的無形資源。

公司的優劣，跟公司文化息息相關。公司文化的好壞，跟公司創辦人的價值密不可分，這點在第一章中討論嬌生及安隆文化時，已有詳細的論述。事實上，公司文化經常是由創辦人一手打造的，公司文化基本上是創辦人的價值觀與世界觀的反映。國際品牌企業如惠普、蘋果、宜家家居、沃爾瑪、西南航空，以及戶外運動服裝公司巴塔哥尼亞、福特汽車、松下電器等名牌企業，可說是創辦人性格氣質的組織複製品。當公司文化的基本元素絕大部分受創辦人的價值所界定，而組織上下都切實地遵行創辦人的價值時，這家公司即擁有很強的公司文化。相較之下，若創辦人價值只有部分被納入成為公司文化，或組織在接受及執行公司文化方面既不全面，亦不徹底，言與行方面出現系統性落差，這間公司的文化即是弱的。今日，擁有強的公司文化之世界名店，日本的

松下電器、嬌生、西南航空等，均是有名的典範。

企業文化內容

美國矽谷最著名及歷史最悠久、影響力最深遠的企業文化，首推惠普電腦（Hewlett and Packard Inc., HP）之企業文化：惠普之道（The HP Way）。下文是惠普文化最核心的部分。

一、我們信任及尊重個人

我們針對每一個情況，會相信人們想把工作做好，而有適當的工具及支持下會做到。我們會吸引高才能、多元化及創新的人，承認他們對公司的努力及貢獻。惠普人熱情貢獻及分享由他們所促成的成功。

二、我們聚焦在最高水準的成就及貢獻

我們的消費者期望惠普產品及服務有高素質與有持久的價值。為了達到這個目標，所有惠普人，尤其是經理，必須是能激勵熱情及用更多努力回應消費者需要的領導者。今天有效的技術及管理方法會在來日過時。要在所有活動中保持在前端，人們應經常尋找更新及更佳的工作方法。

三、我們以不可妥協的誠信來經營

我們期望惠普人在他們的行為中，保持開放及誠實，贏得他人的信任及忠誠。人們在每一層級被期望遵守商業倫理的最高標準，及必須了解低於這標準的任何行為是不能接受的。在實踐上，倫理行為不能由書寫的惠普政策及守則所保證，它必須是組織的組成部分，由一代僱員傳承到下代僱員的深植傳統。

四、我們以團隊協作來達致共同的目標

我們確認只有透過組織內外的有效的合作，我們才能達成目標。我們的承擔是以一個全球性團隊來滿足消費者、股東及其他依靠我們的他者之期望。經營的效益及義務是由所有惠普人所分擔的。

五、我們的管理鼓勵彈性及創新

我們創造一個包容的環境，支持我們人員的多元，及刺激創新。我們向清楚界定及同意的整體目標邁進，讓人員在邁向目標方面有彈性，使他們自行決定哪個是對組織最佳的方法。惠普人必須接受責任及被鼓勵用現在開辦的訓練及發展，將自己的技術及能力更新。在進步速率快速及人們期望適應變化的技術業產，這是特別重要的。

惠普文化是兩位創辦人將個人的信念價值結合經營的經驗錘煉而成。文化

的形成是個過程，一些公司在創辦的10年間便認定了其核心元素，然後在核心元素之上逐漸建構文化；有些企業則要經歷10年、20年的時間才能將完整的文化建設完成。換言之，企業文化不是一夜之間湧現的，而是經過一段可長可短的歷程而成型的，過程中，創辦人如何將其信念與價值轉化成公司文化，是研究公司文化中吸引人的地方。

惠普之道只是兩位創辦人價值濃縮而成的版本，其他伴隨的價值，亦是構成惠普之道的重要元素。以下是廣為流傳的重要代表（McKinney, 2012）。

創辦公司是為了作出貢獻，而不是建立一個帝國或建立財富。（Set out to build a company and make a contribution, not an empire, and a fortune.）

只專注於利潤的公司，最終是背叛了自己及社會。（A company that focuses solely on profits ultimately betrays both itself and society.）

企業重組應基於文化理由多於財務理由。（Corporate reorganizations should be made for cultural reasons more than financial ones.）

以人為本是惠普公司管理精髓之一。創辦人的有關理念是為行內人爭相傳頌的：最好的管理是將企業的偉大感與宿命感，與對一般僱員的同理心及真誠連成一體。（The best possible company management is one that combines a sense of corporate greatness and destiny, with empathy for, and fidelity to, the average employee.）

最好的商業決策是最人道的決策。其他才能一樣的話，最偉大的經理是最人道的經理。（The best business decisions are the most humane decisions. And, all other talents being even, the greatest managers are also the most human managers.）

公司最大的競爭優勢是在最壞的情況下做對的事。（The biggest competitive advantage is to do the right thing at the worst time.）

惠普首創的走動式管理（Manage by walking around）名聞於矽谷，其實是落實了經理的著名信念，他的工作是支持員工，而不是反過來要員工支持。要做到這樣，首先置身於他們之中。（The job of a manager is to support his or her staff, not vice versa and that begins by being among them.）

從惠普之道的形成過程，更可展示企業文化所包含的價值與信念在歲月流

轉中的演變。總之，公司文化的信念與價值是複雜及多元的，其形成是一動態的累積、修改、更新的增損過程。

創辦人價值

價值令人思想及行為有所依從，助人區別是非、好壞、善惡、優劣、高下。值得追求的、期望獲取的、理想的、合適的、美好的、渴望的，都包含了人的價值，亦是人的價值反映。人的思想行為直接或間接反映其所持的價值，不管當事人自覺或不自覺，人的思想行為都與價值息息相關。如上文言，創辦人的精神滲透到公司的細胞，公司的「性格」基本上是創辦人的價值反映。一言蔽之，創辦人的價值界定了組織的精神及內容，創辦人用自己的價值打造公司，不理解創辦人的價值，就無法理解其創立的公司之文化。

創辦人的價值構成了企業文化的基本元素，值得進一步分析創辦人的價值，然而，在哪能尋找創辦人的價值？如何辨識這些價值呢？

創辦人價值何處尋

如何辨識創辦人的價值？創辦人在公司內外的行為及言論經常承載著其價值，只要長期細心觀察、歸納及整理，便可對創辦人所持的價值加以辨識。創辦人身為公司領導人，公司的大小決策，與員工溝通，包括發出指示、訓令、規勸，與客戶的溝通、與商業夥伴建立合作、與供應商的聯繫，與社區的互動，與政府的交往等，都或明或暗地展露了他的價值。例如：公司公布的價值宣言、基本任務、經營原則等，都可找到創辦人價值。另外，創辦人就公司重大事件，特別是危機時所發出的指令或措施，都是透露創辦人價值的標示。今天的資訊發達，企業透明度愈來愈高，創辦人的公開言論都能在網路中輕易找到，而且，近年很多企業創辦人的傳記或自傳，或在商業刊物登載的訪問等，都是認識創辦人價值很好的來源。由於這些是創辦人以企業人身分而展示的價值，姑且稱之為創辦人之公司價值或公價值。另外，創辦人在公司之外的私人生活言行，同樣可反映個人的價值，這種私人身分呈現的價值，姑且稱之為公司外的價值或私價值。不少創辦人的公價值跟私價值有高度的重疊，公司價值基本上是個人價值應用的結果。有些創辦人刻意不將個人價值帶到公司之內，將兩者做區隔，導致個人價值與公司價值重疊的地方比較小。事實上，究竟有

多少創辦人將個人價值與公司價值分隔？在公司用一套價值，在公司外用另一套價值？需要實證的觀察。一般而言，這種情況相信極為罕有，普遍的狀況應是個人價值與公司價值有一定的重疊，縱使重疊程度會因人而異。

解構創辦人價值

創辦人的價值內容是什麼？價值系統內包括了哪些類型的價值？它們如何分布？有何結構？就類型而言，哪些是基本價值？哪些是工具價值？哪些是核心價值？哪些是邊緣價值？就呈現方式而言，哪些是經常被提及或公開宣示的價值（臺前價值），哪些是少被提及或已蘊涵的價值（臺後價值）？在與行為連結方面，哪些是經常性被強調及執行的價值？哪些是在特殊狀況被執行的價值？就制度化而言，哪些被正式制定成為經營基本任務、核心價值、員工行為守則？獎懲機制等之價值為何？哪些成為公司不成文的價值？哪些是經常用作培訓員工的價值？就與利害關係人對價值的認知方面，哪些價值是投資人所熟悉的？哪些價值是董事所熟悉的？哪些價值是管理層及員工所熟悉的？哪些是同業或供應商所熟悉的價值？哪些是客戶所熟悉的價值？哪些是社會所熟悉的價值？不同利害關係群體熟悉的價值是相同的？或是彼此有差異的？

總的來說，創辦人的價值，可從價值內容、種類、結構、表現方式及來源等方面來理解。另外，亦可從兩方面探討。第一、內部問題：創辦人的價值如何被打造成公司文化，即如何在組織內傳遞、被接受、被行為化、被制度化、被重複、被鞏固，及當創辦人離任後，價值如何被傳承。還有，當公司發生危機及困難時，價值能否發揮積極效應。第二、外部問題：創始人價值在業界或供應鏈的影響力，如何被社會認識及接受。下文逐一討論創辦人價值的種類、結構、承擔等問題。

價值的種類

創辦人通常會持有多項的價值，有的屬核心或基本的，有的是邊緣或次要的。此外，按其他的準則，這些價值還可分為下列類型。依社會性來分類，有個人價值、人際價值、公司或組織價值、社會價值、人類價值。按價值的性質分類，有終極價值（terminal values）（如自由、平等、幸福、和平、愛、自尊）與工具價值（instrumental values）（如自我控制、勇敢、清潔、能幹、獨立等）（Rokeach, 1968, 1973）（見表6.1）❶。從生存的角度分類，有茁壯價

表6.1　羅克奇的價值觀

終極價值	工具價值
世界和平	雄心
家庭安全	思想開放
自由	能耐
平等	愉快
自尊	清潔
幸福	勇敢寬宏
智慧	樂助
國家安全	誠實
救贖	有想像力
成就感	獨立
內在和諧	知性
舒暢生活	邏輯的
成熟的愛	有愛心
美的世界	服從
愉悅	有禮
社會認可	負責
刺激生活	自我控制

（Rokeach, 1973）

值（flourishing values）和生存價值（survival values）。前者是直接促進人類茁壯的，如自由、正義、互助、博愛、回報、自我實現等抽象價值；後者包括營養，糧食、飲水、安全、居所、交通、健康等相關價值。

價值結構

創辦人價值可能呈現不同的結構。價值結構的緊密程度不一，有些結構比較扎實，有些則比較鬆散。結構扎實的就如一個完整的穩定系統，元素之間互相勾連，系統有可以辨認的界線或形狀。對比之下，結構鬆散的則如形狀不規則的不穩定組合，組合的元素不全是互相勾連，游離的元素互相獨立，位置飄移不定，系統沒有可以辨認的界線或形狀，隨時間的轉移或環境的改變而改變。

就比較穩定的系統而言，有些結構內的價值之間彼此有強弱不同的連結，結構如網絡或層級。網絡型內的價值元素處於水平的連結上，較為重要價值處於節點上，愈大的節點代表價值愈重要。層級型系統將不同價值分配到如金字塔般的層級內。比較抽象的價值，如自由、正義、自我實現、博愛等置於頂層，中層是人際價值，包括互助、合作、回報等社會性價值，人們賴以生存的如衣、食、住、安全等相關價值則置於基層。

　　創辦人的價值是無序的組合？還是有序而系統？前者是無結構的價值拼湊，價值無主次之明，好比大拼盤、大雜燴。後者結構明確，主次分明，核心價值與邊緣價值排列有序。此外，創辦人的價值系統是融貫或矛盾的？這些問題都有助於了解創辦人所持的價值。

價值承擔

　　人是社會動物，期望他人的承認及嘉許，常會設法以自己最好一面示人，此乃人之常情。生意人開店做買賣，必須在社會樹立好的商業形象，被人接納，惹人喜愛，以廣招徠，此乃商業之道。創辦人是否真心相信所持的價值，是否有真誠的價值承擔（value commitment），對價值是否真心擁有，堅定不移？還是為了迎合社會所好，以政治正確或社會風尚包裝為自己的價值，沒有真誠的承擔？是觀察創辦人價值是否有真實價值的重要指標。一些人在嘴上常掛著的價值，其實只是口頭禪價值，既不出自真心，更不會付諸行動，是為虛假的價值（unauthentic values）。現實世界中，無論是商業內外，持虛假價值的人司空見慣。人的真實價值（authentic values）不會是口頭禪，而是價值持有人出自真心，有真誠的承擔，身體力行，才有言行統一的價值。持真實價值的人會言行一致，行如其言，言出必行；富貴如是，貧賤如是，順境如是，逆境如是，始終如一。言行一致的價值，是對價值真實的擁有（real ownership）：這是我的價值，我有責任維護、實踐、傳播、發揚、傳承。對價值真實擁有的極致，表現為對價值堅信不移，就算遇到極大的挑戰或危機，不會輕言放棄。

　　隨著學識及經驗的增長，人的價值是會改變的，但合理的價值改變仍會經過冷靜深刻的思維，遵守經驗法則及理性規則，不是隨意的、主觀的、衝動的或短暫的，或基於名利等實質利益的考慮而作出的。現實社會中，「屁股決定腦袋」的價值虛無主義和機會主義者相當普遍，因為位置改變而改變價值，昔日信誓旦旦的價值因位置的改變而被捨棄，在下位時說一套，上了位立即講另一套。虛假的價值是為了爭取名利、權位、方便的工具，一旦目標達到即被拋棄，如衛生紙一般用完就丟。創辦人的價值是真實還是虛假，最好的測試是觀察他能否能長期言行一致，始終如一地實踐價值。

　　創辦人是否言行一致，亦可反映其所持的價值虛實。例如：創辦人一方面大力宣稱對企業社會責任（CSR）極為重視，但卻沒有相應的行為以落實此價值。例如：只委任一名中階經理負責CSR項目的執行，開設的CSR辦公室只

配置一名低階助理，沒有獨立的經費，經費來自人事部；中階經理向人事部門報告，有關計畫由人事部來批審，公司董事局沒有類似的委員會來統籌及推動這項重要計畫。這種組織安排反映了創辦人所謂重視社會責任缺乏誠意，虛應故事而已。一言蔽之，創辦人的價值亦是虛假的。另外，當組織遇到重大危機時，亦是檢視創辦人對核心價值承擔的關鍵測試點。

價值的來源

創辦人的價值主要來源包括家庭、學校、職場、社會等。不少成功華人創辦人的家教甚嚴，很多的價值觀都來自父母親的教誨。統一創辦人高清愿就從其嚴母身上傳承了勤奮及節儉的美德，轉而影響統一的員工。有些創辦人的價值受學校老師的教導而播下種子，日後配合經營及生活的經驗，種子發芽形成價值。香港恒生銀行其中一位創辦人何善衡因家貧只讀過三年私塾，私塾教導的古人哲理、傳統道德深入他的腦中，日後成為他做人經商的價值，並以此向員工傳播，成為恒生企業文化的要素。蘋果電腦賈伯斯對設計中之簡單美感的執著，其美學價值主要是他在奧勒岡州的里德學院（Reed College）學到的，那時他已輟學，但仍常返回校園旁聽一些課，其中一門書法課是由一名天主教特拉普僧人（Trappist monk）羅伯・巴拿狄諾神父（Robert Palladino）主持的，賈伯斯之後承認，其對設計美的堅持深受老師影響，蘋果電腦的字體都有巴拿狄諾神父手跡的影子。此外，賈伯斯年輕時對東方神祕主義特有興趣，特別注意當時在美國推廣禪學教義的日本禪宗大師鈴木俊隆。1974年到印度流浪，尋找東方智慧大師未果，其後返回加州卻在老家找到鈴木的徒弟乙川弘文（Kobun Otogawa），並追隨他習佛，學習禪修，兩人交往頻密，常談禪論佛到深夜，邊散步邊談人生及佛理（Issacson, 2012），賈伯斯追求極致簡約（rigorous simplicity），極度專注心志，不受雜事干擾，視直覺比理性管用，成為其領導風格，並將之融合成為蘋果的企業文化，這些都跟他從乙川處獲得的禪宗教義啟悟有莫大關係。另外，蘋果設計簡約的滑鼠，靈感取自禪畫中常見的簡單圓圈圖像，亦是禪宗對蘋果深遠影響的例證。沃爾瑪的創辦人沃爾頓毫不忌諱自己做生意的很多方法都來自同業，會將有用及好的點子吸納，為己所用。沃爾頓在自傳中承認，他從Fed-Mart的創辦人Sol Price「借回」（borrowed）很多好點子，並基於對其創辦的店名之喜愛，以Wal-Mart來命名自己創辦的量販店。

　　職場也是一個商業價值養成的直接場所，很多成功創辦人的核心價值，都是來自指導他的師傅，或直接上司。高清愿承認他的價值及經營之道主要從其師傅吳修齊身上學到的。美國的會員式零售商Costco的創辦人占‧洗格（Jim Sinegal）公開承認，自己的主要經營哲學是從師傅Sol Price習得。其中除了經營之實戰智慧外，還學會企業的社會責任，特別是要善待員工。Sinegal秉承師傅的善待員工教誨，將善待員工建為企業文化，成為美國少數為員工提供優厚福利的大企業。時至今日，有些企業仍推行師徒制，安排新入職的員工予導師或師傅，一對一地個別指導其工作。這種親密工作關係令新人更易學到前輩的經驗與智慧，不僅是令新員工更快掌握工作的要訣，使工作上軌道，同時也是有效的企業文化傳播方式。不少出色的創業家價值，主要是從親身的經營經驗中提煉出來的。例如：戶外運動服裝公司Patagonia創辦人伊方‧修伊納（Yvon Chouinard）是從生活及經營中逐漸發現價值的，並以此為公司之核心理念，打造跟主流同業逆向而行的公司，原因是修伊納本人是特立獨行的奇人。

　　共同創辦人思想的互相激盪，亦是創辦人價值的重要來源。著名的例子是耐吉（NIKE）。耐吉是奈特（Knight）與教練共同創辦的，他本人亦是運動家，並對改善運動鞋有無比的熱情及創意，耐吉的招牌產品都取自他的創意，而重視品質，則是奈特與教練共同分享的價值。其他的早期員工及重臣，亦是熱愛長跑，創意非凡，經常以使用者的角度來做產品及經營創新，對奈特的價值形成及耐吉企業文化肯定有重要的影響。

　　修伊納自命是「不情願的商人」（reluctant businessman）（Chouinard, 2006），在不知不覺之中走上了從商之路，成為美國商業的一個傳奇。修伊納事業未開始時是一個打鐵匠，熱愛攀岩，發現同好用的岩釘對岩石造成不可挽回的永久性破損，於是重新設計及親手打造不損害山體的岩釘，除了自己用外，亦為攀岩同好打造。新岩釘其後廣為攀岩界使用，因其價廉物美，修伊納之後就開店生產戶外裝備。修伊納及友人亦是登山高手，攀登過全球的頂峰，對戶外運動設備及服飾有親身的經驗，知道什麼是登山者適合的裝備所需品質，這些個人的實際經驗，都有助於他的價值形成。其產品品質耐用，功能突出。修伊納跟創業期間一同共事的好友都熱愛大自然，從戶外活動中發現人類對大自然造成種種破壞，心有不忍，啟發他對環境保護的決心，保護大自然的價值成為公司的核心價值。其實修伊納的環境價值，自他自製岩釘以避免損害岩石就見端倪，當時雖然沒有將這個關懷形成明顯的價值，但保護自然價值的

根已埋下，等待日後發芽生長而已。

　　包含以上不同來源是創辦人身處的社會之文化，創辦人所持的核心價值，其實都是他們成長的文化足跡。就算是同一個國家內，基於區域差異，不同區域都會出現不同的區域文化。例如：美國西岸的文化，特別是加州的，就跟東岸，尤其是新英格蘭地區有很大差異，同是美國商人，加州商人跟緬因州商人就有容易識別的差異性。中國的情況亦同，黃河流域一帶的中原文化，跟長江以南的文化有很大差異，山西晉商的商業文化，也跟古徽州徽商的經營方式有明顯不同。就算是同一文化的人，身在不同區域的創辦人，其所信奉的價值不盡相同是不足為奇的。

價值的傳播

　　創辦人價值的傳遞，可分三方面考察：傳遞的對象是誰？以何種方式來傳遞？價值傳遞對象的反應。

　　創辦人傳遞價值的對象範圍很廣，包括共同創辦人、投資人、董事、高層經理、員工、客戶、供應商、同業、社區、社會、政府。創辦人用什麼方式傳遞價值？言教為主？身教為主？兩者兼用？用公司正規培育計畫？宣導管道？經常性定期的培訓？不定性臨場性的？由創辦人親身主持？還是有專責部門或人員負責？在招聘員工或合作夥伴方面，創辦人是否親自挑選有類似價值傾向的員工或合作夥伴？

　　受者對創辦人價值有什麼反應？受者對價值的接受程度有多大？大部分人接受或少數人接受？價值傳遞的受者，包括合作夥伴（董事或合資人）、員工（高階經理、中階經理、基層員工）對創辦人價值的接受程度如何？心悅誠服地相信及接受？陽奉陰違地接受？抗拒接受？公開或暗地裡反對？公司內上下員工在實踐價值的實況方面，員工在行為上是否經常展示創辦人的價值？還是行為經常看不到價值的展示？

　　公司文化開始形成之時，創辦人是關鍵的人物，幾乎所有建設都由他主導，或親力親為，一手包辦。另一特點是，創辦人扮演了導師的角色，將文化的元素，特別是自己的價值，持續地向員工灌輸、傳播。而整個價值形成的過程是教導成分遠超過學習成分。這時，創辦人對公司文化的形成占了絕對的影響力。值得注意的是，文化形成的初期，創辦人是以什麼方式傳播價值及信念訊息，然後學員如何接納消化這些訊息，及這些訊息如何移植到組織的各個層

面。

先談人與人之間價值傳播的過程。創辦人透過何種管道或機制，將核心價值基本信念等向公司的同仁傳播，使他們了解及接納。一般而言，創辦人傳遞價值信念的方式有時經精心設計及蓄意的，有時則不自覺或隨意的。有時傳遞的訊息之間出現前後不一致，有時創辦人的行為與傳遞的訊息互相矛盾，令作為受者的員工會感到混亂或迷茫，雖然如此，有些員工對這類不一致都有一定的容忍，體諒創辦人前後不一，不會視為嚴重的過失或偽善；有些員工因怯於創辦人的權威而不敢吭聲。一般而言，多數員工了解公司創辦人在草創期的摸索及學習中，其價值或信念尚未確立，出現不一致及混亂乃尋常之事。

價值的植入

根據一項經典的研究（Schein, 1983）❷，創辦人初步傳播其價值信念，可視為公司文化的嵌入（embedding），包含了以下機制或步驟。

創辦人透過向員工的傳播及向組織植入，將自己的價值植入企業。除了蓄意的組織植入外，向人傳播價值有時是有意識的，但有時或經常是在不自覺的情況下進行的。例如：創辦人與員工的日常互動中，經常會不經意地傳遞了價值，但卻在聽者心中留下深刻印象，不僅接受且日後奉行之，轉化成自己的職場價值甚至個人價值。創辦人很少在創業時就擁有完整的價值系統，開始時可能只有一、兩項創辦人堅信的價值，隨著公司發展及創辦人經營經驗的累積，新的價值會加入而令價值漸形豐富。價值的傳遞亦會隨著這個形式而進行，經常是漸進式、非經常性、場合式、隨意地、累積性的傳遞，不一定單次式、正規式、系統性的傳遞。這種傳遞衍生了相應的接收形式，受者在接收價值時亦是多形式的，包括漸進式、非經常性、場合式、累積性，也有單次式、正規式、系統性等。由於傳遞方式的多樣性，可能就會出現不同狀況下傳遞訊息的不一致，有時傳遞的介體或管道會令價值訊息不太明確、含糊、隱晦。一般而言，價值訊息傳遞是多元的，有些作法用正式的管道，有些則依非正式的場合。正式管道包括公司正式文書內明文列出的公司哲學、價值、信念、願景、經營理念等原則性的文宣，公司對外的文宣，包括社會公關、人員招募也是常用的管道。在非正式管道包括日常工作、互動、公司的社區服務、公司高層的公開演講或活動等。

創辦人價值在組織植入的結果，會出現在組織的基本運營制度及規範，

甚至公司的商標、商徽、實體空間布局、建築物外型、辦公室設計等方面（Schein, 1983）。前者包括公司的基本設計或結構（工作安排、報告規則、集中化程度、分工準則）；組織系統或程序，包括資訊系統、控制系統、支援系統；人員招募、甄選、擢升、退休、辭退的準則。這些成文規範或法則之外，是一些不成文的經常性習慣，或人與人之間的互動，或職場的氛圍，同樣容易找到創辦人的價值。例如：創辦人與員工互動時的行為或言論，創辦人對經常性事件的處理，創辦人對重大事件（重大醜聞、財務危機、敵意收購、被政府檢控等）的反應或決策等，不單是辨識創辦人價值的好時機，亦是價值傳遞的場合。首次植入之後，接著會出現擴展與加強，然後企業文化逐漸定型，隨著時光流轉、環境的變遷及人事的更迭，文化會產生變化、衰落、再生等階段。

價值的考驗

公司遇到不可預見的重大事故或危機時，價值是否能發揮積極作用，協助公司轉危為安、安度難關？還是無法發揮功能，令公司進退失據、深陷險境，無法脫險？

危機是價值的有效測試。危機對價值的真確性及可用性是一個嚴厲的測試，一些信念價值可以在危機中發揮正面功能，協助作出正確及適當的回應，協助公司安度危機。這些信念價值自然獲得肯定，創辦人對價值的信心會倍增。有些情況是，昔日所慣用的價值雖然能提供一些幫助，但卻不能完全協助解決困難，危機過後，創辦人會對平時堅信的價值產生懷疑，將之重新作審視及反思，發現錯誤及承認錯誤後，導致某些信念或價值的調整、修改，甚至放棄。新的信念或價值或會產生，與舊有信念價值發生互動、融合。無法融為一體的會產生緊張及不一致，難以作為行為的指引。成功融合的會產生融貫的信念與價值，有效指引行為。然而，這些動作只會發生在有學習力及心靈開放的創辦人身上。頭腦封閉、不願學習，或不承認錯誤的創辦人仍會抱殘守缺，視價值是絕對真理，拒絕改變，為價值處處找藉口，這種執迷不悟態度，只會等待下一次的錯誤及失敗的降臨。

2013年SARS在香港大肆虐期間，全城陷入恐慌，市民人人自危，為免被感染，紛紛躲避在家，足不出戶，百業蕭條，大量店鋪關門，旅遊業及航空業首當其衝，業務暴跌，航空公司的航班因無客人而被取消，生意幾乎歸零，面對寒冬，大部分店家都面臨倒閉，餘下的只能苦撐，度日如年，或大幅裁員以

求存，無法撐下去的最後只能關門。在這個危機下，公司如何應對，足以反映其價值。裁員還是終結業務？還是有其他方法，度過嚴冬而不損其信奉的價值，如人是最寶貴的資產云云。若公司有傳統是永不解僱員工的，這時正是考驗其價值的關鍵時刻。在美國911恐怖攻擊後，不少航空公司由於客源崩盤而頻頻倒閉，或大幅裁員。西南航空堅持善待員工的核心價值，用高層減薪、減少工作或工時、員工分擔工作等方式，不用解僱任何員工，安然度過難關，並在這不景氣的數年中，持續是同業中業績最佳的公司。第二個著名的例子是嬌生藥物下毒的危機處理（見第一章）。風平浪靜時，人人都是君子好人；風高浪急時，誰是真君子、真好人，則一目了然。

價值的傳承

公司草創期間，創辦人開疆闢土，胼手胝足，親力親為；由無到有若是無先例可循，創辦人得靠創新，走別人未走過之路，敢為人之先，萬事從頭做起。然而憑藉願景、熱情、堅毅、勤奮、刻苦、創新，創辦人身先士卒，帶領人數不多的員工，衝鋒陷陣，克服困難，解決問題。公司團結一致，上下一心，全力投入，齊出點子，集思廣益，公司快速站穩腳步，向前發展。此時，公司人員關係密切，彼此關照，如一家人。員工視創辦人為德才兼備的家長，有權威與能力，忠心追隨，言聽計從。公司稍具規模，規章制定逐漸建立，創辦人退居二線，將主要經營業務轉由專業經理人執行，公司的運作按照規章辦事，較少靠個別人物的英明領導，公司正式進入了經理時期。在這時期，若有新的點子或建議，必須經歷層層的研議審批，公司創意的自由空間不如創始期。稍後，公司步入成熟期，經歷幾代的人事更迭後，隨著創辦人退出公司，其影響力逐漸減弱，新一代的董事或經理多不能完全理解或認同創辦人之價值，公司原來的文化受到稀釋或遺忘，第一代或第二代的員工容易感受到這種轉變，但卻無力翻轉，感到無奈或無助，惋惜過去一家親的氣氛已一去不復返。有些公司的創辦人後繼有人，由親人或親信承繼公司原來的價值，成功將公司的文化傳承下去，或在核心價值不變下創新，與時俱進，這是成功的傳承。有時，公司高層大搬風，新的領導層或對創始價值作大幅修改，令其面目全非；或以另一嶄新的價值取代之，創辦人價值在公司壽終正寢，這是傳承告終的情況。創辦人價值的延續軌跡，大致會依循上面相當概括性的狀況，不同的狀況，決定了創辦人文化遺產的命運。

成功傳承情況下，創辦人價值持續不衰，創辦人遺產得以保留，留傳後世。如上言，創辦人找到合適的承繼人，成功將創始價值傳承於公司之內。創辦人成功地將價值傳遞給員工，培育了他們成為有共同價值的人，員工被拔擢為公司的領導人，會將創辦人的原來價值原封不動的傳承下來，或會因時度勢對創始價值作優化或調整，以適應新時代的要求。若是後者，創辦人價值的核心元素基本上得以保留，但會融入新的元素，因此新一代領導人更新的價值不是創辦人價值的翻版，而是一種新的演化，是創始價值的更新版。這個過程若不斷地重複，隨後的領導人亦會因應環境變化而制定新版的創始價值，如此一代接一代，創始核心價值得以永久保存，但卻不斷增加新元素，展示新面貌。

創辦人的價值是否能持續在公司存在及發展，是考察創辦人價值壽命的重要觀察點。當創辦人離開公司後，或在公司沒有實權而影響力逐漸減少時，接任者或高層如何對待創辦人價值，是決定價值能否延續及延續多久的關鍵因素。另外，在價值未有被切換或放棄的情況下，與創辦人共事的員工（第一代），如何將價值傳遞到第二代員工（創辦人離去後加入公司）？第二代又如何傳遞到第三代？價值是否能代代傳承、歷久不衰？還是逐漸稀釋、放棄、遺忘？無以為繼或無疾而終？是值得研究的價值傳承問題。

成功的範例

創辦人的領導風格如何影響公司倫理氛圍？這方面東方、西方都可以找到例子。東方如日本及南韓都有範例。日本松下電器的公司文化，基本上是由創辦人松下幸之助一手建立的。現今松下企業公司文化的核心元素，仍承接松下的價值。南韓著名的鋼鐵龍頭企業浦項鋼鐵（POSCO）是一個東方的範例，展示這方面的正面關係。浦項鋼鐵的創辦人朴泰俊，對公司文化有積極的影響，塑造了公司組織內的倫理氛圍（Park, & Kang, 2014）。朴泰俊的領導風格，以身作則對個別員工的身教，直接影響了員工對組織倫理的感知。員工跟僱主的互動，令員工感到創辦人的價值對組織倫理氛圍有密切的關係。

嬌生價值的傳承也是成功的典範，上世紀八〇年代的回應下毒危機管理事件，已證明創辦人價值仍然存續，指引公司作出適當的回應。時至今日，公司的領導人跟員工都承認創辦人價值仍是活的價值，是他們思想行事的依據（見第一章）。

沃爾瑪第三代領導人李史葛（Lee Scott），是沃爾瑪企業文化更新的推手。除了傳承沃頓為客人每天提供最廉價貨品的價值外，李史葛在企業使命內

添加了環境價值，採納永續原則，推行永續措施，全力將企業打造為世界最大的綠色量販商。

　　松下價值在Panasonic領導層及員工心中，指導他們的行為。2003年筆者親往松下博物館與負責松下企業文化的高層訪談，知悉集團內的定期員工培訓，松下的價值及經營之道是必要的教材。此外，松下生前創立的PHP綜合研究所，專門推廣以松下哲學為本的各種研究及出版。擔任PHP綜合研究所社長多年的江口克彥，追隨松下30年，其中20餘年每晚都跟松下談話問道，深得松下之道的精髓，是松下精神之衣缽傳人，他秉持松下之基本精神，將松下管理之道擴展，完成松下之道的更新版，是價值傳承的範例。❸

價值的生命週期

　　由於價值的吸取、發展及形成的過程因人而異，而個人的家教、學歷、社會背景或經歷也有不同，價值吸取、形成及發展自然很不相同。如人的生命週期類似，價值亦有生命週期：出生、成長、成熟、衰老、死亡，其中經歷嬰幼兒、少年、青年、中年、壯年、老年各階段。價值的嬰幼兒期及青少年期，則是價值成長最快速的階段，尚未定型、不穩定、開放是其特色；中年期是價值的鞏固期，穩定半開放、發展減速是其要點；老年期代表價值凝固，僵化及發展停頓是其特徵。基於生命起始點的不同，不同人的起始價值有很大的差異，出生在貴族家庭的人與平民家庭的人，起始價值肯定有天壤之別，在知識份子家庭成長的人與在工人階層家庭長大的人，亦會有一定的差異。另外，若加入不同經歷，原始差異會進一步擴大。就算始點價值相若的兩個人，經驗的不同亦會影響其價值的後續發展。價值的生命期中，有些舊價值會被放棄，有些新價值會被吸納，有些修改、調整，中年期價值逐漸定型，成為穩定的價值、規範及指引個人修身養德、待人應世、經營處事。

註 釋

1. 對「Rokeach, 1973」的價值調查之解讀，參見「Gibbins, & Walker, 1993」。

2. 作者將「植入」分開兩個階段：首次嵌入，第二階段的開展及加強。

3. 「PHP」取自「Peace and Happiness through Prosperity」。松下幸之助希望透過心靈與物質兩方面的繁榮興盛，以達到和平與幸福，是松下1946年創立的民間智庫。此外，松下為了對政府施政作政策進言，1979年創立松下政經塾，專門培訓政經領導人才，政經塾與PHP為姊妹社團關係。

第 **7** 章

企業文化的
創造、演變與傳承

公司最大的競爭優勢，是在最壞的情況下做對的事。

——大衛・普克德（David Packard），惠普（HP）共同創辦人

　　創辦人的價值演變成公司的價值，發展成公司文化不是一夜之間之事，而是頗長的歷程，其中涉及不少有趣的問題：創辦人是否創業時即有完整的理念價值？還是邊做邊學，一點一滴地累積起來？就一些創業時擁有某些價值的創辦人而言，會否在經營時出現一些關鍵轉折，包括遇到困難或重大衝擊，導致對原先價值存疑，經深切反思而重新建立價值？又若公司只有一名創辦人，創辦人的價值是否就是創辦人的獨立創作？還是創辦人與員工在集思廣益中不知不覺中形成？是集體或半集體創作的成果？若公司有多名創辦人，創辦人的價值是否經集思廣益之集體創作成果（雖然不容易清楚辨認個別的貢獻分量）？公司價值形成後，如何遵守、傳播、內化、傳承？都是公司文化形成及發展過程的重要問題。根據不同公司的經驗，不少創辦人價值是在公司創立之後逐漸形成的，而公司文化亦隨創辦人價值的形成而慢慢成形，之後公司文化會因應不同領導人對外部環境的改變而展示不同的發展軌跡。本章用四家著名企業：開矽谷文化之風的惠普電腦（Hewlett Packard）、緬因湯記（Tom's of Maine）、日本的松下電器（Matsushita）（現名Panasonic）、佳能相機（Canon）的企業文化為例子，論述企業文化之形成及演變。

惠普之道的演化歷程

　　威廉・惠利特與大衛・普克德（William Hewlett and David Packard）（簡稱惠普）是國際知名的惠普電腦公司創辦人，兩人亦是美國矽谷高科技產業的拓荒者，在業界享有盛名，不僅是他們的創新精神，他們合力打造的企業文化，亦被認為是卓越企業的楷模（HPDV, 2005; Packard, 1995; Malone, 2007; Suess, 2018）。惠普文化包含了以人為本原則、平等主義、走動管理、不斷創新、社會責任、敢為人先、人文素養等元素，都是開時代之先，為世人津津樂

道。惠普兩人打造的文化如何形成、發展、轉變、再造、傳承，都是商業史上的珍貴遺產，值得世人好好學習。

惠普之道

惠普的企業文化以「惠普之道」（The HP Way）聞名於世，「HP」是分別取兩名創辦人姓氏「Hewlett」及「Packard」的第一個字母合成的。惠利特及普克德在1957年將公司上市，代表公司經營核心理念正式表述為惠普之道，包含了五個原則：

1. 我們信任及尊重個人。
2. 我們聚焦在最高水準的成就及貢獻。
3. 我們以不可妥協的誠信來經營。
4. 我們以團隊協作來達致共同的目標。
5. 我們的管理鼓勵彈性及創新。

惠普之道是接近20年的經營經驗綜合，惠普兩人創業不久，其實就有一套規範來指引他們的經營。

惠普之道的源頭

兩人在1939年以538美元創辦公司，地點是加州Palo Alto，兩人居所旁的車庫。兩人共同制定了經營的原則，可說是惠普之道的雛形。由於規範是在公司車庫期間制定的，故稱為車庫規範（Garage Rules），有以下十一條：

1. 相信你能改變世界。
2. 工作勤快，不要將工具鎖起，任何時間都工作。
3. 知道何時單獨工作，及何時與人共同工作。
4. 分享工具，理念。信任你的同事。
5. 不搞政治，沒有層級。（在車庫內，這些是荒謬的。）
6. 顧客決定工作是否做得好。
7. 激進的主意不是壞主意。
8. 發明不同的工作方式。
9. 每天做出一項貢獻。如果不是貢獻，就不會走出車房。
10. 相信我們齊心合力，可以成就任何事業。
11. 發明（invent）。

公司初創早期只有少數員工，彼此關係緊密，大家工作依據車庫規範，規

範成為日後兩人的基本價值及信念基礎，逐漸演化成涵蓋面更廣、更完整的惠普之道。

普克德其後將經營及生活的心得，總結成名為「普克德生活工作規則」（Packard rules of life and work）❶，1958年在公司第二屆管理年會上報告，清楚陳述其待人接物的價值觀，惠普之道以人為本的管理哲學思想路線由此清晰可見。普氏生活工作規則包括下面部分規則。

1. 先考慮他人：這是與人相處的基礎，是一項必須做出但真正困難的成就。若能做到，其餘的都會「徐徐輕風」（breeze）。

2. 為他人建立其重要感：當我們令他人感到不那樣重要時，會挫敗他的最深層慾望。讓他感到平等或優越，就容易與他相處。

3. 尊重他人的性格權利：尊重及視他人與自己不同的權利是神聖的。沒有兩個性格是由同一力量所塑造。

4. 給予真誠的讚賞：若有人做了一份好差事，永遠不要猶豫讓他知道。

5. 警告：這不表示隨意濫用廉價的阿諛之語。阿諛之語用於正直之人身上會適得其反，引來他心底的鄙視。

6. 消除負面話語：批評很少會達到批評者之目的，因必會招致不滿和怨懟。就算是最細微的貶詞，有時產生的怨憤會經年不退，對批評者不利。

7. 避免公開改造他人：人人都知道自己不完美，但卻不想他人來改正自己的錯誤。若要令人改善，協助他接納更高的工作目標，一個標準，一個理想，使其自我改善，遠比你來為他做更為有效。

8. 用心去理解他人：在類似的情況下，你會如何回應？當你開始見到他的「為什麼」時，你會禁不住跟他和好相處。

9. 克制第一印象：由於一些模糊的類似性（通常是不自覺的），我們特別容易在首次見面就不喜歡某人。

10. 注意小細節：注意你的微笑、語調、眼神、打招呼的方式、暱稱的使用，及對人臉、姓名、日期的記憶。經常有意識地想著他們，直到他們變成你性格中自然的一部分。

11. 開發對人的真誠興趣：除非你真誠的想去喜歡、尊重、幫助他人，你無法成功應用上述的建議。相反地，直到你經歷了在互相喜歡及尊重的環境下與他們工作的樂趣之前，你無法對人建立真實的興趣。

12. 持續不斷地做。

普克德生活工作規則是科技界的奇葩理論，傳遞他對人與人相處的細微觀

察，無微不至的提醒，及互相對待之原則。承載如此深厚的人文關懷規則，竟然出自一名讀電子工程者之手，真是非比尋常！誠然，非凡的公司必有非凡的創辦人！

惠普的價值

惠利特及普克德兩人，尤其是普克德，對有關商業的大問題，包括公司為何存在、公司的使命、公司與社會的關係等，都有廣闊及深刻的理念。普克德對公司的理念，在創業早期就有。1942年，當時29歲的普克德參加了在史丹福大學舉行的一個有關戰時生產的會議，出席者都是當時地位顯赫的商界大老，包括標準石油及西屋的工業巨頭。主持會議的是當時的管理大師，商學院的保羅·何頓（Paul Holden）教授，會中談到管理責任時，何頓主張管理者的責任就是對股東的責任。何頓有管理權威的光環，一言九鼎，一鎚定音，全場商界大老及業界前輩等無不點頭稱是，初出茅廬的普克德是唯一例外，他一士諤諤，獨持異議，不怕冒犯何頓的權威，直言何頓之謬，認為管理者不僅對股東有責任，亦對僱員有責任、對顧客有責任、對社區有責任。語出立刻全場譁然，譏為厥詞，對普克德大加訕笑及揶揄（Jacobson, 1998）。

惠普之道中，對人的尊重絕不僅是好聽口號，有不少的實例可以佐證。其中一個已成為惠普傳奇的事例，發生在惠普創立早期，當時一名叫查克·侯斯（Chuck House）的工程師很想製作大螢幕的顯示器，但普克德認為不是一個好點子而反對。侯斯不理普克德的批示，暗中自行製造並將之推出市場，普克德知道後，對此抗命行為很氣憤，但產品深受消費者歡迎，銷售甚佳。其後普克德不但沒有懲處侯斯，還頒發一個抗命獎給他，表揚他超出工程師責任之外不尋常的蔑視及抗命（in recognition of extraordinary contempt and defiance beyond the normal call of engineering duty.）。另一個廣為流傳的故事主角是電腦部主任，40年前有一次跟普克德就是否對產品大幅折扣而爭吵起來，當時普克德在怒火中走出辦公室，幾週後主任重寫建議書，加強理由，這次的建議就獲得普克德的批准。主任追憶往事時，認為當普克德知道下屬做好準備，有審慎考慮時，就會放手讓員工做。這些事件對普克德在員工心中的崇高地位絲毫無損，反而令員工對他加倍地敬重（House & Price, 2009）。普克德容人之量，惜才之風，彰彰明甚。

惠普之道的一大特色是以人為本。然而，不少企業都宣稱以人為本，但實際行為上卻與此原則相違背。以人為本這個價值，人人會支持信奉，但它不

能只留在口頭或文宣上，而須付諸實際行動，好景如是，劣勢如是。惠普之道之為人尊崇，業界敬重，原因是惠普兩人將之切實執行，始終如一。特別值得注意的是，遇到重大的困難或逆境時，公司仍不改初衷，義無反顧地堅守核心價值。如本章開頭，普克德的名言：「公司最大的競爭優勢是在最壞的情況下做對的事。」（"The biggest competitive advantage is to do the right thing at the worst time."）這不只是口頭講，而是付諸行動。上世紀七〇年代經濟不景氣時，絕大多數的公司為了節省成本而大量裁員，導致很多人失業。面對不景氣，惠普反其道而行，在經營最艱難的日子中，用職員減薪、削減工作、重新分配工作等方式，避免裁員，留住員工職位，沒有解僱半個員工，公司齊心協力，共度時艱，最後熬過苦日子，公司堅守了以人為本的價值，贏得員工的忠心，在業界立下美名，成為卓越管理典範。時窮節乃見，患難見真情。在最壞時刻做對的事，在艱難日子不改初衷，沒有身體力行的卓越領導、對正確價值的承諾、非凡的公司文化，是絕對不可能的。

惠普之道另一個特色是「走動式管理」（Manage by walking around）。普克德有名言：「經理的工作是支持員工，而不是反過來要員工支持。要做到這樣，首先置身於他們之中。」（"The job of a manager is to support his or her staff, not vice versa and that begins by being among them."）特點是管理層跟員工打成一片，組織層級距離的消除。

兩位創辦人都是工程師，為人樸實憨厚，行事直接與務實，不喜花巧。惠普之道形成的時代是上世紀五〇年代，那時加州矽谷的管理形式跟美國其他地方一樣，相當保守僵硬，層級性強，員工只能向上級報告，下層員工與執行長的距離很遠，沒有互動的機會。公司內絕大部分的高層都有寬敞且裝潢豪華的辦公室，有祕書及接待員，經理有個人的辦公室，員工不易接觸到高層，見上司要向祕書預約。惠普的辦公地方，管理層沒有自己獨立的房間，跟員工共處於開放的大空間之內辦公，執行長的辦公桌跟員工的沒有兩樣，沒有祕書。惠普這個安排體現了惠普之道，降低上下的隔閡，令員工的溝通更順暢，發揮團隊協作效能，提高合作效率。惠普員工可以用名字互稱，甚至可以不用職稱而直呼老闆的名字，這種非正式化（informal）的職場風氣，可說惠普敢為天下先，開矽谷平等主義文化之先。惠普之道的扁平管理風格及團隊運作方式，塑造了矽谷的公司文化。著名的高科技公司如蘋果、谷歌等，無不採取開放辦公室的設計及空間安排。由此可見，好的公司文化不僅標示自己獨特的性格，同時會成為同業或整個商界效法的楷模。除此之外，惠普首先推出彈性工作時

間，令員工在上下班更有選擇；公司推出員工股份制，配給員工股票，成為公司的股東。另外，公司的利潤分享、福利及醫療保險都優於矽谷的同業。這種優厚的員工政策，充分實現了以人為本的哲學。

惠普之道的傳承

梅格‧惠特曼（Meg Whitman）（2011-2017）接任惠普執行長前，是惠普動盪的年代，5年之內公司更換了3名執行長，員工士氣大受打擊。惠特曼曾任eBay的執行長，專業不在通訊或電腦科技，但毅然接納董事會邀請，執行董事會期望的改革。惠特曼不是惠普人，通常外來的執行長推行改革，首要任務是除弊，找出公司哪些方面做錯了，然後進行改革。然而，惠特曼反其道而行，不是先抓錯，而是先找公司做對的東西，哪些是值得保留，不用改變的，包括營運、銷售或公司文化，然後延續對的作法，再辨識哪些要更新或改革。惠特曼這種正向領導法，終於幫助惠普振興革新，開始從谷底回升，走回復興之路。

2011年1月上任執行長時，惠特曼面對的是爛攤子（Rosoff, 2011），過去十多年來的領導失誤，公司狀況重重，危機不斷。2001年，時任執行長卡利‧費歐麗娜（Carly Fiorina）（1999-2005）決定與Compaq合併，打造一家市值870億元的電腦巨人。但董事之一、創辦人兒子沃爾特提出異議，不同意合併計畫，但股東在2002年3月投票通過合併計畫。合併後，並沒給股東帶來短線利益，惠普股價在合併案宣布時下跌，直到2005年費歐麗娜被解除執行長職位，都一直維持在每股20元左右，2005至2008年開始一個緩慢的回升。費歐麗娜被解僱後一個月，麥克‧何爾德（Mark Hurd）接任。期間，董事會由於涉及僱用私人偵探來調查董事會，引起軒然大波，導致包括董事會主席等數名董事辭職。何爾德主政期間，減低支出及增加營收，股價升了超過一倍。但在2008年，何爾德由於個人涉及一件與承包商不當之行為被迫自動辭職。新聘的執行長Leo Apotheker上任不到一年又被迫走人。這次聘請Apotheker的過程相當離譜，董事會只基於4名董事的建議，而其餘8名董事根本未跟他面談，董事會就聘用他為執行長。2011年，Apotheker與另一名新上任的董事對董事會進行改革，撤換4名舊董，新聘5名新董，包括惠特曼。4月一份關於營收壞消息的備忘錄被發到媒體，迫使公司提前幾天宣布公司營收報告。接著，公司又公布一些令業界及投資人意外的公司重組及併購，公布的方式不時產生混亂及資料外洩，股價隨即暴跌20%（Kalb, 2012; Taylor, 2011）。

　　惠特曼執事期間，在2015年將公司分拆爲兩部分：惠普公司（Hewlett Packard Inc., HP Inc.）及惠普企業（Hewlett Packard Enterprise, HPE）。2018年2月，惠特曼辭任HPE執行長一職，由時任HPE總裁安東尼奧·奈利（Antonio Neri）接任執行長。惠普經歷了4名非惠普人擔任執行長後，最後又由有23年資歷的惠普人重新主政。

　　惠特曼接任時，宣稱她的使命是將破損的惠普重新修復，執政6年後，惠普究竟有何改變？能否回到昔日光輝的日子？（Poletti, 2017）若僅從財務角度而言，惠普的財務狀況在她任內的確有所改善，兩家公司的股價都有升值。HPE由惠特曼親手主政，主要業務是銷售伺服器給大企業、軟體及服務，HP Inc.則負責印表機及電腦。兩家公司的股價都有改善，但批評者指出，股價升值是由於削減成本，包括裁掉85,000名員工所導致的；但公司的營收是停滯及下降的。惠特曼離任後，惠普的未來走向值得關心。市場的共識是，惠普要回復往日創新的輝煌年代，必須靠有深厚工程修養的人領航。新任執行長奈利能否發揮其工程專業經驗，重新激發惠普的創新火花，將惠普帶回昔日的興盛？大家拭目以待。

　　總的來說，惠普之道對矽谷的公司文化有深遠影響，很多曾在惠普任職的員工後來自立門戶，打造了著名的企業，包括1973年成立的Tandem Computers及1984年開業的Silicon Graphics Inc.（Jacobson, 1998）。Tandem Computers的創辦人James Treybig是惠普昔日的員工，公司製造銀行、電話網絡及股票市場的系統，品質可靠，買家樂於使用，10年間公司營收達10億元，員工有逾千人。Silicon Graphics Inc.創辦人Edward McCracken在惠普工作了16年，公司生產超級電腦及工作檯。兩名惠普人都學到惠普文化中的精華：不斷學習、權力分散、自主決策成功地應用在自己的公司之內，獲得良好效果。

　　惠普文化影響力並不限於自立門戶的惠普人，外面有誠意拜惠普爲師的新創後進，都獲得惠普的慷慨義助，給予有力的援助。ASK Computers Systems創辦人Sandra Kurtzig未開設公司前，曾讓骨幹員工進駐惠普公司之內，跟惠普工程師學藝，用惠普的巨型電腦編寫軟體，ASK Computers Systems開張後，穩健發展成年收40億的全球公司，在全球協助銷售惠普的軟體產品，以回報昔日培育之恩。這些報恩的公司用惠普價值打造自己的公司文化，將惠普之道推廣及深入到美國業界，打造企業的優秀傳統。在全球的高科技界，惠普之道，直至今天仍爲人所稱道。

　　蘋果電腦之共同創辦人史蒂夫·沃茲尼克（Stephen Wozniak）在七〇年

代是惠普的工程師，他用惠普公司的多餘配件來裝嵌蘋果第一部Apple I個人電腦。沃茲尼克將模型電腦給惠利特看，但惠氏無興趣投入生產。之後，沃茲尼克與賈伯斯齊手創辦了蘋果公司，效法惠普兩人在車庫創造了第一部蘋果電腦。可以說，蘋果是惠普的後代。賈伯斯12歲時要裝嵌一臺頻率的計量器（frequency counter），但缺配件，在電話簿找到惠利特的電話，打電話向惠利特要，惠利特不認識此少年，但給了賈伯斯配件，還在暑期僱用他為臨時工。其後，賈在蘋果早期遇到困難時，會向普克德求教。賈伯斯一直認為惠普是家偉大的公司，對惠普兩位創辦人深深敬重。2011年惠普遇到很大困難時，賈伯斯未離世前最後一次回到公司，向員工談話時，對惠普的頹勢深表惋惜，慨嘆公司後繼無人，是一宗悲劇。事實上，論者經常以為賈伯斯最想留給後世的是設計、新產品、改變人們的生活等，其實他的最大理想是，創造一家偉大的公司（a great company），對他來說，這是在商業中最難做到的（McMillan, 2011）。賈伯斯最深層的價值，亦可見惠普的深遠影響。

惠普兩創辦人離開惠普之後，惠普經歷過6名執行長，發生一些大事，走過低谷，面臨過難關，經歷過6次的轉換，由於創新精神一直健康地傳承在企業之內，惠普之道的客戶為本，力圖貢獻，及增長聚焦的元素，不斷地推動企業作出與時共進的轉變。惠普文化重視基層創新及職場彈性，是支撐及推動創新由開始走到推出市場的巨大動力，及導致成功的轉變。整體來說，惠普之道經過危機復興，傳承仍未斷絕（House & Price, 2009）。這種惠普現象（The HP Phenomenon），在業界是少見的。惠普人韋伯‧麥基尼（Webb McKinney）曾與惠普兩人共事多年，擔當不同的職位，深諳惠普之道。他與人合作的新著（Burgelman, et. al., 2017），獨立地證明了惠普之道仍傳承下來，歷久彌新。麥基尼的新著深入訪談了120名惠普人，發現惠普文化仍活在員工心中，指引他們的思想與行為。惠普自創辦以來的發展與轉型，惠普之道持續發生作用，指引公司向前發展及創新，沒有半點過時。再者，公司的領導人在每次轉型中扮演重要角色。惠普自1939年創立至今達80年，今日的惠普跟創立時已經是完全不同的企業，但惠普之道的核心，包括如不斷創新，不避矛盾衝突等元素依舊保存。結論是：拜惠普之道所賜，惠普80年來都與時俱進，穩步前進。

緬因湯記價值的發現

　　私營企業除了製造產品、提供服務、賺取利潤、占有市場外，是否還有自己獨特的文化、性格、精神？時下企業無不宣稱有願景、經營理念、核心價值等。宣稱是一回事，事實是否如此，則需要仔細觀察，看證據。對不少人來說，企業文化、性格或精神的涵義相當含糊，且人言人殊。對某些人來說，有些公司企業性格明確而強烈，在另一群人眼中，有些則薄弱模糊。建立優良的企業文化，說易行難。優良包含了善、倫理、道德等元素，後者亦是說易行難。一些能貫徹以善為本的企業文化，成功兼顧利潤與道德的公司，特別值得珍惜。美國東北岸緬因州的緬因湯記（Tom's of Maine）（簡稱湯記）正是這類企業。1994年創辦人被美國《商業倫理雜誌》（*Business Ethics Magazine*）選為封面人物，且尊稱為商業的牧師（Minister of Commerce）。❷湯記創辦人打造融合利與德的企業文化的經驗，教育意義深遠。

湯記的創立

　　創辦人湯・查普爾（Tom Chappell）（下文稱阿湯）在他的自傳式著作中（Chappell, 1993），敘述了他如何發現價值，如何將價值融入公司的經營及人員，如何建造企業文化，是一部創辦人打造企業文化的珍貴商業史。

　　1970年，阿湯與妻子Kate合力創辦了湯記，銷售個人衛生用品及健康用品，公司規模很小，當時的產品包括日後在美國十分暢銷的「湯記牙膏」。湯記所有產品只用自然物料，避免有害健康的化學劑、添加劑、人工顏料，包裝方面非常環保，深得消費者愛戴支持，公司迅速發展，從小變大，成為美國東北區有名企業，不久分店遍及全美。此外，湯記在企業社會責任方面享有盛名。

　　創業時，阿湯未刻意將商業倫理視為公司的核心價值，跟不少創辦人的情況很類似，他不是一開始就有明確或完整的信念、價值、企業文化，而是從經

驗上累積及反思，認識到缺乏倫理的種種弊端，逐漸體悟企業文化或商業倫理的重要性，商業應有的本質，商業與社會互惠互利，相生相息的道理。

阿湯發現道德在商業上具重要意義的契機，是公司業務蒸蒸日上之時。成功經常會沖昏人的頭腦，令人自我陶醉、沾沾自喜、自以為是。為何阿湯卻在此時開始覺醒？

成功刺激反思

阿湯覺醒的機緣，是公司正在部署將產品從健康用品店大力推廣至緬因州主要的超級市場及連鎖藥店之際。那時湯記已開業13年，公司正籌措發展策略，配合發展。在制定策略的過程中，一個不斷重複出現的問題是：「湯記牙膏能否改善刷完牙後在口腔留下的石灰味？」阿湯一直被這個問題困擾，寢食難安，因為這不只是負責行銷的員工經常提出的問題，連阿湯在街上碰到的顧客也時常這樣問他。湯記牙膏主要素材是碳化鈣，用完後不可避免地會有石灰味留在口腔內，市面上的其他流行品牌，製品內都加了人工糖精，使牙膏有甜味。行銷的員工認為，湯記牙膏若不加甜味，將缺乏競爭力，不少員工還覺得加些甜味並不是什麼大不了的事，最重要的是留住客人，讓他們繼續使用湯記產品。

阿湯力排眾議，認為公司以專用自然物料起家及馳名，糖精不僅是人工製品，還可能引致癌症，在牙膏內加糖精，與湯記經營原則南轅北轍，阿湯堅決不會為了遷就市場而改變初衷，為了保持競爭力而放棄原則。阿湯與下屬經常為了這件事爭辯，關係變得緊張。

阿湯體會到自己對公司的期望與理想，與他的員工，尤其是那些從著名商學院或大企業招聘回來的職員看法，有基本上的分歧。員工認為「顧客至上」，經營者必須要了解市場，明白消費者的需要。阿湯信奉的信條與此卻大異其趣，「認識自己」，才是他創辦湯記的原因。阿湯為了追求更幸福的生活，1968年舉家從費城移居至緬因州。阿湯心中的幸福生活，包括使用以自然物料製成的產品。昔日自然產品罕有，促成了他開店，為自己及一些同好生產自然產品。開店的10年間，湯記業務興隆，很快地由小店發展到年營業額達150萬美元。

阿湯堅持牙膏不加甜味的決定，最後證明是正確的。當產品向超級市場及大藥店進軍時，廣受消費者歡迎，牙膏由1981到1986年間，營業額升至500萬美元，即平均每年增長率達25%，這數字在任何公司來看，都是驕傲的業績。

在公司急速發展的過程中，阿湯察覺公司變得愈來愈不像最初創辦時的樣貌，已變得非他所願見到的。公司創立的初衷，是不斷製造出新的產品。但在最近的5年，公司只生產出1項新的產品，其餘精力全部花在建立新的會計制度、開發新市場、設計新的行銷策略、財務策劃、組織改組及增添新設備上。業務雖有穩健的增長，經營變得更專業，阿湯卻不滿意眼前的成功，經常警惕管理層不要被成功沖昏頭，叮嚀他們切勿忘記公司對顧客、員工及環境的承諾，要始終不渝地用自然物料生產產品。

發現內心價值

湯記辦得有聲有色，阿湯不僅沒有半點自滿，反而感到莫名空虛，心中若有所失。這種伴隨著成功而來的空虛感，外人是難以理解的，但對少數胸懷大志、追求卓越的企業家來說，這種感覺實在似曾相識；世俗的成就，物質的滿足，肯定不全是他們最想要的，與心中的卓越有一定的落差。

1984年秋天，阿湯找到自幼就認識他的愛高牧師，向他傾訴這股失落感。阿湯毫不諱言成功帶來的空虛感及不快樂，承認對生活感到迷茫。人生似乎失去方向，除了賺錢外，還有什麼其他的目標？阿湯自小就是基督徒，他告訴愛高牧師希望報讀神學，多了解生命真諦。

阿湯後來輾轉從朋友口中知道，劍橋的哈佛神學院有進修機會，經過與妻子及湯記董事局磋商後，阿湯毅然申請就讀神學研究院兼讀課程。神學院接納了阿湯的申請，這位超齡的研究生在1985年秋天入學，每星期2天到劍橋上課，沒課上的兩天半，阿湯就留駐湯記緬因州總部處理業務。自從就讀研究院後，阿湯整個人感到無比自由，在處理生意時精力出奇地旺盛，以及發現事業新目標（Barasch, 1996; Massari, 2014）。

研究院正是阿湯夢寐以求的學習場所，他不僅學到新的觀念，同時還學會認識自己，更奇妙的是，認識自己的事業，更準確地知道自己不快樂的原因，是湯記的急速發展導致自己的人格分裂，一面是理想主義的企業家，另一面是只重業績增長及以利潤掛帥的專業經理，兩者不斷地爭執、拉扯、衝突。進入研究院不久，阿湯察覺這兩面拉扯的人格最終可以融合無間，可以重建完整的人格，重拾幸福。

倫理這門課開啓了阿湯的價值視野，讓他知道除了熟悉的功利主義外，還有其他的倫理論述。在阿湯的經驗中，功利主義最關心的就是生意人眼中的利潤，什麼是好？什麼是壞？什麼是快樂，都由利潤決定。這主張與許多生意人

的經驗互相印證，因此成爲商界的一種世俗宗教。❸商業決定是否可取，全視它是否能爲公司帶來利潤。如果將辛勤工作、忠心耿耿的老僱員解僱可以帶來利潤的話，公司可理直氣壯地以縮減編制來遣散員工。但這作法符合道德嗎？阿湯夫婦創業至今，都一直避免使用這種功利價值，他們的理想來自義務論，認爲人對家人、朋友、鄰里及社會應有某種責任，責任是超乎利害金錢的。生產好產品，在愉快的環境下作業，就是工作快樂泉源。

兩種處世態度

阿湯修讀了一門宗教經驗的課，令他踏入見道之門，是神學教授李察・尼波（Richard Niebuhr）講述猶太宗教哲學家馬丁・卜巴（Martin Buber）《我與你》（*I and Thou*）一書思想的那堂課。卜巴是20世紀初的存在主義哲學家，與齊克果、沙特、卡繆等存在主義大師齊名，對大戰後的西方社會思潮有很大的影響。

經此一課，阿湯豁然開竅，對卜巴關於人與世界的關係詮釋，佩服得五體投地。卜巴的思想正好觸及他在營營役役中困惑之處，他的一句名言：「人們用兩種態度看世界，世界就斷成兩截。」令阿湯茅塞頓開！

究竟我們用哪兩種態度來看世界？對第一種態度，卜巴認爲是「我與它」（I-It）關係而生的，筆者姑且稱之爲「有所求」的態度。我們對身邊的所有關係都期望有所回報。在生活中，我們透過種種手段，包括組織、控制、規劃、駕御、整理、討好、取悅等，目的不外乎是獲取回報。「我與它」的關係中，將所有東西，包括他人都視爲物。「有所求」的態度將人物化，他人變成令自己獲益的手段。對人況且如此，其他非人之物就更不在話下了。這種純粹工具主義的態度不僅物化了人與世界，同時也矮化了人本身。人本來就有一些超乎純工具價值的高貴情操，但在不思不想的情況下，人貪圖方便，忘記了高貴情操，自貶自賤，自我沉淪，造成人與世界、人與人之間的疏離，同時也造成了自己的疏離。物化造成的疏離，正是阿湯在商界中感受到，但卻難以言表。

怎麼辦？卜巴的看法是，揚棄「有所求」的態度，改用「我與祢」（I-Thou）的態度來對人對事。按照卜巴所推崇的第二種態度，人與人的關係，不一定是建基在「有所求」上。人與人交往並不是全依賴利害關係，不是只爲獲取回報，而應建基在將他人視爲值得尊敬、愛護或重視的對象關係上。「祢」不是常用的「你」，是尊稱神的宗教語詞，用這字正是要突顯值得尊

敬、重視、珍惜之義。「祢」並不是我要獲利或回報的手段或工具，「祢」本身是目的，彼此的交往是基於尊重、敬愛及欣賞。「我與祢」（I-Thou）的關係，是一種「無所求」的關係，是衍生自包含尊重、惜愛的關係。問題是，現實的商業關係充斥「有所求」的態度，導致疏離與價值顛倒，人際關係的扭曲變型，唯利是圖，損人利己，貪得無厭，為非作歹的惡行，比比皆是！❹

企業文化宣示

自1970年開業始，湯記的使命是「協助他人過更自然的生活」。將這個簡單表述使命的句子轉化成實際的政策及行動，絕非簡單之事，但湯記數十年來始終如一，貫徹理念，天然產品推陳出新，深得消費者的支持，且樹立了企業良好的形象，同時打造了湯記鮮明的企業個性，深入人心。根據這使命而推出的措施，有代表性的如下：制定了有利於實際行動的領路人模式，尋找及組合在自然中蒐集與由自然物萃取的素材，生產不少有用的創新個人護理產品。公司對產品組成素材是高度透明的，素材的來源、作用及如何製成，都有說明，消費者可以作明智的選擇。社會支援方面，公司將銷售額的10%捐給支持健康教育及自然非營利組織。鼓勵員工使用5%的工作時間來當志工。公司致力推行永續經營，並舉辦各種計畫，歡迎大眾參加，齊力推動永續生活。

1988年，湯記已開業18個年頭，阿湯夫妻及員工都認為正是時機，將創店時發現的核心價值及信念，及其後增修的部分作整理，制定成正式的公司經營理念及原則，指引企業經營及未來的發展（Chappell, 1999）。經過不少的溝通及研議，公布了下面的公司企業文化基本成分：存在理由、基本使命、基本信念等。公司的基本理念及原則分成幾部分：❺

◆ 公司存在的理由

• 從植物及礦物中用想像科學為顧客個人護理的需要提供服務。
• 用責任與善的使命，激發所有我們提供服務的人。
• 用分享知識、時間、才能及利潤給他人賦權。
• 以信仰、經驗及希望幫助創造更美好的世界。

◆ 企業基本信念

• 我們相信人與自然都各有內在價值，值得我們尊敬。
• 我們相信安全有效及由自然成分製成的產品。

- 我們相信公司與產品是獨一無二及有價值的，我們會以不斷創新及用創意承擔、支持這些真正的品質。
- 我們相信有責任與我們的員工、消費者、股東、代理人、供應商及社區培育最好的關係，雖然我們的核心價值保持不變，我們的使命陳辭宣示隨著歲月而演化。
- 我們相信不同的人會為團隊帶來不同的禮物及觀點，強的團隊建基在多樣的禮物之上。
- 我們相信能為員工提供安全及滿意的工作環境，及成長與學習的機會。
- 我們相信能耐是在競爭市場中支持我們價值的基本元素。
- 我們相信公司在行使社會責任及對環境夠敏感時，公司在財務上能成功。
- 我們相信我們對公司的信念、使命、命運、業績目標有個人及集體問責性。

◆ 企業使命

- 提供安全有效創新及優質的自然產品，以服務我們的顧客。
- 不單對我們的顧客，同時對我們的員工給予尊重、珍惜及服務，並對他們的福祉關心及作出貢獻，以誠信經營來獲取他們的信任。
- 提供有意義的工作，公平的薪酬，與鼓勵開放、創意、自我紀律及成長的安全健康工作環境。
- 促進及肯定高水準的承擔；技能、有效性的工作社群。
- 確認、鼓勵及尋找在工作生活中的禮物與觀點的多樣化。
- 確認在促進我們的目的及工作中，加強團隊合作的每個人的價值。
- 在崇敬及支持自然世界的產品與政策上表現獨特性。
- 解決在緬因州及全球的社區問題，為環境、人類需求、藝術及教育付出我們部分的時間、才能及資源。
- 團結合作促進公司長遠的價值及永續性。
- 以在社會及環境方面負責任的方式，獲取利潤及經營成功。
- 創立及管理問責制度，要求公司每一僱員或治理層為個人行為、個人績效與公司的信念、使命、命運、績效目標及個人工作計畫負責。

文化傳承不明朗

一路走來，湯記沒有忘記初衷：幫助他人過更自然的生活。爲了確保初衷的落實，每一成分或成分的混合是經過評估，確保符合天然、永續及負責任的準則。自然的標準包括：成分採集及提煉自天然；沒有人工香料、香氣、色素、甜味及防腐劑；產品的成分處理支持人類與環境健康的哲學；除了一些牛肉產品外，沒有動物成分；不做動物測試。永續的標準如下：優先使用再造及再生物料；用再造及生物分解物料，減少包裝造成的廢棄物；支持使用永續的農業生產及收割方式；將供應鏈的環境影響減至最低。另外，負責任的準則是：爲顧客提供價值；用足夠的研究說明安全及有效；產品成分的功能及來源完全透明，並且是有用的；向尊重人們及勞工權益的供應商採購；誠實說明成分、包裝及產品；遵守監管機構及與我們合作的專業組織之規則。

湯記在2006年被收購，成爲高露潔—棕欖公司（Colgate-Palmolive）的分支，阿湯離開了湯記，另創公司，名爲Ramblers Way，專營天然物料製造的成衣（Issacson, 2017）。沒有阿湯的湯記，能否持續傳承原來的價值，人們都在猜。

松下之道的發展與傳承

Panasonic

上世紀之初，東方社會以西洋爲師，拚命向西方學習，西風美雨遍及亞洲各區。時移勢易，隨著亞洲經濟的快速發展，催生了亞洲紀元的來臨，東方社會在繼續學習西方之餘，也輸出了可供西方學習的企業文化。松下集團的創辦人松下幸之助在日本被譽爲「經營之神」，其管理之道舉世聞名，西方學者九〇年代開始研究松下經營之道（Kotter, 1997），力圖發現東方管理文化的精神，學習松下企業精神（PHP Institute, 1994；江口克彥，2018）。事實上，松下的經營哲學，不僅是西方學習的對象，亞洲地區的國家或其他不同文化區，也掀起松下熱，松下精神成爲東方企業文化的楷模。

大阪商人文化

　　1918年，松下以小小的資金，在其妻與內弟的協助下，創辦了一家小工廠，生產電插頭。1989年他以94歲高齡辭世時，小工廠已演變爲一家擁有20萬員工、產值達420億美元的跨國家電企業，其「松下電器」（Panasonic）家電產品，已成爲全世界千家萬戶不可缺少的品牌。松下沒有受過高等教育，沒有廣泛的人脈。20多歲時，體弱多病，且經常精神緊張，脾氣暴躁。誰也料不到30歲時，松下就發展出一套經營的方法，成爲半個世紀後不少大企業爭相效法的典範。40歲時，他的領袖才能更上層樓，帶領公司穩步向前發展，發揮企業優良應變能力，在急劇變化的科技、市場及全球化的環境下，成長茁壯，成就松下電器跨國集團。

　　松下4歲時因父親生意失敗破產，家道中落，家人被迫各分東西，謀取生計。他9歲離開故鄉和歌山，到大阪船場謀生。大阪自江戶年代已是商業中心，松下那時所待的船場在市中央區，是商業金融辦公及批發的集中地、日本商貿中樞。船場的道修町，舊日是日本漢方藥材的集中地（臧聲遠，1997）。今日日本的七大綜合商社，包括丸紅、伊藤忠、住友、日商岩井等，都從大阪發跡。著名的百貨公司如高島屋、SOGO和大丸，也是源自大阪。大阪一直有商人自治的傳統，商人慣於從事私人辦學、興建圖書館等回饋社會之善事。大阪商人重視創新及善於創新，反映在大阪流行商諺：「要保住商店的暖簾（按：布幕招牌），就得換新的暖簾。」此外，大阪的另一特色是商人的倫理家法及社訓，例如：伊藤忠和丸紅商社的創辦人伊藤忠兵衛，是佛教淨土眞宗的忠實信徒，深信做生意是「佛菩薩事業」。住友集團的創辦人住友政友（1585-1652）將經商心得寫成《文殊院旨意書》，後人秉持其精神，於1882年制定納入其要旨，並於1891年成爲住友家法經營要旨中的二個信條。其後經營要旨在文字稍有修改，但內容保留不變下，一直沿用至今。條文如下：一、「我住友之經營，重視信用，務求實際，以圖穩步發展。」二、「我住友之經商，隨時勢之變遷，計理財之得失，弛張興衰雖有之，苟求浮利，輕舉冒進，勿爲之。」藉著商社的家法社訓，大阪商人爲日本商業倫理史譜寫了重要的一章。

　　松下在船場受大阪商人文化的薰陶，學會了經商之道及商人的素養；大阪的經歷對松下的價值觀養成有深遠影響。松下在一家名爲「五代商行」的店鋪當學徒。當時船場的店鋪都實行學徒制，五代商行的老闆五代普吉對學徒管

教嚴格，教他們學經商禮儀、規矩。商人都花心力教養學徒，因爲好學徒會爲店鋪增光，否則會損害店譽。大阪商人視商譽爲第二生命，極爲重視學徒的品格及能力。五代商行老闆夫婦沒有子女，把學徒視爲己出，照顧有加，全店上下如家人般。老闆娘雖然出身清貧，讀書少，但經過自修，舉止談吐及待人接物與有教養的大戶人家沒兩樣，她悉心培育松下，松下很多待人接物的道理都是來自老闆娘的教導。松下的門徒有這樣的觀察：「松下先生的人生觀，是從他的生活歷練中總結出來的。……他經常遭人白眼，受人歧視……就是在品味人生酸甜苦辣的過程中，……逐漸形成了一套自己的識人哲學，並懂得以人爲本，懷有一顆感恩之心。」（江口克彥，2010: 116）

松下精神

松下帶領員工很有東方風格，大家長的味道很濃。松下在大阪市福島區大開町開店時，上班前的朝會及下班時的夕會，都會向員工訓示幾句話，如家長教育子女般。松下在1929年草擬了松下集團之核心價值，之後成爲松下集團的松下精神，即松下的基本經營原則：一、貢獻社會。二、公正與誠實。三、合作與團隊。四、不懈的改善。五、禮貌與謙遜。六、適應力。七、感恩心。松下利用朝會夕會，向員工傳遞他的企業價值，期望員工接受及成爲工作時思想行爲之依據。自1933年起，朝會更爲制度化，集會時員工一起唱社歌，朗讀松下精神（松下幸之助，1997，2005；章石，1996；江口克彥，2005; PHP Institute, 1994）。1933年，松下精神有五項，1937年發展成七項（Matsushita, 1984: 23）：

一、生產報國的精神

以生產來服務是本公司綱領所揭示的目標。凡我產業人，必須以本精神作爲第一精神目標。

二、公正的精神

大公無私是爲人處世的根本。無論學識才能多麼好，只要缺少了大公無私的精神，就不足爲他人的表率。

三、和諧合作的精神

和諧合作是本公司早已具有的信條。不論各個人才多麼優秀，如果缺少這項精神的話，等於是一盤散沙，毫無用處。

四、奮發進步的精神

為了達成公司的使命，唯有徹底奮鬥，才是唯一的出路。如果沒有這種精神，真正的和平就不會來臨，也不能夠力爭上游。

五、守禮謙讓的精神

做人不尊重禮節，或者沒有謙讓之心的話，社會秩序就不能維持。有了正確的禮儀和謙讓的美德，才能美化社會，才能滋潤美妙的人生。（這條精神在1937年改為「禮貌謙讓的精神」。）

1937年，松下在五大精神上增加了二條：

六、順應天道的精神

如果違反了自然法則，就不能進步和發達。不順應社會的潮流，而從事人為的有偏差之事，絕對不會成功。

七、感恩圖報的精神

感恩圖報的念頭，會給我們帶來無限的喜悅和活力。這個念頭如果深刻的話，任何艱難的問題就能迎刃而解：這也是能夠獲得真正幸福的泉源所在。

松下七大精神所代表的都是東方社會所尊崇的價值：公正公平、和諧合作，奮發向前、守禮謙卑，順應天道、感恩圖報。生產為了服務的精神，其實中外不少優秀的企業家都有此理想。

松下在公司初創時期，曾連續3年每天在朝會上反覆向員工講述自己的經營理念，包括公司為何存在、公司目標等。雖然宣導只有15分鐘，但連續3年這樣做，反映他對這些問題的重視，及認為員工需要了解公司基本價值的重要性。松下不厭其煩，年復一年的重複他的價值理念，員工對訊息潛移默化，對松下基本價值的了解，從模糊到清晰，由浮淺到深入，逐漸成為他們工作及做人的基本信念及價值，公司上下，在理念及價值上取得統一，成為合作無間的團隊。

1946年，松下創辦一個研究所，取名「和平幸福繁榮研究所」，目的是探索人性、社會及商業所涉及的諸多問題。之後的43年，在他的授意下，研究所發表了不少有關如何改善世界的研究報告及建議。

松下之道

日本學者山口徹（T. Yamaguchi）教授長期在PHP研究所工作，對松下的經營理念歸納爲五大元素（Yamaguchi, 1997; 江口克彥，2010）：❻

一、清晰明確的理想、目標及政策。

二、企業是公共機構。

三、開放管理（open management）。

四、善用集體智慧。

五、培養素直之心。

◆ 清晰明確的理想、目標及政策

松下深信經營者首要任務是爲公司制定清晰的理想、目標及政策。今日的公司普遍都將這些明確地公開宣示，然而，在上世紀中期前提出這個原則並不簡單，那時絕大多數公司都沒有做到。松下創業之初，依循當時流行的習慣，針對「製造優質產品」、「不斷改善產品」、「照顧顧客的需求」及「與供應商保持良好關係」等努力經營，並沒有完整的經營之學。其後，經過長期的實踐，好學深思及做事認真的松下，開始反省經營的意義。他問自己：「經營當然要配合社會的需求，以符合常識，但就此而已嗎？」松下總覺得從商或參與製造業應有更高的目標。

1932年37歲的松下，忽然對這個問題有新的領悟。他認爲人的真正幸福，是建築在物質與精神兩方面的滿足上。宗教之所以流行於日本，由於能爲人民帶來心靈的滿足。反觀商業，雖然能爲人們帶來物質與財富，但卻未能如宗教般得到廣泛的支持與接受。商業領袖難有宗教領袖在社會及道德上的影響力。社會人士一般將商人視爲唯利是圖之輩，不予好評；商人亦這樣看待自己，自我形象不高。

松下於是問：「商業爲社會提供產品，是人們物質生活的基礎，因此商業也是人類幸福所必須的，爲何不可以視商業爲一個崇高的活動？」商業之所以在社會與道德上未發揮其應有的影響力，原因是從事商業活動的人不了解商業活動是高貴的，只會妄自菲薄，對號入座，自貶身價。

1932年，松下成立「松下電器製作所」，同年，他對商業的深層意義有深切領悟，認識到商業必須有崇高使命。這年是松下創業後的第14年，公司有工人1,000名、店員200名、工廠10家，生產200多種產品。松下把這年稱爲

「創業知命第一年」，「知命」是指知道商業要有使命的意思。同年5月，松下再把這個寶貴的發現以「所主告示」（松下為製作所的所主），鄭重地向員工宣讀：「今天大家在松下電器工作，除了要增加生產外，最終目的在於提高人類的生活水準。換言之，我們經營的目的，不僅是提高公司業績，或是保障員工的生活而已；其中更大的目的是繁榮社會，提高人類生活水準。能夠繁榮社會，我們事業體才有存在的意義，這也是我們的使命。全體員工都能自覺出這種強烈的使命感，才可看出我們工作的價值。」

松下讀完了告示後，員工大為感動，紛紛上臺發表感受，支持松下的看法。員工都不約而同的表示，過去只懂拚命地工作，但卻缺乏明確的方向。如今經松下一提，頓然覺醒，認清公司的使命及自己的工作目標後，工作就充滿意義，個人自信及自尊大大增加。松下在回憶錄中承認，這個事件對公司有深遠影響，同時改變了他本人。這種認知上的突破及精神上的超越，徹頭徹尾改變了松下的企業文化，成為公司日後成功的一大動力。

松下將公司的使命定位在改善人類生活之上，包含一個高貴的理想，就是將產品產量生產到如自來水一樣的多、一樣的廉價，惠及所有人，創造出富裕共享的社會。這個構想又稱為「自來水經營法」。

有了使命，有了目標，一定要有一個相應的計畫及政策，理想才能落實。為了達到生產價格低廉、品質優良的產品，松下訂了一項「250年大計畫」來實現這個理想。這種超級長線的發展計畫，世界罕有，標示了松下與眾不同的領袖風範：不做短線炒作，目光必須宏遠。松下經常教誨經理：除了短期的目標外，你們要經常記著長遠的目標，不時要問自己，在未來的日子裡，公司將變成怎樣？公司應該如何貢獻社會？公司的最終目標是什麼？

◆ 企業是公共機構

松下從宏觀的角度定義企業與社會的關係，認為企業的活動，包括為社會提供產品及服務，最終目標都是改善人民生活，促進社會進步，增加人類幸福快樂。在這個意義下，企業是一個公共機構。雖然私有產權保障了公司所擁有的土地、設備、資源、資金、利潤等，均是屬於公司及股東的，然而這些物質最終是為了改善人民生活、提升幸福而存在的。沒有將私與公截然分開為二，而看成同在一個連續體上，或兩者有所重疊，是相當東方式的，特別是東方式的集體主義：個人、家庭、團體、企業、社會、政府、國家、人類都處在一個同心圓上。如個人一樣，企業最終要服務社會、貢獻人類。

◆ 開放管理

松下創業初期，將公司每月的帳目向所有職員公開，當時是被視為「離經叛道」的管理手法。這種「開放管理」（open management）是松下管理哲學的第三個特色。近年西方管理界大力倡議對下屬的賦權（empowerment of employees），其中包括將公司內每個部門或單位的每月業績公開，讓員工知悉自己部門、單位及公司的整體表現，目的在於增加公司訊息的透明度，因訊息的掌握是權力的一種，給予員工適時的公司訊息，無疑是賦予員工權力，這也是激勵員工工作熱忱的方法。資訊透明公開，是開放管理的重要部分。生產及財務資訊是公司的重要財產；擁有了它們，無疑是擁有公司重要的財產，這對增強員工對工作的擁有感（ownership）、生產的責任感，肯定有積極的意義。另一方面，當員工知道公司的優良業績是他們努力的成果時，工作的滿足感及自豪感自然提高。

松下極為注重組織內的訊息管理，保障訊息通暢無阻，保持高度的透明度，組織內訊息流通迅速而且相向的，上級傳給下級，下級傳給上級，均須及時與完全公開（江口克彥，2010）。❼東方企業創辦人主張與推動訊息透明公布及流通，實在令人大開眼界！東方企業包括日本企業多是層層的垂直職級，訊息的掌握按職級而定，職級愈高，擁有愈多訊息，上級不會將訊息全部公開或傳遞給下一級的員工。有些主管更認為，訊息多寡跟權力的大小成正比，會刻意囤積訊息，不願與他人、尤其是下屬分享。這種作法其實不智。員工在缺乏充足訊息時，一旦遇到問題，無法給予上司適時的支援，協助解決問題。囤積訊息的上司，亦會製造囤積訊息的下屬，下屬就算有上司應知道的訊息，亦不願上傳，以此「回敬」上司。訊息阻滯在日常操作上，可能不會產生太大問題，一旦出現未預見的事故時，訊息的阻滯可能會快速演變成危機。

◆ 善用集體智慧

松下為人謙虛，自認才疏學淺，所以經常向下屬請教商量，聽取不同的意見，集思廣益，歸納正反觀點，了解利弊。位居要職的人擁有大權，容易剛愎自用，自以為是，自我膨脹，輕視他人，很難容納別人意見，不同意見更不用說了。另一方面，下屬由於害怕得罪上司，怕講真話，唯唯諾諾，逢迎討好，唯命是從，令上司愈加自以為是，獨斷獨行變本加厲。要讓員工願意講真話，發表意見，上司必須展示虛心聆聽的行為，努力締造言者無罪的真正言論自由

空間，消除員工因講真話而帶來不利的恐懼。不僅如此，上司必須學會聆聽及納見的技巧。願意聽取下屬意見是一回事，是否願意接納意見又是另一回事。上司要作出平衡，辨別意見的好壞，將其綜合運用，不應為了取悅員工，將不好意見跟好的意見全部接納，或將互相矛盾的意見都不排除，這對解決問題沒有絲毫作用。松下經過長期的觀察，發覺當下屬覺得自己的意見受到上司重視或採用時，會得到激勵，自信心增加，對工作有更大的投入感及滿足感。另一方面，意見經常不被上司尊重或採納的員工，會失去提意見的意向，工作的熱情與投入感也會漸漸退減。

集思廣益說易行難，主管要有修養，才能做到真正的集思廣益。首先，主管要向下屬說之以理，耐心以事實及道理來說服下屬，並預留空間讓員工表達意見，不要自以為是，單向說教，不理對方反應，亦不鼓勵對方回應。下屬見上司已有定見，就算有看法，亦會保留不表態，視徵詢意見只是虛招，沒有誠意。若這印象一旦形成，日後有見解的員工亦會保持沉默，沉默的職場對組織不利，始作俑者其實是主管。在徵詢下屬意見時，技巧亦相當重要。主管應先讓員工逐個發表看法，不要搶先將自己的看法表達（就算有看法），否則員工會避免提出與上司不同的意見，或會刻意提出類似主管的意見，以取悅主管。

◆ 培養素直之心

松下之道源自反省的實踐，哲學味道濃厚，同時反映了他的價值與人生觀，素直的心是其核心價值。

什麼是素直的心？素直的心是沒有偏見、成見，開放客觀的認知之心。透過素直之心，人可以在紛亂繁雜的現象之中，直透事物的本性，掌握真理，區分虛假與真實，掌握價值本源。用松下的話，素直的心「是指沒有私心，天真而不受主觀、物欲所支配，照實探索事物真相的態度。有了素直的心胸才能對真理堅信不移，看清楚事物真貌，並觀照因應世事的方法。」又說：「有了素直的心胸，必可以明辨是非，看清正義與邪惡的分際，找到自己應走的道路，使生活充滿光明。一旦人人都有素直的心胸，社會將變得更有活力，正常有理性。」❽素直之心是從學習而來？還是人性本有的？松下認為素直之心是人類先天已有，可是由於種種因素，包括私慾、閉塞、無知，將直率之心壓抑著，令其無法充分表現出來，因而產生種種的擾攘、紛爭、猜疑、排斥、耗損，對個人、團體、社會及國家製造了種種困難。松下在「體」上確定了素直之心的本性後，在「用」方面闡釋素直之心的運用可產生以下良好效應。

素直之心可以改善人際關係

人一旦失去素直之心，就會彼此仇恨、對立、鬥爭、猜疑及排斥。減少這種破壞性的人際關係，人人都必須回復素直之心。

素直的心可摒除私慾

人難免有私心，但切忌成為私心的奴隸。素直之心可助我們克制私心私慾。

素直的心可令人謙虛

人能謙虛，才可了解自己之外還有他人，自己的意見感受之外，還有他人的意見及感受。謙虛可以將個人的主觀摒除，開放心胸，聆聽他人的意見及感受。

素直的心胸可令人寬容待人

人各有異，都有存在的價值，都有改善人類生活的能力。有容乃大，寬容就是能寬厚待人，容納差異，原諒他人的錯失。不少經營者寬於待己，嚴於對人，只見人家眼中的刺，見不到自己眼裡的柱。能彼此寬容對待，人才能融洽相處，才能充分發揮才能，共同合作。有了素直心胸後，寬容態度自然來臨。

素直的心令人洞察事物真相

不少人看事看人存有偏見，個人主觀妨礙對真相的客觀了解，儼如戴上有色眼鏡觀看事物一樣。用素直的心觀察事物，就如用無色透明的鏡片看世界一樣，如實地看到世界的真貌。

素直的心令人好學勤學

學習之門只會向謙虛的人打開，知識一日千里，科技日新月異，如果不努力學習，與時俱進，就會落後，遭受淘汰。直率之心帶來謙虛，會令人虛心不斷地學習。

除此之外，素直之心其他積極的功能，包括隨機應變、靈活積極、遇事冷靜、泰然以待、辨別好壞、認清價值、發揮愛心、體現惻隱、順天應人、實現理想、心胸豁達、處變不驚、轉危為機、轉禍為福、堅守原則、克己復禮、發揮所長、人盡其才、身體健康、有病速癒。總之，素直之心包羅萬象，應該看成是人的優良性質的綜合體。❾

松下之道之傳承

山口徹是松下集團的員工，是資深的松下人，對松下管理之道作理論詮釋，有助於松下思想的傳播與傳承。另一名松下思想傳承者江口克彥，被稱為「松下思想傳人」。江口克彥在松下集團工作了30年，長期擔任PHP研究所所長，其中22年每天有機會向松下報告，跟他談話，親歷松下的言教身教，最有資格扮演松下思想的詮釋者及傳承者的角色。事實上，松下亦將他視為衣缽傳人，江口克彥在近作不僅記錄了松下的話，特別是松下如何對待下屬的態度與行為，如何利用身教來教導下屬，即松下的領導學，是松下之道的重要元素，松下領導學可以概括為上司與下屬相處之道，供領導層學習。江口克彥在傳承松下思想的貢獻上，不僅對松下思想作詳細的闡述及拓展，更是從員工角度來闡述及拓展松下思想，這是在昔日純粹上司觀點下之松下思想中，添加一層前所未有的下屬觀點。換言之，如果說昔日的領導學是來自松下上司觀點的話，江口克彥的貢獻是提供了松下下屬的觀點，這是一項有意義的拓展及傳承，使松下領導學更為完備，不僅包含了領導人觀點，同時包括了追隨者觀點。❿

◆ 下屬領導學

設想松下是員工而不是上司，他會從員工的角度來思考上司對待下屬之道，會認為上司若要贏得下屬的追隨及信任，必須在平日與下屬互動時，包括：接觸、溝通、打招呼、交談、說理、責備、承認錯誤、集思廣益等方面，具備應有的態度與行為。這些從下屬角度看領導的觀點，姑且稱為「下屬領導學」，亦是領導學的重要內涵。下面簡述下屬領導學的幾個側面。

多接觸

一般日本企業職級深嚴，下級員工對上級畢恭畢敬，唯命是從。上級的威儀，卻予人高高在上、難以親近的感覺。松下的作法卻反其道而行，他一向關心員工，經常親自跟基層員工接觸，跟他們聊天時，經常問及工作以外的事。簡單平凡的問候、關心必須出自真心誠意，不是假情假意，否則聽者很快就會看穿真相，引來反感，及失去對上司的尊重。歸根究柢，這種態度必須以平等的價值支撐，發自對人之仁厚之心，對人一視同仁，不以職位出身、貧富學歷、輩分等來看待他人。事實上，沒有平等價值，對人不夠寬厚，很難作出這些行為。此外，他認為上司不要只接觸自己部門的員工，其他部門的員工亦應

接觸，不要將他們視為陌生人；尤其要多跟年輕新進的員工接觸，了解他們。這種親民的作風，在日本大企業應是異類。

打招呼

上司要主動向下屬打招呼，就算在公司走廊、大廳或電郵中都應如此；不要認為會有失身分、有失面子。打了招呼後，可能令下屬更為緊張，這時可主動聊幾句話，例如：近日忙哪些項目？工作是否辛苦？或讚許他們做得不錯（如果是本部的員工），讓下屬心情放鬆。若可能的話，叫出下屬的名字，效果會更佳。下屬自然會驚喜：上司居然知道我的名字。如果是另一部門的員工，更會令他倍感榮幸！因此，上司必須學會記住員工的姓名，這是上司跟下屬打破隔閡、建立聯繫的好方法。

交談

很多主管跟下屬溝通，主要用電郵，認為是最省時間及有效的方式。事實並非如此。電郵溝通與當面交談性質很不同，伴隨著訊息的情緒是電郵無法傳遞的，只有在面對面的溝通下才會被察覺，它反映了誠意的同意，還是無奈的接納？精明的上司不會輕視這些情緒對工作的影響。總之，情緒訊息傳遞了文字不完全能傳遞的支持、疑慮、熱情、冷淡、不安、信心、信任等態度，都會直接影響工作是否能順利進行、合作是否能協調、信任是否真誠等重要訊息。要有效獲取員工這方面的訊息，在交談時必須用眼睛望著對方，專注對方的眼神，才能掌握對方的真正心意。交談所伴隨的情緒，更能展示話語中的言外之意及未說的話。好的主管不僅能明白下屬言語之義、弦外之音，同時還捕捉到下屬想說但未說出的話。有時，未言之話比說出的話更重要，這種情形，在文字的冷溝通中很難察覺到。

依江口克彥跟隨松下多年的經驗，松下與下屬交談都會是這樣。「當我向他報告時，他會一直看著我，向前探著身子，認真聆聽。不管誰進了他的辦公室，只要我的話還沒說完，他仍會目不轉睛地看著我，一字不落地聽著。……那種發自內心的專注神情令人感動。22年來，我每天都和他見面，例行匯報的內容大抵相同，沒有什麼新鮮的。但松下先生總是那麼認真地傾聽。」[11]

閒聊

上司應在平日與下屬保持溝通，但談的不一定限於公務，可以是工作以外的事，表達自己的一些想法，包括政治、時局、娛樂或做人方面等，讓下屬了解自己。松下認為不經意、輕鬆隨意的交談，讓員工在無壓力的情況下交談，

更能起潛移默化作用，是最好的教導方法，這比傳召員工到自己的辦公室，板起臉訓導來得有效。後者會引起員工防禦心理，心情緊張，結果會事倍功半，或產生反效果。在日本職場，上司向下屬講自己的想法並不普遍，松下可能是少數的例外。松下文化不僅鼓勵高層領導將自己的想法透明化，同時叮囑經理不斷地這樣做，反覆聲明自己的想法。

說服

日本企業一般層級深嚴，權力集中於上層，權力結構上大下小，權力不對稱是常態。若上級純按權力行事，命令一出，下級只能接受及執行，不必討論、諮詢，提出異議更不可能。然而，組織的合作，不能光靠權力，情及理的元素缺一不可，必須說之以理、動之以情。若主管有權用盡，唯我獨尊，下級只能唯命是從，有意見亦不敢或不會提出，職場便成一言堂，同時產生唯唯諾諾而沒有個性的下屬，意見一元化，人才弱質化，錯誤出現的機會倍增。

加強自主

要給他們更大的自主，讓他們發揮潛能，自由地成長；容許失敗，讓下屬在失敗中成長。放手不表示放任，完全沒有限制。下屬想要接挑戰性高的新任務時，必須陳述理由，經過慎思，評估風險，證實下屬有足夠的熱情及對相關風險的了解，才讓員工作新嘗試。這些都需要透過誠實的溝通、評估。

道歉

松下若知道自己做錯了，就算是對低階下屬，仍會親口道歉，承認自己的不是。這種風範，在威權主義的東方文化內實屬罕見。畢竟松下是非凡的領導者，會作出與常人不同的事。松下96歲那年，正是做了一件這樣不尋常的事，令被道歉的下屬沒齒難忘。

責備

責備下屬是容許的，但必須先冷靜思考後才做。「冷靜思考之後再發怒，充滿感情地表揚」，這是松下培養下屬的要訣。松下是有脾氣的，有時發怒起來，十分恐怖，員工都會被嚇呆。然而，松下責備完下屬後都會安撫，讓員工了解其用心，期望員工能改善及成長。松下的溫言細語每令員工感到他的誠意，欣然接受指責，不會記恨在心，反而心存感激，感恩上司的關懷。

感恩

依江口克彥所想，公司的成功，員工功勞比領導層高，因此上司應對員

工有感恩之心。業界老闆或執行長經常掛在嘴邊的話：「員工是公司最重要的資產」、「公司成功有賴全體員工努力」。究竟是真心話？還是口頭禪、公關語？一般民眾都難以辨別，但員工心中有數。真心向員工感恩的上司，員工應會感受到，也會銘記於心。如江口克彥說：「對下屬發自內心的感激，就像有根之花，它會深深植根於下屬心中，不斷綻放出美麗的花朵。」

松下以人為本的哲學，貫穿他待人處事各方面，從打招呼、聊天、訓斥、聽報告，都充滿誠意及用心。總之，松下的上司、下屬相處之道，其微細處令人嘆為觀止。

◆ 下屬之道

江口克彥以松下精神為本，構思下屬之道，制定20個原則作為員工在職場上之思想、行為指引或綱領。由於江口是秉持松下精神而建構這些指引，下屬之道可以視為松下置身於員工位置中，思考成為優秀員工要遵守的原則。這是松下思想的重大拓展，以追隨者的角度取代領導者的視野，探討員工之道。如上文言，這是松下之道的拓展及傳承。20則下屬之道，包括：熱情及幹勁、誠信、開朗、體諒他人、信念與使命感、雷厲風行、機智敏銳、善於傾聽、學會挨罵、多提別人的功勞、把握分寸、鑽研精神、報告、工作舉一反三、努力學習、有禮貌、勿遲到早退與無故曠職、勿裝腔作勢、素直之心、樹立目標。20則都是簡單自明的道理，不用多加解讀。下屬之道不單適用於松下職場，同時可適用於日本及東方社會的職場。

佳能共生之道

Canon®

商業領袖的責任是合力為世界和平繁榮打造根基。

—— 賀來隆三郎，佳能董事會榮譽主席

全球化已將不同地區與國家連成彼此聯繫、互動頻仍的複雜網絡，未來主義作家所預見的地球村已日漸成為現實。以商業活動而言，上世紀九〇年代，國際貿易雖已成為一股不可逆轉的趨勢，但國際尚未形成一套有公信力、有約束力的秩序，尤其是大家願意共同遵守的商業原則與倫理指引，有鑑於此，有

遠見的商業領袖，組成了考克斯圓桌會議，積極推動國際商業倫理，期望成為不同地區國家民族彼此經商的基礎。

共生經商原則

考克斯圓桌會議（Caux Roundtable）所倡議的「經商原則」（Principles of Business），正是這種努力典範。經商的7條原則，是企業制定商業責任時的基礎：

原則1　經商原則應超越股東利益，而以利害關係人為中心。

原則2　確認商業對經濟與社會的影響。

原則3　商業不僅須遵守法律，還應發揚互相信任的精神。

原則4　尊重國際以及本地的合理商業規則。

原則5　支持國際多邊貿易。

原則6　尊重環境。

原則7　避免不道德的交易。

貫穿這7條原則有兩個核心觀念：共生與人類尊嚴。人類尊嚴要求我們應視人為一個目的，不應只是滿足他人目標的手段；每人都有獨特的價值，應尊重人的多元性。「共生」觀念源自日本，意思是人為了達致一個共同之善而共同工作與生活。

考克斯圓桌會議的倡議人之一是日本「佳能」（Canon）公司（下稱佳能）的總裁，而「共生」是佳能公司的企業價值，無怪「共生」這個價值在「經商原則」中占有如此關鍵的位置。

佳能董事會榮譽主席賀來隆三郎（Ryuzaburo Kaku）❷在《哈佛商業評論》撰文（Kaku, 1997），闡釋共生之意涵，報告其實踐的情況。賀來隆三郎指出，共生是佳能經營哲學的基石，是公司最珍惜與尊重的原則。賀來隆三郎深信企業之道是平衡商業利潤與社會責任，而利潤與責任並非互相排斥而是共存共榮的。由「共生」所衍生的「和衷共濟的精神」，令個人及組織可以共同和諧生活與工作，以達大家共用的共同之善。如果企業能以共生作為經營原則，它亦會成為社會、政治、經濟改革一股無比的精神力量。

佳能開始走向國際市場之初，賀來隆三郎深感有三種國際的不平衡：(1)國際貿易不平衡；(2)貧富國家收入之嚴重差距；(3)當代人與後代人消費之不平衡。三大不平衡均需要有整合的方法來解決，而「共生」可以為問題的解決提供共同的基礎。

共生之道五階段

佳能之所以能成功進入共生的第5階段，是經過持續的堅持與長期的實踐。七〇年代中期，當賀來隆三郎初任執行長時，由於長期受官僚陋習之害，企業視野短淺，缺乏創新，表現平庸，前景黯淡。然而，經過基本的改革，制定發展的長遠計畫後，公司生產力逐漸改善，但仍停留在生存階段，跟共生之道沾不上邊。腳步站穩後，公司開始與員工建立和諧合作的精神，打破藍領與白領工人的差別，彼此平等對待。推出的政策，包括月薪及時薪的工人都可共用同一個食堂及洗手間，5天工作時間。公司更為工人提供多種優厚的福利。其實在推行善待員工政策方面，佳能比日本任何公司都早。改革令佳能分布全球各地的數萬員工合作提升。佳能與周圍社區保持和諧關係，建立顧客滿意委員會，聽取他們的意見。與供應商建立互信關係，幫助他們解決困難，改善他們的技術與產品。

賀來隆三郎的共生哲學是經歷過持續學習、不斷提升的過程，而逐漸成為具有普遍性的原則。據賀來隆三郎表示，共生原則是經歷過公司發展的五個階段而逐步形成的，他將這五個階段的進程，類比於金字塔的建造過程，首先要穩固地基，然後一層層地搭建，每層依靠著下面一層的支撐。

◆ 第一階段：生存階段

公司在這個階段的主要目的是求存，在行業內奠定其位置，為社會生產產品或服務，賺取利潤。這時公司在實現其經營目標上，會有剝削員工的傾向，導致勞資關係緊張，工運頻仍。值得注意的是，商業機構自然要追求利潤，但追求利潤只是商業應有的責任之一，成熟的企業亦有更多責任，不應唯利是圖。

◆ 第二階段：與工人合作

這階段是勞資雙方、管理階層與工人之間彼此合作，每個參與生產的人均遵守合作應有的守則，管理層與工人均視對方為成功不可缺乏的因素，彼此唇齒相依，同舟共濟。在這個階段中，公司將注意力集中在公司內部，鮮有觸及外部事務。

◆ 第三階段：與其他公司合作

共生之道的第三階段是公司將合作對象從員工擴展到顧客及供應商，甚至

競爭對手及社區。善待顧客，顧客則報以忠誠；善待供應商，則供應商會準時交貨；與競爭對手變成合作夥伴，雙方可雙贏得益；與周邊的社區合作，解決當地的問題。企業集中關注社區與國內問題，對國際問題不關心。

◆ **第四階段：積極參與國際事務**

當經營範圍擴大到世界各地之時，企業便進入了嶄新的階段。企業與國外企業合作，不但可以擴大經營地盤，還可協助解決國際發展的不平衡，包括培訓在地勞工，提供就業機會，提高生活水準，發展及推廣防汙染設備，協助減少對環境的汙染。

◆ **第五階段：政府應是共生的夥伴**

當企業有一廣泛的國際合作夥伴網絡後，它就有資格成為少數的第五階段企業，利用其專業知識、財富及影響力，敦促不同的國家去解決國際問題，包括立法防止汙染，或廢除過時的貿易法令。這時企業是以全球利益為單位，而非以一個國家的一家公司立場出發，為解決國際間的不平衡奮力工作。

領導的價值效應

私營企業的執行長或董事會主席對企業的發展方向、經營方式、公司文化都有決定性的影響。東方社會的集體主義、權威主義、家長制及人治等傳統源遠流長，企業領導人對文化的塑造、傳播、發展、傳承，扮演舉足輕重的角色。如上文不斷強調，企業文化可以說是創辦人或領導人信念與價值的忠實反映。

佳能的核心價值「共生之道」，其實與擔當20多年領導人的賀來隆三郎個人價值有極為密切的關聯（Kaku, 1997; Skelly, 1995）。賀來隆三郎生於1926年，孩童時，大部分時間在中國度過，當時正值日本侵華時期。17歲返回日本時，他被同學視為外來的異類。日本人這種島國排外心態由來已久，長期在國外生活的日本人，返國後都會被視為外國人，受到排擠。這種被排擠的經驗，令賀來隆三郎有機會接觸非主流背景的孩子，加強他對體制外之少數的體恤與同情，令他日後更能了解發展中國家人民的情況，能與不同背景的人合作共事。賀來隆三郎19歲那年被政府徵召到長崎的三菱重工船場工作。原子彈投在長崎那天，他親耳聽到爆炸的轟然巨響，與其他人躲藏到地下室3天。原爆一役在賀來隆三郎心中留下永不磨滅的傷痛，令他深切希望共生之道可以保

證世人永不再用原子彈。

賀來隆三郎1954年自九州大學經濟系畢業，不久加入了當時規模很小的佳能公司，最早的工作是在會計部。他做事勤快，效率奇高，用少於一般員工約三至四倍的時間完成工作，利用剩餘時間向公司高層寫備忘錄，力陳公司內的弊病，提出改革建議。可是，高層一直對賀來隆三郎的意見沒有反應。1965年賀來隆三郎擔任人事部及會計部主管，如他所料，公司出現資金短缺。1975年公司再次出現資金短缺危機，在一次公司高層會議中，賀來隆三郎痛陳公司的基本問題是差勁的決策及官僚體制。翌年，這個意見成為佳能首要計畫的核心。按此計畫逐步執行，佳能便從沒沒無聞的相機製造商，變為舉世知名的跨國企業。賀來隆三郎1977年榮升公司執行長，1989至1997年出任董事會主席，賀來隆三郎本人親自推動「共生」價值觀，並親歷其共生逐步植入公司之過程。。

賀來隆三郎成為佳能的舵手時，適逢油價飛漲，不少企業收縮經營。賀來隆三郎了解公司不像其他行業受制於油價，於是大力擴展，廣泛放權及加強科研發展。自此，公司業務蒸蒸日上。1982年，公司雙倍投資在科研開發方面，及加強公司對社會的責任，並將解決世界問題納入企業核心目標。自1976至1987年，佳能每年增長額是17%。在1987年，賀來隆三郎認為時機成熟，提出共生之道的企業精神，與國際商界少數同路人組成考克斯圓桌會議，倡導商業倫理。

佳能之共生第五階段

據賀來隆三郎的看法，「共生」這個觀念有很深的本土文化淵源，他在七○年代向公司提議改組的藍圖，是參考日本17世紀幕府時代一位顯赫的將軍觀點。賀來隆三郎熟讀日本史，從中汲取教訓，活學活用到經商上（Kono, & Clegg, 1998）。

16世紀至17世紀中葉期間，亞洲之間跨國貿易頻仍，日本商人在區內異常活躍，足跡遍及中國、印尼、菲律賓及泰國。由於文化風俗的差異，彼此貿易往來時經常發生衝突。當時一位商人精英，為了協助同業在經營時避免衝突，與一位著名的儒家學者，制定了一套經營守則，最終精神包括：(1)貿易必須符合雙贏原則，不能只有一方得益，必須雙方皆可獲益。(2)就算彼此膚色不同、文化差異，雙方都應平等對待。共生之道源自守則之精神。

賀來隆三郎認為，佳能現時發展階段已達共生之道的第五階段，即是從

公司生存、經過與工人合作、與其他公司合作、活躍於國際事務而達致主動促請政府成為公司的合作夥伴，合力推動共生之道。佳能利用科技為社區提供服務，包括協助盲人閱讀、啞人溝通。共生之道開始從公司走入社區。在走向世界的階段，公司在發展中國家投資設廠，為當地人製造就業機會，平衡財富不均。在那些與日本有貿易不平衡的國家內建廠，平衡貿易差，亦積極推行環保政策，保護自然生態。

處於共生第五階段的佳能，在政府的重要政策上積極參與，提出改革建議，包括改革稅制及政制（將權力從東京向地方下放，建立一個包括10個自治性強的州、中央政府權力縮小的聯邦體制），令共生之道更能有效落實。賀來隆三郎推動共生精神的更大膽嘗試，就是與競爭對手建立共生關係。接著，佳能與德州儀器、惠普及柯達建立合作關係。將共生之道切實推行，公司與所有利害關係人建立互利的關係，促進共同善。[13]

共生之道的傳承

今天的總裁及執行長重申，自公司1988年推行共生之道以來，共生的經營哲學：不管文化、習俗、語言、種族，誠心企望所有人未來能幸福和諧地共同工作與生活，一直引領公司前進。他承認目前的經濟、資源及環境令共生難以實現。配合共生之道，佳能還有「三自精神」的指導原則。三自指：(1)自我動機：對所有事情採取主動及有預見之明，(2)自我管理：以責任及問責指導自己，(3)自我警覺：了解自己狀況及在所有情況下的角色。[14]

2016年已進入1996年推出的全球優秀企業計畫的第五期，政策重點在於用大戰略轉變達成增長。面對的挑戰包括物聯網、大數據、人工智慧，都會帶來社會及民眾日常生活的巨變，科技創新亦會加速。除了加強照相機及辦公室多功能設備的生產外，會擴展新事業群，包括健康護理、網路照相機、商業印刷及工業設備等。到2050年，全球人口數預計超過100億，其中65歲以上人口是現在的兩倍多，即14億人，對健康護理的需求大幅增加。此外，隨著全球人口都市化，都市人口預測會增加50%到70%，都市需要新的基建來維持住民生活的安全與治安，這些都是未來公司商機及創新的領域。[15]

註 釋

1. 這份報告在他個人的書信文獻中找到。

2. Tom Chappell, Minister of Commerce. *Business Ethics* Jan/Feb 1994.

3. 這只是流行的世俗功利主義，並非功利主義的全部，功利並不等同於利潤，是涵義更廣的效益。

4. 部分資料來自筆者1998年1-2月《信報》有關的文章。

5. 見Tom's of Maine官網https://www.tomsofmaine.com/our-promise/our-mission. 及其連接。

6. 1997年4月北京國際商業倫理會議期間，松下集團管轄下的「和平幸福繁榮研究所」〔Peace and Happiness through Prosperity（PHP）Research Institute〕研究部的山口徹（T. Yamaguchi）教授惠贈的有關松下管理之道的論文。

7. 公司業務訊息是全面公開透明的，但有關員工的隱私則要保密。員工的私事、工資及績效評定，則不屬於公開範疇。

8. 詳見「松下幸之助，1997，第三章」。

9. 部分資料取自筆者《信報》1997年7至11月有關松下哲學之文章。

10. 筆者2008年7月16日至大阪松下圖書館，訪談負責Panasonic集團企業文化的執行長，獲悉集團每年定期對員工做企業文化的培訓，讓員工熟悉松下企業文化，使松下思想得以傳承。

11. 江口克彥，2010，下同。

12. 賀來隆三郎在2001年逝世，享年75歲。

13. 部分資料來自筆者《信報》1997年11月到1998年1月間的文章。

14. Corporate Philosophy & Spirit, Canon, https://global.canon/en/vision/philosophy.html. Accessed April 29, 2019.

15. How Canon uses its company culture to deliver global change. Q&A with Canon. Interbrand. https://www.interbrand.com/best-brands/best-global-brands/2018/ranking/canon/how-canon-uses-its-company-culture-to-deliver-global-change/. Accessed April 29, 2019.

企業文化的倫理治理

公司領導人最終得以身作則。

——提姆·庫克（Tim Cook），蘋果電腦執行長

企業是組織，組織需要倫理，組織倫理是企業文化的重要組成，組織倫理的好壞，決定企業文化的優劣。組織倫理包括了組織成員的道德信念、價值、行為、態度、互動模式、倫理氛圍等（Freeman & Gilbert, 1988; Guerrette, 1988; Sims, 1991; 2003; 葉保強，2016a）。影響組織倫理的因素，大致包括個人因素、組織因素、社會（含政治經濟）因素等，而組織倫理的治理模式有以外加規範為主的，有以內在約束為本的模式兩種。將良好的組織治理稱為倫理善治，本章以倫理資本的維護為主軸，探討如何達到善治。本章先探討影響組織倫理的因素，跟著論述如何治理組織倫理，最後討論倫理善治的策略。

影響倫理的因素

組織是一個複雜體，成員的倫理行為受到包括企業基本信念及核心價值、權力結構、溝通模式、工作壓力、角色衝突、責任結構、價值及規範、領袖效應、合眾（conformity）壓力等因素的影響（Jackall, 1983; Keogh, 1988; Luban, et. al., 1992）。組織因素外，個人自身的性格、自我認同、價值信念等，亦跟倫理行為有密切關係。企業之外部環境、經濟政治社會法律狀況，亦會影響企業倫理。

組織因素

影響員工倫理行為的組織因素，主要有以下幾個：❶

一、**基本信念、核心價值、經營規範：**企業是否有正確的信念及價值，對員工的行為有深遠的影響。正確的信念及價值是具備正當性的，可以禁得起道德的審視。企業必須明確地制定其信念價值及規範，包括對錯、好壞、善惡等作清楚的界定。企業若將顧客利益的維護、員工福利的照顧、社會責任的執行、環境品質的保護，或其他類似的項目視為經營原則，這些原則反映了正當的價值與信念。企業若不惜任何代價，只關心獲取利潤；或不理員工的勞工權益，只關心生產效率；或公司不惜違法亂紀，財務作假；或刻意銷售不安全的產品，這些行為或政策反映了無正當性的信念或價值。這些不正當的信念或錯誤的價值，是不道德政策或行為的溫床，直接或間接誘導不當思想及行為的出

現。持有正當信念及價值的企業，為倫理行為提供了基礎，但若沒有轉化成實際的行為，即信念或價值只停留在言文層面，未能付諸實行，亦難有實質效應（McCoy, 1985）。信念及價值不只是思想，還需要變成日常行為，才是活的信念及價值。有助於思與行的結合，需要有衍生行為的中介因素，領導效應及誘因機制即是其中重要的兩個。基本信念及核心價值必須要被員工知道其存在，了解其涵義及認同其重要性，有了這些才會出現真誠的行為。信念及價值必須公開，廣泛傳播，尤其對新聘員工，要作適時培訓宣導。

落實信念價值主要是靠規範守則，利用具體的條文，指引員工的行為。跟信念及價值一樣，規範或守則若只是門面的文件，公司不在乎員工是否有遵守的話，員工亦不會認真遵守這些規則。規範守則只是虛文，員工在無規範、無守則的狀況下，犯錯出軌的機會自然大增。

二、**領導層**：領導層包括董事會成員、總裁、執行長及各高層首長，中層的領導主要指中階經理，他們言論、想法、態度及行為，都會影響員工的倫理思維、態度、行為。高層及中層領導人在組織內扮演了「重要的他者」（significant others）的角色，一言一行對員工都有直接或間接的影響。研究發現（Trevino 1986; Arlow & Ulrich, 1980; Carroll, 1978; Posner & Schmidt, 1984; Ross, 1988），若上級的言行不一致、只說不做、口是心非、言詞閃爍、陳腔濫調、言不由衷、前後不一、裝腔作勢、惺惺作態等，都會產生壞效應，令員工懷疑上司的真誠，不會認真對待上級的指導或訓示。

三、**獎懲制度**：獎懲機制是鼓勵道德行為及懲罰敗德行為的制度，準則必須是公正、公開及透明的，並且有效執行，才能發揮應有的功能，取信於員工。若獎懲的執行不是一視同仁，而是因人而異，同類的犯規行為，位高權重或有關係的一罰法，一般員工用另外的罰法，對公司作同類貢獻，執行長的親信得到的獎勵豐厚，一般員工獲得普通的獎勵。這樣偏頗的獎懲機制是沒有公信力的。如上文所言，組織亦對什麼是可接受的行為、什麼是不可接受的行為作明確的界定，並公布於組織內，令員工知悉及遵行。獎懲的準則應建基在企業的基本信念與價值之上。對善行、惡行應有明確的態度及措拖，而不應姑息、視而不見或鄉愿混過，否則職場會淪為是非不分的場所。除此之外，考核員工績效的評鑑、獎懲機制與倫理表現掛鉤，對組織的倫理行為是有積極作用的。

四、**職場壓力**：研究顯示，壓力經常會導致職場的不倫理行為。❷職務本身就有來自多方的壓力，容易產生不倫理的行為。例如：採購人員經常遇

到受賄的引誘，客戶或供應商可以用回扣或輸送利益來誘惑，行賄是檯面下的交易，很難被察覺，增加受賄的誘因。雖然如此，員工仍會心感不安心，因為公司可能有禁止賄賂的規則，受賄員工會飽受煎熬。另外，假若上級有命令要完成某項交易，這種無形的壓力會迫使員工鋌而走險。另一個例子，審計師（auditors）可能被客戶暗示要對虛假的帳目視而不見，若依客戶的指示就違反專業守則，但是大客戶得罪不得。這類壓力導致倫理犯規的事例司空見慣。此外，組織內人員亦為了完成組織訂定的目標，而不惜作出違規的行為（Schweitzer, 2004; Shah, et.al., 2002）。美國的一個調查顯示（Sims, 2003），有三分之二的中階經理表示，公司下層員工受到上司的壓力，為了討好上司，將自己認為對的事情都擱置一旁。一般而言，假若公司沒有明文的倫理政策及重視倫理的組織文化，工作壓力通常會是當事人不倫理行為的原因。

　　五、角色衝突： 組織為成員所界定的角色是否合適，彼此是否互相補強，還是互相矛盾，都跟成員會否作出不違反倫理的行為有密切關係。若組織成員角色是球員兼裁判，就很容易會做不公不義的事。例如：媒體企業要同一個人兼廣告行銷、新聞報導及評論，這類角色衝突容易產生為了討好大客戶而作出偏袒的報導或評論，有損新聞客觀公正。又例如：成衣廠商的製造部門主管與品管主管由同一人來擔任，角色衝突很難避免，品管自然不會嚴格審查自己製造的產品，挑自己的毛病。又例如：醫療事故的監督委員會員成員若全部是醫療人員，就容易產生角色衝突，無法防止醫醫相護的相互包庇；或發生事故的醫院調查委員會若由涉事醫院人員組成，自然會由角色衝突的嫌疑而沒有公信力。

　　六、工作類型： 工作類型與倫理行為有不同程度的關聯。一般而言，處於組織訊息樞紐位置的員工，比位於訊息邊緣的員工有較大機會遇到倫理問題。例如：各層級的經理由於都接觸到較多的訊息，知道不少狀況，因此遇到涉及倫理情況，或要作出倫理決定的機會，會比一般員工高。另一方面，經常與公司外部利害關係人打交道的員工，包括行銷部、客戶服務部、採購部、公關部的經理或員工，比那些活動只限於公司內部的員工，有更大機會碰到倫理的難題。公司的董事會成員及公司的執行長、資訊長、營運長等人掌握及接收最多的訊息，包括投訴或告密等，必須面對伴隨訊息的倫理問題。

　　七、公司對倫理的承擔： 公司對倫理行為效用的不同理解，會影響公司倫理決策與行為。有的公司認為商業倫理會加強公司的競爭力。例如：員工有

道德可以減少他們偷竊，因此減少公司財物損失，及減少投入防盜的支出；公司有倫理會幫助建立好商譽，留住客人，吸引新的顧客，吸引優秀人才到公司服務，獲得銀行良好的信貸，或能與其他優良公司合作等。例如：嬌生（Johnson & Johnson）把其銷路極佳、但被下了毒的止痛藥Tylenol（見第一章）從市場全部收回，使公司損失不小，但卻贏得了社會的讚賞。相反地，有些公司則認為倫理會削弱競爭力，理由是要遵守商業倫理會增加公司的經營成本，如投入培訓員工的倫理，或購買防止汙染的設備等開支，因此減少公司的利潤（Matthews, et.al., 1985）。

　　八、**倫理文化**：文化中有關道德的部分稱為倫理文化（ethical culture），界定行為的對錯、善惡、好壞等（Martin, & Cullen, 2006; Mayer, et. al., 2009a）。組織內成員對是非對錯，可／不可接受或可／不可容忍等行為的感覺，形成了倫理氛圍（ethical climate）。倫理文化容易產生倫理氛圍。研究發現（Yener et,al., 2012; Parboteeah, et. al., 2010），倫理氛圍對員工的職場倫理行為是有影響的。正道的倫理文化下，則去惡存善的效應明顯；反之，則容易滋生敗德文化（immoral culture），助長作奸犯科等敗德惡行。另有一種是無德文化（amoral culture），是全無倫理內容，缺乏是非標準，倫理虛無，導致善行不會受到鼓勵或支持，惡行不會受到遏止或制裁，不義之事因此容易滋生。無德文化跟敗德文同樣會衍生或助長不義之行，分別是後者比前者含有更多成惡的積極因素。

◆ 個人因素

　　組織是成員倫理行為的重要影響因素，但不是唯一因素。個人的成長背景、教育、社會化過程等，對個人的倫理性格、思想、態度及行為都有深遠影響。除了其道德認知、道德動機之外，內在於道德行為人的個人因素有許多種，包括：(1)道德身分或認同（moral identity）（Shao, et. al., 2008）是個人所認同的道德價值所形成的道德自我，跟道德行為密切相關。一般而言，個人會傾向作與道德身分一致的判斷。(2)道德信念（moral beliefs）：個人心中接納的對錯是非標準，都跟道德行為有關聯。一般而言，有道德理念的人比較容易作符合倫理的事。相較之下，只求目的、不擇手段的人，比較容易作惡違規。(3)倫理敏感度（ethical sensitivity）是個人對倫理問題的覺知能力及對問題重要性的判斷能力。倫理敏感度低的人，很難察覺倫理問題的出現，亦很難對問題重要性作出正確判斷。(4)同理心是逆地而視、逆地而感的能力，容易

感受對方被不善對待的感受，對不道德行為有較大的自我約束。除此之外，個人過去的倫理經驗，亦會影響該人現今及將來的倫理思想行為。如果某一倫理思想或行為經常受到強化（例如：受到鼓勵或讚賞），或敗德的思想行為未受到應有的批判或懲處，久而久之，透過強化或放縱，加強個人的背善向惡傾向，容易導致不道德行為（Jones, 1985; Luthans & Kreitner, 1985）。

經濟政治社會環境

除了組織因素之外，社會大環境（政治、經濟、社會狀況）是影響組織行為的重要因素：經濟衰退、政治腐敗、法治落後，社會互信下滑、道德沉淪等，都會影響組織倫理。上世紀八〇年代後期，美國1988年的一份調查*Touche Ross survey 1988*（Stead, et. al., 1990）顯示，受訪的公司行政人員認為，外來的競爭會導致商業倫理下降；強烈競爭令公司傾向短線炒作，僅顧眼前利益，無視社會公益。另一種情形是跨國大企業在全球不同地方經營，採取多重倫理標準，經常出現的作法是，在本國遵守倫理規範，在別國，尤其是落後國家，則違反本國倫理規範，做不道德的經營。例如：在本國嚴守防貪的法規及公司規範，但到貪汙成習的國家則經常行賄官員；在本國遵守保護消費者隱私的政策，但在國外則對消費者隱私被侵犯視若無睹。法治水準低落會導致基本人權自由，包括消費者的隱私、員工勞動權、智慧財產權等經常被侵犯，公義不能伸張；或有法不依，執法不嚴，亦會製造很多不公平，若配合的是權貴橫行的腐敗政權，無權無勢的一般民眾或小商戶經常無法受到法律的保護，權貴的違德行為可以是無底線的，無權者容易成為受害者。

產業的倫理氣候亦會影響組織倫理。上世紀九〇年代末期伴隨著安隆弊案（Enron Scandal）的一連串企業欺詐案，則是最好的例子。另一個著名的例子發生在超過半個世紀之前，著名企業奇異公司（General Electric）與其他企業合謀操控市場價格。九〇年代的弊案，涉及整個產業及金融行業、會計行業的欺詐，六〇年代的犯案產業則是製造業。造成這些弊案的大環境，都跟缺乏有效的法律約束、執法不力，或有關部門的監管失能有關。

組織倫理的治理

如上文言，影響組織倫理的有組織性的、外部的、個人的等因素。組織性因素可以管理，組織以外的因素無法由一家公司來處理，個人因素部分可在組

織層面處理。管理組織倫理，主要是針對組織因素而加以治理，要項如下：

以身作則，建立模範

執行長等高層是公司基本信念、核心價值、組織倫理的倡導者、維護者、模範生。領導層的言行，對周圍的人影響很大。執行長及高層經理必須扮演道德的模範生，透過一言一行來影響下屬。若位高權重的領導人缺乏誠信、操守敗壞、信念短淺，價值扭曲，言行不一，推卸責任、無承擔，很難期望其能在組織內發揮正面示範作用，培育出有誠信、好操守、有正派思想價值的下屬。公司的領導有倫理缺陷，組織倫理不可能不被波及。這是「上樑不正，下樑歪」的效應。組織權力規則之下，無德上位者若為非作歹，下屬會自願或被迫配合及協助，下屬要抗拒上級的惡行實在很難，醜聞或弊案揭發者（whistleblower）都會所受到上級嚴酷的打擊，沒有好下場，就是明證。無權無勢的下屬，不是為被威迫利誘成為弊案的共犯，就是敢怒不敢言，或視而不見，明哲保身。有些極端的情況，拒絕同流合汙的員工，會被犯案者視為風險，不擇手段令抗拒者成為合謀者，或迫抗拒者離開職場。真實世界中，警隊集體貪汙將不同流合汙者嚴屬地處理的個案司空見慣。組織內若廣泛存在腐敗，會製造無辜的受害者，組織要付出昂貴的代價。若領導人守誠信、有好操守，信念價值正道，則能身體力行。有承擔，自然會在組織內樹立良好榜樣，風行草偃，讓員工學習及追隨，促進組織倫理。

規範守則、發展策略

不少公司將基本信念、核心價值、規範等製成倫理守則，公諸於世，讓員工、客戶、供應商、社會等對公司的經營哲學有清晰的理解。倫理守則要發揮作用，必須用精簡的語言表述公司的核心價值、信念及經營理念。其次，要令所有員工知道、了解、認同守則的內容，自願遵守；只有基於自願及知情的接受，員工才會真心地遵行守則。要制定員工會誠心服從的守則，守則制定的過程非常重要。最佳的作法是讓過程完全公開，人人有份參與，對守則的內容提出疑問、意見，進行辯論及修正等。過程雖然費時耗資，但經此而形成的守則，由於有參與及共識作基礎，正當性自然高，同時員工會感到守則是自己也有份，是自己所擁有的，這種擁有感（ownership）令員工更傾向於遵守守則。有些公司在一般倫理守則之外，還鼓勵個別部門及單位，因應其特殊性，自行制定部門的附加守則。公司有好的守則是好事，但更重要的是守則是否能

切實地執行。很多公司會仿效著名的公司，在網站公開倫理守則，但只是門面包裝，絲毫沒有誠意執行，守則只是虛文，完全無助組織倫理。研究揭露，上世紀八〇年代，美國很少會計師認識其公會的倫理守則（Davis, 1984）。九〇年代安隆財務詐欺醜聞揭露，審計產業人員違反專業倫理相當普遍。另外，企業的發展策略亦應依照企業的使命及願景而構思，與基本信念及價值保持一致（Robin & Reidenbach, 1988），視發展策略為信念與價值的落實。

招才、育才、惜才

招募跟公司價值一致的員工至為重要（Sims & Kroeck, 1994）。在進入勞動市場時，個人道德人格大致上已經差不多定型。就常識而言，小人不會一夜之間就變成君子。同理，品德不佳的人很難在加入組織之後，很快就變成尊德尚義。事實上，組織對成員道德人格的影響相當有限。招募員工時，重視員工品德的公司會很細心挑選合適的成員。應徵者除了一般筆試之外，還會經過幾個階段的面試，令公司可以直接掌握申請人書面資料所無法獲取的個人資料，包括個人信念、核心價值、生活願景等。就一些重要的職位，有些公司還會僱用人力資源顧問蒐集及嚴格查核申請人的背景資料。這些工作有一定的成本，若不願負擔這些成本，可能會選錯人，日後要付出更大的代價。員工招募時可處理一部分影響組織倫理的個人因素。根據商業圓桌（Business Roundtable）1988年的一份報告，不同企業有不同的招募員工方法，將倫理條件納入過程之中。例如：化學銀行（Chemical Bank）要求申請人在文件上簽名，文件要求僱員遵守公司的價值及倫理標準，作為應聘的一個條件。另外，嬌生（Johnson & Johnson）在其申請入職文件中附上公司的倫理守則（Stead, 1990: 239）。

公司要發展組織倫理，必須投入時間、人才、資源，推行倫理教育，培訓員工。培訓目的是提高員工對職場倫理問題之警覺性，加強他們分析及解決問題的能力，藉此提升員工的倫理感。課程通常是短期的，內容包括討論公司的倫理守則，發掘及認識其深層意義，及守則如何聯繫到其職場工作。有的課程針對提高員工辨析能力，導師採用真實或想像的案例，通常用道德兩難（moral dilemma），教導員工辨識（identify）、分析、解決倫理問題。導師亦可用個案的情景，讓員工進行角色扮演，模擬面對倫理困局時如何解困，提升員工對倫理問題的敏感及意識。總之，組織倫理的發展是要經過持續經營，定期維護，才能生根、開花、結果。

獎懲機制，揚善抑惡

　　設立獎懲倫理行為的機制，獎勵員工的倫理行為（善行），懲罰不道德行為（惡行）。獎勵部分，類似對有貢獻員工的獎勵一般。懲處方面，有些公司不會高調處理惡行，或不會對敗德員工作實質的懲罰，通常口頭警告了事。要發揮獎懲效果，處理善行或惡行都要依循公開、快速、公正、透明的程序。這樣，員工就可以得到毫不含糊的訊息：善行受到支持，惡行受到制裁，公司的倫理政策是認真的，不是門面功夫。另外，獎懲制度要有效，必須有以下的配套措施：(1)報告違反倫理行為的機制，包括對不倫理行為或惡行的明確定義、報告管道、報告程序、隱私保護，及相關量度倫理行為的指標。(2)對倫理行為獎懲應列入員工每年的工作績效評鑑中。(3)設立監察公司的倫理表現單位，與倫理報告機制配合。例如：化學銀行（Chemical Bank）設立了完備的內部及外部審計系統（audit system），鼓勵員工檢舉不當行為。執行懲處不當行為時，若犯事者是位高權重的領導層、或後臺硬的員工，獎懲制度仍能一視同仁地運作，是考驗倫理機制是否有效的重點。依商業圓桌的報告，絕大多數公司都會採取果斷手法，將無德的員工立即開除，或快速懲處，並很快地將這個訊息向公司每個員工公布。

　　總體而言，在組織內落實倫理，除了要有高層的全力支持外，還應有下面的機制：(1)設置執行長的倫理顧問（ethics advisor），為執行長提供意見及指引。(2)設內部倫理審計委員會（ethics audit committee），監察及審計公司內的倫理問題。(3)設立倫理專員（ethics officer），處理公司內的倫理問題，包括監察、量度、報告、顧問、培訓等方面。(4)設立倫理對話小組，加強員工對倫理問題的注意與溝通（Payne, 1991）。(5)員工通訊可以開設倫理專欄，討論有關倫理議題，提高員工對倫理的關注。

治理模式

　　上世紀九〇年代開始，美國的開明企業已經認識到倫理的重要性，推行組織倫理建設及改革。倫理改革、建設的方案或措施，按公司歷史傳統、創辦人或領導人、所屬的產業而制定，粗略可分為兩大模式：守法型（Compliance Model）、誠信型（Integrity Model）（Paine, 1994; Sharpe-Paine, 2002; Rossouw and Vuuren, 2003）。前者集中於法令及規則的遵守上，成就的是他

律倫理；後者用心發揮員工內在的道德，成就的是自律倫理。他律型治理依賴他律倫理，自律型治理以自律倫理爲本。

他律型治理

他律型治理的重點，是要求員工遵守政府的相關法令及監管規則，及公司配合法令而制定的守則。1991年美國政府實施的聯邦判決指引（The Federal Sentencing Guidelines 1991），是啓動企業倫理改革的關鍵原因。事實上，指引基本上主導著商界的倫理改革方向，倫理改革主軸在於培訓員工守法，找出組織內可能導致違法行爲的環境，然後設立監察系統及懲處機制，以防堵不法行爲的出現。配合這些措施，企業推出倫理發展計畫，包括制定倫理守則等。組織倫理的治理，等同於監督及管理員工的行爲是否有遵守法令與倫理守則；違反公司守則者會得到糾正或處罰，行爲優良的員工獲得獎勵。推行他律治理主要是基於功利的考量，就是要透過減少違法的行爲來避免受罰，減少公司由於歧視、貪汙或欺詐被罰而導致的財務損失；此外，維持良好商譽，是吸引顧客、投資者及優秀員工的好方法。

有效的管理必須讓員工清楚了解法令及倫理守則，因此要執行不斷的培訓，讓他們熟悉法令及倫理守則內容。須特別注意的是，公司所制定的倫理守則條文經常寫得很籠統，內容不夠詳細具體，只能提供一般指引，未能完全發揮規範及評鑑的作用。問題是，不管倫理守則寫得如何的詳細，亦無法預見未來的狀況，所以，要培養員工解困及決策的倫理能力。除此之外，有企業會設立倫理專員（ethical officer），爲員工提供必要的支援，協助他們解決問題。

他律型治理有待克服的困難還有：(1)員工心中間接滋生一種不被禁止的、或是被容許的聯想，但規則不禁止的，並不等於就有倫理正當性。問題是，他律型模式所營造的，正是依規則辦事的氣氛，規則不予禁止的，就變成可以做了。(2)壓抑個人發展自律自主的意願，阻礙主動承擔責任的習慣形成。由於約束及指引行爲的規範來自政府，不是發自組織，尤其是員工個人內心，久而久之，便形成一種被動的依規章辦事的組織文化，一旦遇到守則沒有顧及的狀況，員工就不知所措，或胡亂回應。(3)他律型管理必須配合有效及全面的監控與執行機制，才能保障員工遵守規則，因此需要投入不少的行政資源，包括研訂更多守則或指引，及安置更多監控、協調機制及人力。問題是，行政成本高，不一定保障好的效果。

自律型治理

要建立穩定而持久的組織倫理，僅靠圍堵或阻止違法行為是不足夠的。引發及維持倫理行為，需要更積極的措施，包括認識倫理的涵義及對倫理的真正承擔。自律型治理主要是建基在此原則上，努力培訓員工守法倫理，發展其倫理行為及感情，從被動的不違法的思維及行為傾向，轉向主動做倫理上正確的事，並了解其理由。只有員工自願及理解倫理承擔，成為有道德自律的人，組織倫理才有希望持久及穩定。值得注意的是，自律型模式並不否定守法的必要性，而是強調守法的同時，養成員工的道德自律性，加強倫理承擔；同時更要求管理層承擔組織倫理的責任。其次，自律管理與他律倫理有共同的地方，包括制定行為守則、培訓員工熟悉相關法律、舉報及偵查不當行為、設立監管及審核員工在守法和遵守行為守則情況的機制。

自律型治理將公司核心價值、信念及規範清楚地展示，將其整合到公司策略及經常性的營運之中。策略有以下的特色。首先，公司會視倫理改革為推動組織發展的一股力量，倫理價值直接影響組織結構、決策形式及過程，及公司與外面世界的關係。另一方面，倫理價值可以協助整合組織不同的功能，凝聚力量，及標示公司所代表的精神。

有效的自律型方案有以下特點：(1)制定的指導性價值及倫理是合理的，而要求員工對這些價值及倫理的承擔亦是合理的。此外，必須清楚地將價值告知每一名員工，並將價值及倫理內在化。合理的價值、倫理有幾個特性：能感動、能贏得員工尊敬及信服的價值與倫理；不會陳義過高，難以付諸實行；討論這些價值及倫理時，不會產生不安或尷尬；容易應用這些價值及倫理在日常工作上。值得留意的是，對這些價值及倫理有不同解讀是自然的，公司應容忍由不同解讀而來的爭論或緊張，要在尋求共同價值及倫理的前提下，鼓勵員工求同存異，建立共識。(2)企業領導層對這些價值及倫理必須展示真正的承擔，才能取得員工的信任。領導層必須願意檢討自己的行為及決定，保持言行一致；了解口是心非、言行不一容易破壞互信。領導層必須樹立良好的模範，發揮身教效用，特別是在複雜棘手的倫理衝突發生時，要敢於承擔責任及作出抉擇，切忌優柔寡斷，不問是非，含混過關。(3)領導層要有適當的倫理知識及技能，包括知性及感情上有能力作正確的倫理判斷與決策。保障領導人有此能力，經常的培訓是必須的。(4)企業所信守的價值及倫理必須整合到決策的機制之中，與公司的核心組成及活動，包括公司目標、長線規劃、資源分配、訊息傳遞、人才培訓、員工績效考核整合起來。(5)公司的組織結構及主要機

制必須支持及強化這些價值及倫理。這些價值應滲透在公司的資訊系統、報告及評估系統之內。

　　自律型治理雖然有不少優點，但不是完美無缺的，有待克服的困難如下：(1)員工被給予較大的道德自由空間來做判斷及策略，若沒有配套的培訓，確保他們有倫理的解困能力，可能導致自由的濫用及不道德行為的出現。(2)員工自律的加強可能會導致公司內部的倫理爭議增加，有些員工可能會經常用倫理的理由挑戰公司的行為或政策。另一方面，公司愈大，員工之間的個人倫理價值的差異愈大，太大的倫理差異會導致管理上的困難（Rossouw & Vuuren, 2003）。

倫理善治策略：倫理資本

　　凡有助於社會生產力的物品，都可視為資本，企業需要多種資本來協助其生存與發展。除了金融資本（financial capital）及物質資本（material capital）外，企業還有賴人文資本（human capital）（Becker, 1993; Burton-Jones, & Spender, 2011）、社會資本（social capital）（Bourdieu, 1985; Coleman, 1995; Cohen, & Prusak, 2001; Mele, 2003; Napapier, & Ghosal, 1998 ）及倫理資本（ethical capital），才能維持有效的營運，永續發展。

　　倫理資本（Ip, 2005, 2014; 葉保強，2016a, 2016b）是鑲嵌在組織之體制（含規範）、文化（含價值信念）及人員（含領導）內的倫理元素，指引及約束成員的道德行為及互動，促進及加強組織合作與生產力，有利於組織及社會。對大部分平庸的組織而言，根本不知或不重視倫理資本，組織上下心中根本沒有這個概念，只有少數重視倫理的組織才會珍惜倫理資本及對其悉心培育、維護。事實上，倫理資本是根據對善的價值之承擔及積極尋找而獲取的，並不是在價值虛無、信念錯亂下，自然而有的或隨意而得的。如其他的資本一樣，倫理資本是珍貴之資源，得來不易，要悉心照顧，不斷深耕細作，令其茁壯成長，才能永續地支撐及維護組織倫理。倫理資本是企業倫理治理的策略資源，是倫理善治的基本。下面以人才、體制、文化來探討倫理資本。❸

人才

　　組織倫理需要的人才，除了知識技能才能之外，同樣重要的特質就是其道德能耐：道德意識、解決道德問題的能力、道德情感、為善之意志。人才具備

行善去惡的強烈行為傾向，言行一致，身體力行，思行統一。道德能耐要經年累月地養成，非天生而有，個人有意識地自我修養至為關鍵，重點是，組織倫理必須辨識好蘋果，並將之維護與提升，讓其發揮善的力量。簡言之，人才必須才德兼備，一些公司甚至視德比才高。這個要件近似常識，但能真正了解其真義者少，將之切實執行的更少了。有才無德、無才無德、有德無才都不是人才。值得注意的是，劣質人員是組織倫理腐敗的主因之一。組織倫理的人事政策要項，是識才、招才、育才、惜才、留才（Pfeffer, 1994, 1998）。辨識什麼是人才，吸引及尋找人才，不斷培育人才，令其更強大；留住好人才，令其為公司不斷增值，都是人才倫理資本增長及維護的重點。優秀人才自然願意留在優秀的組織內。而好的組織自然會留住好人才，吸引更多人才。這是善循環的規律。

體制

組織的結構、程序及鑲嵌在其中的價值、規範構成體制，給予人員互動合作的行為框架，指引及約束行為與互動，形成秩序。結構與程序已談論過，不再贅述。依據基本信念、核心價值而製成倫理規範守則，界定組織人的義務權利、合作規範、期望行為，作為組織人行為準則及指引，讓其知所行為（Healy, & Iles, 2002; Tyler, 1990, 2005; Tyler & Blader, 2005），這些上文已有詳論。另外，企業的發展策略亦應按照基本信念與價值而制定，是信念與價值的實踐。再者，與之配合的是組織的監督（monitoring）及獎懲（reward and punishment）制度，它們是行為的誘因機制，擔負抑惡揚善的功能。值得注意的是，獎懲制度其實有兩種：正式的及非正式的。正式的獎懲制是組織公開、公布、明文規定以及會依照需要而實際執行的，非正式的獎懲是組織內的成員共同接受的潛文化，不必明說，但心照不宣，並且在適當時候可以透過同儕壓力、私語、疏遠、孤立等方式，來對不倫理行為作出制裁。再者，體制元素還包括有效的監督機制，偵測及防範不當行為，有效的監督可以發揮抑惡的功能，在廣義上可算是一種制裁工具（sanctioning means）（Tenbrunsel et al., 2003; Arlow & Ulrich, 1980）。

文化

文化首要元素是對的價值及信念（Collins, & Porras, 1994）：有道德正當性，有足夠普遍性（與不同的文化共享）（Schwartz, & Bardi, 2001; Tyler,

2005, 2006）。例如：多數不同文化所共享的人類基本價值（Schwartz, 1992, 2012），如安全（security）、成就（achievement）、快樂（hedonism）、普遍主義（universalism）、仁慈（benevolence）、自我引導（self-direction）等價值，都有這些特性。關於價值的其他內涵，在上文及論述創辦人價值時已有詳論，不再贅述。

　　文化是組織不完全直接看得見的抽象載體，卻會在無形中影響著組織成員的行事態度及行為，以及互相互動合作。組織透過各種社會化方式，使成員認同文化，加強凝聚力，及對組織的承擔，因此文化亦可被視為一種控制系統（Pettigrew, 1979; Hofstede, et al., 1990; O'Reilly, & Chatman, 1996）。社會化其實是一個系統的方法，使新成員將組織文化內化，教化過程分階段性，從招募開始，經歷新入職的首月學習，到在職訓練，以及跟資深員工互動學習，詳細注意工作的細則及績效的準則，到嚴格遵守組織的核心價值等。有效的教化在消極上有助於減低人員在組織內角色模糊、角色衝突、工作壓力、離職的意圖；在積極上提升工作滿足感及對組織的認同、承擔等。文化中跟組織倫理特別相關的是其倫理文化，即文化中有關道德倫理的部分，倫理文化（ethical culture）衍生倫理氛圍（ethical climate）（Ashkanasy et. al., 2000; Victor, & Cullen, 1988; Cullen, et at., 1993, 2003; Schwepker, Jr., 2001），是指組織內成員所認為的組織道德價值是什麼、什麼是倫理上可取的、什麼是倫理上不可取的、什麼是對的行為、什麼是惡的行為、什麼是好的合作、什麼是適合的關係、什麼是合理的互動等感覺，而這些感覺的總體構成了組織氛圍，而若重視倫理的氛圍，容易導致組織人的倫理行為；反之，倫理氛圍若輕忽，則容易鼓勵惡行腐敗。

倫理資本的育成與維護

　　一般而言，倫理資本跟組織正向行為有正面的關聯。基此，不妨作以下的大膽猜想：倫理資本若愈能成功地植入組織的重要層面，包括信念價值、規範守則、監控系統、誘因機制、倫理氛圍、人員（含領導層）等，愈能在倫理上產生積極作用。跟倫理資本融合的體制、文化及人員的融合性愈強，促進倫理行為的效應愈大，組織倫理體質愈健康，倫理壽命愈長。同樣重要的是，倫理資本要悉心培育及不斷地維護，實現在日常思想及行為上，倫理資本才是企業倫理的源頭活水。

註　釋

1. 葉保強，2016a，第4章；2016b，第7章。
2. 見Mandel, 2005; Sims, 2003; Schwepker, Jr., 1999。
3. 本節的部分資料來自「葉保強，2016a，2016b」。

第 9 章

企業基業長青

永續性的第一規則是與自然力量融合。

—— 保羅・霍肯（Paul Hawken）

企業能持續地保持其卓越，除了好的文化外，還須有配合的措施或政策。這些政策或措施，主要是有助落實企業文化抽象的願景、價值及信念，使其可以在現實上實現。事實上，沒有適當的政策或措施，願景價值或信念會停留在理念層面，無法產生實質的效應，縱使企業有如何宏大的願景，正當的價值、正確的信念，若不能變成現實，都會淪爲空想。卓越的企業會將價值信念透過適當的政策措施來實現，包括善待員工、消費者、股東、供應商社區、自然世界，製造改善人們生活水準的可支付產品服務、實行企業的社會責任，扮演企業公民的角色，利用其資源專業及人才及創新，協助解決社會及人類面對的問題，包括環境汙染，地球暖化，氣候變遷所帶來的巨大危機。具備良好企業文化及可行政策的卓越企業，是改變世界的一股巨大的善力量。

長青企業人文自然並重

這類卓越企業可稱爲「長青企業」，長青的涵義是萬古長青，長青指有宏大的願景、正當的價值、正確的信念，及有誠意與配合的措施將其實踐之特質。長青不等於綠色，關注面是更廣闊的，不局限於對環境的領域。長青企業基本上是永續企業（sustainable business）：以永續發展原則經營，及擁有永續經營能耐的企業。

長青企業基本上是以人爲本的企業（McGregory, 1960; Mele, 2003），政策及措施以尊重人的權利、福祉爲依歸。以人爲本雖以人爲關心要點，但並不表示忽略自然及其他非人類生物的福祉，以人爲本主要是突顯對人文世界中不同利害關係者的權利與福祉之關懷，且與對自然世界的關懷並不互相排斥。如上文言，人類是自然一部分，自然是人類母體存活之根。沒有自然，何來人類，遑論企業？生態崩壞，人類遭殃，商業還能倖存嗎？皮之不存，毛將焉附！長青企業不會藉人文而恣意破壞大自然。長青企業兼顧人文自然的福祉，是秉持自然人文主義原則，在永續原則下，貫徹人文的政策。下文探討長青企業相關的人文及自然政策。

長青企業人文政策

很多企業在陳述其公司價值時，經常會用「尊重員工」、「珍惜人才」、「員工是公司最珍貴的資產」、「尊重顧客」、「以客爲尊」、「以客爲先」、「關心顧客」等亮麗的文句，又或宣稱公司是以「以人爲本」，然而實際行爲卻與文宣有不少落差，經常出現違反員工權益、損害顧客利益的政策或行爲。導致這些言行分家、言不對行的原因很多，包括公司根本沒有文宣所示的價值，只是跟風作門面裝飾，或對宣示的價值沒有真正的承擔，因此很難出現實現相關的政策或行爲；或公司有這些價值，但卻沒有制定相關政策或措施將其落實；或公司制定的措施不得其法；或員工缺乏培訓，未能有效執行相關政策。無論如何，假定公司真正相信以人爲本的價值，制定、落實有關政策及措施是關鍵點。❶

長青企業必須按照以人爲本的原則制定相關的政策，有管理學者（Pfeffer, 1998）提出「尊人生利」（building profits by putting people first）的管理策略，可作爲實現以人爲本之原則的具體方案，提供長青企業參考。Pfeffer建議的策略或政策，包括職位隱定、就業保障、精挑細選員工、建立自我管理團隊、分散組織決策（非集中化決策）、按績效報償員工、持續及廣泛的培訓、減少職位的區別（包括衣著、語言、辦公室、薪酬差距）、廣泛分享財務及業績資訊等。各政策的內容分述如下（Pfeffer, 1998: 64-98）：

職位穩定，就業保障

全球化的衝擊下，近年不少公司爲求生存、應付競爭而控制成本、大幅裁員，或將廠房生產外移，造成員工大量失業。公司精簡編制，提高效率，壓縮成本，使組織更靈活，加強競爭及優化生產是無可厚非的。然而，假若只是盲目的跟風，不管是否有真正的需要，只會大幅裁員減薪，以爲就可以提高競爭力，未免太天真及愚蠢，因爲這些不顧後果的作法，最後會傷害了公司。不少的證據顯示，不少胡亂精簡編制的公司未蒙其利，先受其害，因爲不少有才能的員工由於擔心裁員很快會輪到自己，急忙轉投他方，人才的大出血，導致了公司重大的損失。這種作法得不償失，無怪被譏爲「笨拙收縮」（dumbsizing）。不少證據表示，就業保障可提高員工的生產力，及加強對公司的忠誠，理由很簡單，當員工不會由於擔心做得不好，使公司的生產力降低

而導致失業時，自然會很放膽創新，公司生產力自然會提高。對比之下，終日憂心飯碗朝不保夕的員工，肯定不會為公司努力拚搏而敢於創新、全心投入工作。教訓是：當員工終日對是否能保住職位誠惶誠恐，當他們認為公司生產力的降低隱藏著自己的職位將不保時，所謂創新、生產力提高、忠心、合作、奉獻、信任、合作等有助公司發展的積極因素，將無法維持及很快會流失。

就業保障的另一好處是，留住人才，以免流失到競爭對手的公司。真正以人為本的公司，會真正的珍惜人才，視為戰略性資產（asset），而不是成本（cost）。真正惜才的企業，不會輕易解僱員工。就業保障亦有助公司更為小心的招聘新員工，避免超量僱用。僱用一名優等的員工，勝過僱用數名平庸的員工。就業保障亦能在僱主與員工之間建立長久的互信，有利彼此和諧合作。此外，就業保障鼓勵員工對事業採取較長線的考慮，及關注公司的長線發展，最終為公司帶來好的業績。就業保障必須與工作表現掛鉤，員工必須有優良的工作表現，這可避免就業保障養懶人、保護平庸的指責。

招聘員工，精挑細選

以人為本的企業投下大量人力、財力，精心挑選最佳的員工。以美國西南航空為例，1993年有9萬8,000人應徵各種職位，公司面試了1萬6,000人，但只聘用了2,700人。1994年求職人數12萬5,000多人，但取錄的只有4,000人！2015年，收到接近29萬的求職履歷，挑選了10萬2,000多人來面試，聘用的只有6,582人，只有求職人數的2%獲聘用。西南航空是優質企業，商譽甚佳，尤其對待員工有口皆碑。無怪乎公司每2秒就收到一份求職信！新加坡航空公司向來以管理優秀聞名，招聘過程相當嚴格，只有10%的求職者獲得面試，其中只有2%被取錄（Weber, 2015）。在選拔新員工時，特別重要的兩項是：(1)公司要清楚本身需要有哪些特質、態度與技能的員工；(2)應徵者的價值與理想是否與公司的價值理想一致。

究竟公司特別需要求職者具有哪些重要特質？答案是，除了專業知識技能與經驗之外，最重要的是求職者的性格、人生觀、價值觀等。這些人生觀、價值觀等，都是性格中相當穩定的組成，一旦形成之後，就不易改變。許多技術、知識都可以在實際工作上很快就學會，唯獨性格、態度、性向等卻難以培訓。例如：一個性格內向、不苟言笑，害怕與陌生人接觸的人，是很難經過培訓成為一個稱職的公關經理或行銷專才。注重團隊協作的公司，很難能將一名習慣獨斷獨行、個人英雄主義特強的員工培訓成為擅長與他人合作的團隊成

員。一家重視員工自我管理能力的公司，是不會錄用缺乏主動、事事聽命於他人的求職者。應徵者的價值觀是否與企業的核心價值彼此配合，亦是非常重要的，因為員工對人及工作態度、行為等，都受價值所影響，而改變成年人的價值很難。僱用價值觀與企業文化格格不入的員工，等於是自找麻煩。

團隊作業，權力分散

卓越企業深諳團隊的價值，及有效發揮團隊的功能。事實上，運用得宜，團隊作業至少有兩個好處：(1)團隊運作的特色，是成員的共同自我管理。與由外部監督操控的作業比較，團隊成員的自我管理較高，因團員彼此有較強的互依性，發展出較強的互信及彼此期望。明顯的效應是，團員之間養成自我期許的慣性，做事以團隊利益優先，避免令對方失望。(2)團隊成員的工作責任感、問責性（accountability）比較強，因為成員共同參與決策、共同作業、共同分擔完成任務的責任。(3)團隊各自取得由中央或高層授予的權力，授權令團員獲得非團隊作業無法取得的權力。依權力與責任對應的原則，即有權力就有責任，權力愈大、責任愈大。成員的責任感會伴隨授權而來，主人翁的感覺亦會隨之增強，會將團隊及公司的成敗與自己的努力綁在一起，做事更主動、更投入、更拚搏。

建立團隊，加強員工的自治，將權力分散，削減中層管理階層，優化決策流程，可節省開支，減低管理成本。在解決問題或決策方面，削去了中層管理，使決策更快，解決問題更有效率。

報償公平，按功衡賞

經營出色的公司通常都會給員工優渥的薪酬福利，部分原因是公司盈利能力強，有能力這樣做。另一方面，高報償可以激勵員工士氣，加強工作投入感，提高生產力。

美國企業如沃爾瑪（Wal-Mart）、家居維修中心（Home Depot）、微軟（Microsoft），西南航空（Southwest Airline）、谷歌、蘋果電腦、全食超市（Whole Food Market）等，都有包括分紅、股份制、股票選擇權等，獎勵制度。股份制對激勵員工的作用是明顯的，擁有公司的股份，等於是公司的股東，把自己當作僱主時，做事會特別起勁。原因很簡單，公司利益與員工利益綁在一起，公司成敗與自己息息相關。獎勵的基本原則是論功衡賞，將每年所得的利潤，按員工的個別工作績效來分配。分紅制度亦會帶來良好的效應，令

員工更能用心控制成本，因為成功控制成本所產生的利潤，最後他們亦會分享到。全食超市妙用團隊式的同儕壓力，將分紅與團隊績效掛鉤，績效愈好，分紅愈多；其中量度績效的一個指標是團隊每小時的營業額！

培訓員工，終生學習

全球化使企業之間競爭激烈，職場隨著變化的市場而變化，員工需要有靈活的適應力，敢於面對變化，及有經常學習新技術的態度與能力，才能有效回應要求愈來愈高的職場及市場。回應挑戰，公司必須不斷培訓員工，建立靈活且適應力強的工作隊伍。員工的培訓，除了針對業務所需的有關專門知識與技術之外，最重要的一環，則是培養一種應變能力與態度，包括一般解決問題、獨立思考的能力等。一般而言，應變技能與思維能力比特殊的知識或技能更重要，前者的目的是要員工成為創新的問題解決者，能在不同的崗位上很快學會有關的技能、有效地工作。要將培訓所帶來的效益完全量化是不容易的，因為員工對公司的忠心、對工作的投入及承擔是很難量化的，士氣亦很難用金錢來標示。

減少等級，縮短差距

要發揮員工的創意，必須加強他們對工作的投入與承擔，令他們覺得自己受公司重視，而不僅是一個數字或編號而已。要達到這個目標，公司必須營造一種少等級、少差別的企業文化，例如：職場的空間安排、停車位、互相稱呼方式、職稱、職場衣著等，都要表現出這種少等級、少差距的精神。傳統公司重視層級，用職稱來反映層級性，無形中使得員工之間，尤其是上級與下級之間的隔閡，不利互信的建立，妨礙合作。團隊取向的公司在職稱上展示了新思維，將員工皆以「夥伴」（associates）稱之。矽谷之祖的惠普電腦是職場平等主義的先行者，其他名店包括沃爾瑪、戈爾（Gore & Associates）、家居維修中心等名店都有這個傳統。工作時，員工用名字彼此稱呼，無須引用銜頭，可營造一種輕鬆親和的氣氛，打破上下的隔閡，方便溝通，有利於團隊合作。

平等主義亦應用到停車位、辦公室設計等方面。取消高階職員專用的車位，改為先到先得原則，每名員工都有平等的機會使用停車場的任何車位。辦公工作空間調配方面，執行長不僅沒有自己的辦公室，辦公空間的簡樸程度令人驚訝，與一般員工完全一樣。英特爾（Intel）前執行長及主席格爾夫（Andrew Grove）的辦公室，即是僅有隔板的開放工作間，傢俱只有一張電

腦桌及一張椅子。開創早期，亞馬遜書店（Amazon.com）創辦人及執行長貝佐斯（Jeff Bezos）的工作間，是在西雅圖總部的一個角落，辦公桌是以舊的大木門簡單改造的！沃爾瑪總部之簡陋，亦成為業內美談，創辦人森‧沃爾頓生前辦公的地方就是一座殘破的廠房，根本沒有什麼裝潢！當時沃爾瑪業務蒸蒸日上，在量販業中排名數一數二，今天則是全球最大的企業。很多人也很難將其雄厚的資產與其簡樸性聯想在一起！這些除了反映公司領導人的個人風格外，亦反映了平等主義的企業文化，與著重層級的企業文化形成了鮮明對比！在薪酬方面，少等級、小差別的公司高階職員與低階職員之間的所得差距，遠低於傳統公司。公司規定高階職員的收入不能高過一般員工的某個倍數。例如：全食超市的高階職員，每年薪資不能超過一般員工薪資的八倍。賓利雪糕（Ben & Jerry）亦有類似的薪酬政策。西南航空公司在1995年與機師達成協議，凍結薪酬5年；執行長凱勒賀（Kelleher）將自己的基本薪酬凍結在39萬5,000美元，為期4年，這個作法是美國業界少有的。這些公司高層的行為都反映了他們所持平等價值及團隊意識是偽裝不來的，平等主義及尊重團員的領導人，會贏得員工的愛戴及尊敬，使公司更團結，同心同德。

分享資訊，加強自主

員工是否能靈活工作，對問題有快速回應，必須有及時與足夠的資訊。為達到這個目標，必須將有關的資訊，包括重要指示、業績、財政狀況等，及時傳遞給組織成員，讓每個人知悉。資訊分享（information sharing）要與組織的權力分散（decentralization）（非集中化）及員工賦權（empowerment）互相配合，才可以加強工作效率。在資訊充裕的情況下，賦權的員工才能作出適當及快捷的回應，自主性自然會提高，不用監督或指示而能自行作業，逐漸達到自我管理（self-management）。賦權及分享資訊代表公司對員工信任，信任會激勵士氣、產生回報，提高互信。

沃爾頓主政沃爾瑪時，讓員工分享公司財務資訊，收到很好的效果，成為業界學習的楷模。全食超市在資訊透明化做得徹底，甚至將每個員工上一年所賺的報酬公開，讓每個人都知道。很多公司經常將財務資訊保密，不願公開與員工分享，只有少數高階管理人員才知道重要的資訊。員工由於缺乏及時和足夠的資訊，做事自然要事事請示上級，不能也不敢主動，導致低效率。公司不敢或不願與員工分享資訊，是對員工的不信任，害怕員工會將資訊洩漏給競爭對手；另外，有些管理人用資訊來增加自己的權力，或用作操控工具，壞結果

是增加下屬的不信任，及妨礙員工發展自主性。

這些政策或措施有多大程度的普遍性？是否適用於其他文化的企業？是有待觀察的。無論如何，這些原則落實到不同文化時，會與在地的習俗、傳統等結合，自然會產生程度不同的變異，但不會減低其人文主義政策的共性。

長青企業自然政策

自《布特蘭報告：我們的共同未來》〔*Brundtland Report - Our Common Future*（1987）〕出版以來，永續（可持續）發展成爲了國家發展及全球環保的架構理念。1992年，里約熱內盧地球峰會（Earth Summit in Rio de Janeiro）（The UN Conference on Economic and Development）150個國家正式確認永續發展理念，奉爲制定一般及特殊的發展政策架構。依布特蘭報告的定義：「永續發展就是滿足現代人的需要，但不會削弱後代人滿足其需要的能力發展」（"development which meets the needs of the present without compromising the ability of the future generations to meet their own needs"）。永續性概念其後經歷不少的加強與補充（Jacobs, 1999），更趨完備。按自然資本（Hawken, et al., 1999; Costanze, et al., 1997; Tibbs, 1992）進程，永續發展是維護自然及人爲資本的不耗損，在符合正義及參與原則下，使本世代的人之需求得到滿足，及後代的生活品質不會受到損害。❷

依照永續原則，業界分別制定相關的經營原則，考克斯圓桌（Caux Roundtable）的商業原則（principles of business），及CERES原則（CERES principles）都是代表。永續經營包括以下政策或原則：(1)推出對環境友善的企業政策、程序及產品。(2)採納汙染者付費原則（polluters-pay principle）及預警原則（precautionary principle），目的是吸納環境成本在生產成本之內，不將環境成本加諸於社會。(3)使用封閉系統，將生產所產生的廢物在生產過程中再利用。(4)使產品的壽命愈長愈好。(5)實行六R：回收（return）、再利用（re-use）、循環再造（recycle）、減少耗費（reduce）、再思生產方式（re-think）、生產機制再設計（re-design）。(6)避免使用有毒化學物。(7)負責產品的一生，及爲公司的決策永遠負責。(8)將經營視爲替顧客提供一生服務（lifetime service），而不是爲一件產品服務。

1991年，國際商會（International Chamber of Commerce）制定了永續發展的商界契約（Business Charter for Sustainable Development），列出的原則或政

策如下：(1)環境管理是企業的一個優先項目。(2)環境必須與公司各方面整合起來。(3)兼顧科學發展、消費者需要及社會期望，追求不斷的改進。(4)新制定的計畫要作環境評估。(5)開發那些不會對環境造成損害的產品及服務。(6)為消費者提供安全使用、處理及棄置產品的資訊。(7)發展一些有效率的設備或活動，將環境衝擊及廢物減至最少。(8)研究物料、產品及過程對環境的衝擊。(9)制定預警措施，防止不可挽回的環境破壞。(10)鼓勵承辦商及供應商遵守公司的標準。(11)制定處理意外的緊急應變計畫。(12)將對環境有益的科技在產業界之內及公營機構之內作科技轉移。(13)為公共建設出一分力。(14)在有關環境問題的一些重要的界面及關係上，加強對話及保持心靈開放。(15)執行環境審核，並告知重要的利害關係者。之後，秉持永續經營的企業數目逐漸增加。美國地毯品牌Interface是永續經營的先行者，依永續原則制定願景、價值及政策，成為商業永續的典範。瑞典宜家家居（IKEA）是另一家著名的推行永續經營之跨國企業，範例篇有詳論，在此不贅述。

　　長青企業按永續原則而生的自然政策或措施，是與人文政策配合成為一個整體的自然人文主義政策。以下是一些代表性的政策措施。❸

自然步驟

　　自然步驟（natural step）永續經營理念源自瑞典醫生羅伯（Karl-Henrik Robert）。羅伯醫生創立同名的環保組織，致力推動永續發展。自然步驟包括八個主要觀念：(1)再生：改用再生的原材料及能源。(2)可化解的：使用那些容易由自然中解體及轉化成新資源的物料。(3)可篩檢的：製造一些其成分物料可以容易分開來再造的產品。(4)自然：避免所有不必要干預自然及生態週期的。(5)節約：節約使用物料。(6)品質：選擇那些有長久生命的產品，若出現故障時亦可以維修的。(7)效率：好好計畫物料、能源、科技及運輸的使用，以最少的資源支出達到最大的效益。(8)再利用：再利用資源可以達到最大的資源節約。根據這些原則及觀念，宜家在上世紀九○年代初期開始推行永續經營的培訓。

生命週期產品

　　自工業革命開始，人類經濟生產都是在傳統生產模式下進行的，造成巨大難解的環境問題。傳統生產的產品成本只包括工資、土地、機器、原料、管理、技術等，並沒有將社會及生態成本計算在內，只將它們外部化，讓社會

及後代人來承擔。永續經營是對傳統生產的革命，採用準確反映生態現實的理念及原則，包括「生命週期產品」這個觀念。產品生命週期是指產品生態的生命週期（ecological life-cycle），而不是指其商業的生命週期（business life-cycle）。前者的成本包括一個產品從其搖籃到墳墓（cradle to grave）之間的生態成本，後者只包括產品生產過程之中的經濟成本。明顯地，商業週期成本只占生態生命週期的一小部分，忽視了物料使用的資源效率、產品棄置成本、回收成本、汙染成本等。現時絕大多數的公司，只關心產品的經濟成本，產品一旦到了消費者手中，責任就算完成；同時，公司亦不會關心生產產品的原料是否符合生態倫理。

搖籃到搖籃

永續商業（sustainable business）不只認識到產品生命週期這個基本道理，負起產品從「搖籃到墳墓」的責任，同時，還會跨前一步，承擔「搖籃到搖籃」（from cradle to cradle）的責任，用最創意的方法及科技，從設計、生產、行銷、維修、保養到回收等各方面，實行零汙染、資源效率、無廢物、零浪費等永續經營理念。依搖籃到搖籃的經營重點，從製造產品轉變為消費者提供產品功能的服務；顧客不用購買包括冰箱、空調、行動電話、電視機、音響、傢俱、汽車等產品，只租用產品，公司定期為顧客提供產品維修、保養、更換、棄置產品。

精益生產

精益生產（lean production）源自日本豐田汽車公司，視任何使用資源但沒有創造出價值的活動為廢物。例如：生產無人會用及不符合消費者需求的產品，生產過程中毫無必要的步驟，無意義的人流及物流等，都屬於廢物。精益生產包含五大原則（Elkington, 1999: 203）：(1)認真思考產品所創造的價值。(2)必須找出該產品的價值流（value flow）。(3)價值流必須連續不斷。(4)鼓勵顧客從整個系統中抽取價值。(5)參與其中的人要追尋完美。按類似原則，歐洲道瓊指數（Europe Dow Jones）所研製出來的「生態方向盤」（eco-compass），包含以下生產目標：(1)減低物料強度；(2)減少對人類健康及對環境的風險；(3)減少能源強度；(4)加強廢物再利用及再製造；(5)加強資源保育及使用再生物料；(6)延長產品的功能與服務。

必須承認，生態效益高的產品並不能保證在市場上有競爭力，因為消費者

選擇產品時，環境效益只是產品眾多性質的一種，而通常不是最優先的，其餘的性質如價格、品牌、耐用性、功能等，則會被視為更重要。目前的情況雖是如此，並不代表以後仍是如此。當公眾愈來愈重視環境生態價值，並且將這個重視變為行動的時候，生態效益本身雖然不足以決定一個產品的市場競爭力，但卻可以成為其競爭力不可或缺的條件。

長青企業人文精神

商業是共同價值、目標、利益的集體活動，形成了承載公共善（common good）的社群（Daly & Cobb, 1994），公共善代表了成員的共同價值、利益及期望。商業本身是一個社群（business as community），利害共同分享、共同分擔，成員之間互相依賴，共存共榮。更精確地說，商業是利害關係人社群，成員包括企業員工、客戶、供應商、競爭者、社區、政府、自然環境。在這個社群之中，全體的利益價值等（公共善），與個人的利益價值必須得到照顧及取得平衡，才能達到公共善的維護與促進。兼備上述自然與人文特性的企業文化，對達到公共善方面須能發揮積極的功能。

有學者（Mele, 2003）提出組織的人文化文化（Organizational Humanizing Culture），包括以下基本特性：(1)承認人的尊嚴、權利、獨特性、社會性及個人成長的潛能。(2)尊重個人及其人權。(3)對個人周圍的人提供關懷及服務。(4)在管理時兼顧公共財及特殊利益。人文化文化的一個良性結果，是對社會資本（social capital）的促進。社會資本是指那些可以促進成員彼此合作的元素，包括互信、彼此了解、共同價值等良性的社會聯繫（Cohen & Prusak, 2001）。社會學家發現，社群或組織成員之間的互信可以促進及加強彼此之合作。社會的合作要保持穩定及持久，成員間的互信是必須的，否則，社會合作只能停留在一些非常粗糙、不穩定及暫時的狀態。社會資本是怎樣產生的？社會學家（Coleman, 1995; Bourdieu, 1985）發現，感恩、尊重、友誼，及由成為社群成員而來的權利，產生了持久的人際關係，與人們相互之間的熟悉及認識，就會形成社會資本。

人文化的企業文化由於較能產生信任，因此可以產生成員對組織及其他成員的認同感（identification）、承擔（commitment）及忠誠（loyalty）。一種唇亡齒寒的共同體關係，包括認同感、承擔、忠誠（Mele, 2001; Mowday, et al., 1979; Oz, 2001; Reichheld, 1996, 2001; Steers, 1977）。這種關係使得成員就

算要犧牲個人的利益，亦能進行合作。有些學者（Mayer, et al., 1997）指出，價值可以塑造一種容易傾向互信的環境。例如：仁愛（beneficence）及誠信（integrity）就是兩種可以導致信任的價值。有學者（Korsgaard, et al., 1995）發現組織的正義若能保證得到實施，成員的互信及對組織的承擔亦會加強。

如上文所言，管理層的言行是否一致，對員工的士氣影響很大，口是心非，說一套做一套，會產生很壞的後果，破壞員工對管理者及組織的信任、承擔。❹員工認同組織的價值目標，及對這些價值目標或特定決策有承擔的員工，有利於合作。承擔感與願意合作兩者是有正面連結的；有承擔的員工會更願意實行組織的任務。忠誠亦有類似的功效。一些只追求業績，而不理員工死活、不尊重員工的組織，是無法建立互信的。在這類組織中，每個人都只會照顧個人的利益，不願分享，不全心合作，一有機會就會辭職他去。這些都是倫理資本的元素，是企業基業長青的關鍵成分。

文化助企業長青

21世紀知識經濟時期，知識、創新、服務、智慧財產權、品牌、文化等無形資產愈加重要，成為企業競爭力及永續經營的關鍵因素。面對急速巨變而來的挑戰，企業必須認識文化的重要性，管理好文化這項寶貴的資產，深耕倫理資本，秉持長青企業的原則及價值，與時俱進，不斷創新，方能永續經營，企業長青。

註　釋

1. 這段部分資料來自「朱建民、葉保強、李瑞全，2005」之筆者撰寫部分。
2. 部分資料來自「葉保強，2004」。
3. 部分資料來自「葉保強，2013」。
4. 一個對假日飯店（Holiday Inn）所做的研究（Simons, 2002），將那些員工相信管理層是言行一致及實現承諾的分店，與那些員工認為管理者言行不一及無信用的分店作一比較，發現前者的業績明顯比較優異。

第二部分

範例篇

第 **10** 章　宜家永續之路

人人都知我爲人節儉，宜家正是爲我這類人而開設的。

——英格瓦·坎普拉德（Ingvar Kamprad），IKEA創辦人

　　瑞典宜家家居公司（IKEA）在亞洲開店已近30年，然而，對宜家的永續經營有認識的人恐怕不多。事實上，從地球高峰會開始，宜家就開始跟少數具有前瞻性的企業一樣，開始反思環境責任，及如何將之融入經營，實踐永續經營（Bahr & Thompson, 2017; Hutchinson, 1997）。融合獨特的企業文化、創辦人的願景及價值，永續的思維，全方位的組織改造，宜家成功地從一家傳統的家居公司，演變成一家標竿性的「長青企業」：永續發展爲經營原則的企業（Dahlvig, 2011; Stenebo, 2012）。宜家走上永續的道路，經驗非常寶貴，可爲業界的楷模。

創辦人：經歷與價值

　　宜家之企業文化，基本上是創辦人坎普拉德（Ingvar Kamprad）的個人價值及經營哲學之反映。坎普拉德是瑞典人，出生於一座名叫「Smaland」的村莊，該處的特點是每家農莊門前都建有石欄，農民親自用石頭砌成，每塊石頭都來自本土，泥土味、鄉土味俱重，喻意恆久穩固，代表宜家經營理念。

　　1943年，坎普拉德17歲，創辦了宜家，公司很小，經營郵購。「IKEA」的名字是由四個字Ingvar、Kamprad、Elmtaryd、Agunnaryd的第一個字母組成，「Elmtaryd」是坎普拉德成長的農莊名，「Agunnaryd」是農莊所在地的村莊名。光從名稱來看，就感受到宜家鄉土味之濃。1976年，坎普拉德寫了本名爲《一名傢俱商的自白》（*The Testament of a Furniture Dealer*）的小冊子，贈送給每一員工。冊子其實是宜家的企業文化簡介，裡面扼要地陳述宜家的核心價值，包括簡樸、謙遜、誠實、整潔、有禮、敢於冒險、敢於與眾不同、經常質疑一些假定、敢於承擔責任、效率。《自白》重申節約是美德，浪費是罪行（Kamprad & Torekull, 1999）。其他的基本信念，包括：害怕犯錯是演化的天敵；急遽變化的世界及不斷擴展的市場帶來的挑戰被視爲機會，「不

可能」在宜家公司文化中是不存在的；「策略錯誤」是「學習」。宜家的核心使命是「每一天爲絕大多數人提供更美更多的生活」，氣概不凡，寓意深遠。

節儉是坎普拉德鮮明的個人「商標」。1997年《紐約時報》的訪問中，他說：「人人都知我爲人節儉，宜家正是爲我這類人而開設的。」也透露了他坐飛機不坐頭等艙，公司的高層也跟他一樣。節儉自然成爲企業文化的核心價值。坎普拉德貫徹節約之風，在城市之外尋找土地、建造店鋪，那邊的土地價格比城市便宜，此外，他專門購買折價的物資，減少銷售人員數量，用容易運輸的扁平盒子包裝傢俱組件，讓客人回家自行組裝。坎普拉德雖是全球超級富豪，平民作風依舊，節約如昔，自駕車VOLVO用了超過17年，仍會坐飛機經濟艙、火車二等車廂，經常到超市買折價貨，常等荼市場快關門時買廉價蔬果。「我節儉，我存在」，或可作爲坎普拉德一生重要箴言之一。

宜家1953年在阿姆胡特（Almhult）開了展示店，數年後，展示店成爲宜家的第一家門市店。六○年代，宜家店鋪遍布斯德哥爾摩、瑞典各地，以及丹麥、挪威。爲了減低成本，坎普拉德到波蘭採購原料，及在那裡設廠生產。七○年代，宜家在瑞士和加拿大開店。1985年，宜家首家店出現在美國費城。九○年代，宜家在東歐發展。到了2000年，宜家進軍俄羅斯和中國。宜家擁有的大部分店鋪中，大約10%是特許經營店。

爲了避開瑞典的高稅率，坎普拉德在1997年移居瑞士。1982年，他將宜家的控股權移交到荷蘭基金會，2013年他辭去了英特宜家集團（Inter IKEA Group）董事會的職務，讓最小兒子的馬蒂亞斯（Mathias）接班，成爲董事會主席。其餘兩個兒子在宜家集團也位居要職，協助弟弟業務。1986年，坎普拉德正式退休，但仍經常到各地店鋪巡視。2000年《富比士》（Forbes）的訪問，坎普拉德直言他的使命是爲大多數的普通人服務，因此必須貼近普通人，才能洞察他們的需要，爲他們提供最好的服務。完成這使命對他來說並非難事，因爲他本人就是徹頭徹尾的普通人。致力「要爲更多人締造美好的家居生活」，即是企業文化的基本信念。2018年1月27日，坎普拉德在瑞典家中離世，享年91歲。❶

宜家以特許經營的方式，先後進軍丹麥、瑞士、德國、加拿大、荷蘭、奧地利、美國、英國及亞洲各國，上世紀九○年代店鋪遍及歐美，其後進入俄羅斯、澳洲、日本和中國市場，成爲世界最大的傢俱零售店。

宜家屬於產品設計及開發型公司，本身並不製造傢俱及傢俱用器，而是依賴全球的一個供應網絡，負責貿易（採購）、批發及零售。根據2016年集

團資料，宜家集團（IKEA Group）在全球28個市場有340家店，全球傢俱零售在11個國家有22個提貨點及訂貨點。在15個國家有41個購物中心、18個國家有38個分銷點。全球員工數是16萬3,600人，生產9,500項產品。2016年財政的總營收是342億歐元，淨利達42億歐元。同期有7億8,300萬人次到訪宜家的店鋪，購物中心則有4億2,500萬人次造訪（Group Yearly Summary, 2016）。按2017年8月的資料，宜家全球分店增至403家，年度營業額高達383億歐元。

宜家文化

宜家集團總裁及執行長Peter Agnefjäll指出，公司優秀業績的關鍵是不追求短線利潤極大化，採取長線目標，大量投資未來發展。IKEA的經營理念：「我們的理想是為大多數人創造更美好的生活，我們希望能不斷提供種類多樣、美觀實用、價格合理，且讓大多數人可以負擔得起的傢俱、家飾品。」（宜家家居中文官網）宜家的企業文化展現了瑞典南部的Småland本土民風，人民刻苦勤奮、樸實無華、守望相助、親近自然。那裡是創辦人坎普拉德出生及成長之地，培育出他的人格特質，是其價值的來源（Urde, 2009）。

核心價值

IKEA核心價值在企業的官網清楚地宣示：

> 我們相信每個人都能貢獻一些有價值的東西，我們致力在工作中展示共同的價值。

◆ 團結一起（Togetherness）

團結一起是宜家文化的核心。當我們互相信任，朝同一方向邁進及共同歡樂時，我們會強大。

◆ 關懷人類及地球（Caring for people and planet）

我們要成為正向改變的力量。我們有可能為今天及未來的世代作出重要及持久的影響。

◆ 成本意識（Cost-consciousness）

愈來愈多人應有能力支付美麗及具有功能的傢俱。我們不斷挑戰自己及他人，務求在不折損品質下，用最少的成本製造出更多的利潤。

◆ 簡約（Simplicity）

簡單、直接及樸實的生活是我們斯莫蘭（Småland）的傳統（heritage）。我們忠於自己及親近自然。我們不拘謹、務實，視官僚主義為大敵。

◆ 再生及改善（Renew and improve）

我們朝著不斷尋找新的及更好的方法前進。我們今天所做的任何事，明天會做得更好。為不可能的挑戰找尋答案，是我們邁向下一個挑戰成功的一部分及靈感的來源。

◆ 有意義的與眾不同（Different with a meaning）

宜家與其他公司不同，而我們不想與其他公司一樣。我們喜歡質疑現成的答案，用反傳統方法思維去做試驗，並經常為了好的理由敢於犯錯。

◆ 給予及承擔責任（Give and take responsibility）

我們相信賦權予人，是個人成長及發展的途徑。互信、正向及向前看，啟發每個人對發展作出貢獻。

◆ 以身作則（Lead by example）

我們認為領導是靠行為而非職位。我們視人的價值重要過才能與經驗。言出必行及以身作則。這關乎我們最好的一面，及將他人最好的一面引發出來。

◆ 人與正向的地球（People and Planet Positive）

多年來我們聚焦在善用資源，將廢物轉化成資源，用負責任的方式來使用能源及物料，及保護自然資源，在受我們經營影響的人及社會創造更美好的生活上，實踐我們的責任。我們支持兒童教育，幫助難民及參與透過宜家基金與聯合國兒童基金會（UNICEF）合作的不同支援計畫。❷

環保轉向

　　上世紀八〇年代中期，尤其來自當時公司最大市場的德國客戶，問IKEA公司的傢俱木材是否來自熱帶雨林？傢俱是否有用有毒的物料？日光燈泡是否會致癌？接著，愈來愈多客人問同類的問題，公司開始警覺到產品對環境及消費者健康的影響。當時很多國家回應公民對環境的憂慮，推出很多環保法令。例如：當時丹麥法令管制人造木板包含甲醛（formaldehyde）的份量；由於公司的主要產品組成都有這類木板，於是就要求供應商按照法令的規定生產。然而，有關方面測試產品時發現有甲醛排放，違反丹麥的法令，加上傳媒的報導，事件引起軒然大波，公司被控及最後被罰，罰款雖然不多，但商譽受損很大，丹麥的市場銷量短期下跌二成。這宗事件成為宜家對環境意識醒悟的轉折點。

　　經過此事，宜家醒悟環境價值的重要，立即開設一個大型實驗室測試產品，實驗室之後成為北歐測檢產品的先進實驗室之一。由於產品都是由供應商生產的，公司於是對供應商產品的環保水準作嚴格規定。不過，經過深入調查，發現供應商本身不能單獨解決產品的環保問題，原因是所用的材料，如黏接傢俱用的膠水是來自其他供應商。宜家找到膠水的生產商，但仍無法圓滿地解決問題，於是直接找上游的大型化工公司，如德國的ICI及BASF，協助解決。從供應鏈入手，才終於圓滿地解決產品的環境問題，同時亦解決了整個歐洲傢俱及相關木板產業的難題。這種利己利人的動作，揭示了永續經營的重要面向。

　　八〇年代後期，歐洲消費者的環境意識提高，宜家經常被批評產品過度包裝，造成很多浪費。另一方面，很多傢俱的包裝都使用保麗龍，若遇上火災，保麗龍會釋出大量劇毒物質戴奧辛。印刷精美的產品目錄亦成為攻擊的對象，因為目錄印刷要用大量的紙，代表大量的樹木被砍伐，漂白紙張所用的氯會流入河川及大海，對水域生物造成傷害。1992年，德國發生了一宗傢俱事件，對宜家衝擊很大。那次事件涉及銷量很好、為公司帶來巨額收入的一款書架。一家大型報紙及電視臺所做的測試發現，這款書架所釋出的甲醛是稍高於法律規定的標準，甲醛來源不是木板，而是書架上的油漆。經過傳媒的廣泛報導，消息快速傳遍全球，有毒書架事件令宜家的商譽受損甚深。解決這個問題涉及巨大成本，追尋書架的供應商及其來源，該解決問題的直接成本就要600至

700萬美元。此事件讓宜家及供應商損失上千萬美元。

領導層覺得如果不妥善處理環境問題，不只麻煩會接踵而來，同時也會違反公司的精神。如果消費者視宜家為一家汙染環境、浪費資源的公司，公司的信譽就掃地了。宜家成立了一個專責小組，專門研究經營所涉及的環境問題，小組四處尋訪專家協助，找到在瑞典一名叫羅伯（Karl-Henrik Robert）的醫生，跟他學習了環保策略（Naturass, & Altomare, 1999; Reichert, 2006）。羅伯醫生後來創辦名為自然步驟（Natural Step）的環保組織，致力推動永續發展。

自然步驟（Natural Step）

根據羅伯醫生的回憶（Robert, 2002），在1990年，宜家的副總裁Lennart Dahlgren及全球品質部主管Russel Johnson找上門，向他請教如何處理員工抗拒推行符合永續發展經營的難題。員工覺得永續原則很好聽，但很難變成實際行動，所以出現抗拒。羅伯醫生被邀請到宜家，向高層員工講述自然步驟的原理及應用。經過數個月的演講及解說，公司員工逐漸明白自然步驟的原理並非與經營格格不入，而是可行的，永續經營不是口號，而是可實現的理想。宜家領導層素質好，思想開放，敢於創新，不捨難取易；同時了解思想在變革中的重要性。一連串的演說之後，終於在1993年10月的研討會上，由宜家的創辦人及主席正式宣布宜家決定走向永續經營，研製符合永續發展的傢俱。之後，公司陸續推出不同型號、不同系列的傢俱，成功地轉型成為一家綠色企業。

羅伯醫生對宜家領導層及員工傳遞了其永續的系統管理原則，並用以下八個觀念，將原則變成具體行動或決策：

1. 再生：改用再生的原料及能源。
2. 可化解的：使用那些容易在自然中分解體及轉化成新資源的物料。
3. 可篩檢的：製造一些其成分物料容易分開來再造的產品。
4. 自然：避免所有不必要干預自然及生態週期的物料。
5. 節約：節約使用物料。
6. 品質：選擇那些有長久生命的產品，若出現故障時亦可以維修的。
7. 效率：好好計畫物料、能源、科技及運輸的使用，以最少的資源支出達到最大的效益。
8. 再生：再生資源可以達到最大的資源節約。

根據以上原則及觀念，宜家在九〇年代初期開始推行全面環境培訓，包括三方面：

1. 鎖定四個主要業務的培訓：產品開發、採購、總銷及零售。

2. 採取自上而下的培訓策略，從管理層的培訓開始。由最高層的管理團隊開始，然後是個別成員所領導的管理團隊成員訓練，一層層的培訓，使每名員工都受到適當的培訓。

3. 使用「爺爺原則」，即由瑞典總部高層管理團隊開始時，是由公司的執行總裁主持，董事會主席及董事都參與。由最高層領導來帶動，就能成功的傳遞出公司對問題的重視。

將抽象的原則轉變為行動是漫長曲折的，需要多方面的配合，員工思維的改變及心理調整亦是關鍵。自然步驟所提供的宏觀架構，使宜家的領導及員工看到了經營與自然的關聯，同時提供永續經營的方向及系統的條件，來協助制定經營策略及步驟，及如何改變現有的作法。

宜家的培訓計畫是將所有直接參與產品開發，及那些與供應商或客人有直接接觸的員工做整套的培訓，人數占公司2萬人的九成，其餘則接受短期訓練，環境培訓計畫在1993年推出，經過2年時間，完成了絕大部分的訓練。新思維需要改變很多既有的習慣，要嘗試新的作法或不斷做實驗，管理層要開放心胸，及鼓勵員工多提有關改變經營的環境責任等。此外，要將可以見得到的成果快速展示出來，讓其他的員工知道，保持他們改變的熱情。

經過5年時間，宜家推行多方面的環境教育。對員工的基本訓練提高了他們的意識、理解及技能，更高階的訓練，包括培訓他們如何處理公司未來的發展問題；對公司內的專家提供專業訓練，加強他們對公司重要活動的環境面；培訓環境協調主任及環境培訓員；培訓那些支援專業人員的員工，加強他們的知識。

環境友善的產品成本比一般高，不是所有消費者都會樂於購買，這會偏離公司要為絕大多數人提供日常所需產品的使命；更重要的是，這些環境友善的產品會襯托出公司其他產品不夠環境友善。大家之後同意公司未來不能走這個方向。與此同時，公司亦實施另一策略，將流行的產品做改革，減低對環境的損害。宜家在不斷的試誤過程之中，終於摸索出一條永續的經營之道，重點是要作全面重新的調整及規劃，將核心價值原則等全面整合到經營的每個層面，採取生命週期的角度來處理產品對環境的影響、供應商的選擇、員工的培訓、全民參與等。

環保生產步驟

宜家走上永續經營之過程曲折，值得細說。傢俱需要很多布料，布織品（textile）占了所有產品的二成，以當時資產達70億美元的公司而言，布織品不只是一筆可觀的支出，同時連帶不低的環境成本。單就布織品部門而言，如何走上永續之路的經驗，就深具教育意義。

走向永續生產之步驟：

Step 1　所有的布織品都要依環境標準來檢測，確認是否符合標準，不含鉛、鎘等有毒物料存留。另外，所有的布織品供應商必須遵守這個規定。

Step 2　使用產品生命週期來處理產品的生產及設計，包括生產不能有氯氣漂白或含有機溶劑，重金屬減至最少，而ph規定在4.5～7.5之間。

Step 3　要求產品整個生命週期符合最低的環境衝擊，包括如何處理廢水，減少有害的排放物；產品到生命終點時，保證是可以循環再造，及當被焚燒或掩埋時，不會構成災害。

Step 4　尋找有機種植的棉花及麻布原料來源。

這個階梯模式，不只適用於布織品部門，其他的經營範圍都適用。

宜家與大學合作，利用自然步驟的架構及生命週期分析，分析其產品的物料成分，制定物料的庫存紀錄，了解產品所含物料，什麼是需要在短期及長期之內消除的。這些知識對如何改良現有產品的環境品質及開發新的產品，有很大的幫助。宜家的產品線超過1萬條，計畫需要2年時間完成。另一方面，宜家與另一所英國大學合作研究環保傢俱的設計，包括去物料化（dematerialization）（減少使用傷害環境的物料）及可拆散的設計（design for disassembly）（傢俱可分拆、循環再造的）等新觀念，保證使用的物料是有認證的，同時可以百分之百循環再造。

歐洲很多的國家基於環保考量，立法強制生產者要對產品的使用終結期時負責回收，立法的背後理念是生產者責任。德國的法律是禁止將舊傢俱丟棄在廢物箱的。傢俱業對這些法令急謀對策。宜家自1994年在瑞士已經開始為顧客提供將舊沙發及安樂椅做再循環服務，費用比丟棄還低。1996年服務範圍擴大，凡到宜家買裝修物料或設備的客人，可以將舊有物料交回。在瑞士及瑞

典，公司與回收公司合作，研究從丟棄傢俱中回收及再造物料，不能回收的，就用作能源材料。

製造傢俱需要很多木材，宜家產品所需要的原料有75%來自森林，包裝及目錄的材料亦來自森林，因此公司特別關注森林的保育，積極與相關組織合作，制定永續森林的經營原則，開設一個常設職位，統計公司產品所用的木材數量、種類、來源，目的是要尋找永續經營的供應商。

綠化供應鏈

宜家當時的產品，只有一成由自己直接生產，其餘九成由分布在60多個國家的2,300個供應商生產，其中約二成的大供應商提供約八成的產品。在推行永續經營時，宜家先從大供應商入手，要求遵守永續原則（Naturass & Altomare, 1999）。企業的規模愈大，愈能直接影響供應商的行為。宜家利用龐大的購買力來改變供應商的行為，要求供應商遵守公司的環境政策、環境計畫、產品的環境要求，提升供應商的環保經營。

宜家北歐負責貿易的部門，制定了環保經營守則，包含10條向供應商提出的有關其環境行為之問題，其他地區的供應商亦要遵守公司所制定的環境守則，包括規定產品要符合的環境標準。宜家在南歐推出名為「供應商環境保證系統」，包含四個重點：(1)供應商必須制定適用於其公司的環境政策，政策必須符合宜家的環境目標；供應商必須說明計畫中的工作安排。(2)供應商必須將經營中對環境有影響的活動建立程序及記錄，包括處理相關法律及規則的管理系統、排放的跟進、狀態的報告、對次供應商的要求等。(3)供應商必須建立減低環境影響的指標，及做相關的報告，例如：能源使用、廢物、排放到空氣及水的廢物，這些指標必須是量化及可測量的。(4)供應商必須記錄處理意外事故的程序，及處理步驟的指引。此外，宜家還鼓勵供應商制定環境管理系統。在北歐，宜家舉辦了一些與400家供應商的地區會議，宣導公司的環境看法，同時了解供應商的問題、需求、經驗、意見。有些供應商由於沒有環保的經營經驗，要求宜家提供相關培訓，於是宜家就為它們制定培訓課程。

傢俱產業與運輸息息相關，要全面推行永續經營，運輸對環境的衝擊不可忽略，於是宜家制定了《走向正途》（Moves in the Right Direction）的小冊子作為指引。冊子應用了生命週期分析運輸的環境成本，考量在生產各個層面所涉及的運輸問題，從原料的開採，到運輸船、車輛、運輸機，道路等建造，都

涉及能源的使用、廢氣排放、車輛的再用及再循環等。宜家是跨國企業，運輸網絡的複雜性及其對環境的衝擊是驚人的，全球2,300家供應商生產約1萬樣產品，每樣產品平均有數十個配件，而配件則由數十家次供應商生產及運送。要運輸符合永續經營，宜家推出以下作法：培訓與航運有關的員工，有關不同的航運方法及環保作法；制定周全計畫，減少航運量與次數，增加效率；發展運輸思維及方法來增加用火車運載貨品的數量；在貨運公司合約中，納入宜家的環境標準。在北歐，宜家創立了「環境日」，有100家歐洲的貨運公司參加會議，會中宜家宣導其環境政策，跟著由貨運公司討論如何制定一些符合環保的政策。

宜家利用龐大購買力，將永續經營原則推廣到供應商。總的來說，作法包括四個部分：(1)規定供應商必須有環境政策；(2)貨運公司要有環境計畫；(3)有環境審計（environmental audit）計畫，依宜家的環境標準檢核公司的政策、所處的位置、設備、能源使用狀態、輪胎等問題；(4)用積分制度為公司評分，將所有公司分為兩類：A或B，只有A才能獲得長期合約。

改變顧客

永續經營要全面，顧客不能缺席。美國宜家與環保署合作，推出高效率照明的「綠光計畫」（Green Light Program），計畫包括了對店鋪的照明系統做全面的調查，在5年內將九成的照明改為高效率照明。1998年11月為止，美國的宜家公司減少了781千瓦，及超過300萬千瓦時的使用。每年從減少照明、空調系統等維修所省下的支出，估計超過50萬，而投資在計畫上的資金，1.9年就完全回本。公司在過程中減少了每年排放到大氣的二氧化碳400萬磅、每年1,700萬克的二氧化硫、每年700萬磅的二氧化氮；這些減省等於種植了982棵樹、公路上少482輛車、減少313,500加侖的石油消耗。

宜家一向會告知顧客產品所用的物料，以協助客人選購產品，進入永續經營後，加倍努力以確保產品符合環保要求，同時要靠員工向客人解說宜家在環保方面的努力。宜家出版一本名叫《綠色步驟》（*Green Steps*）的小冊子，宣導環境的政策及作法。

宜家的產品都刊載在產品目錄上，不少客人批評，這些彩色鮮艷、印刷精美的目錄對環境衝擊很大。宜家接到批評後，立刻制定了研究計畫，找到問題所在及解決方法。這些問題其中之一是氯漂白的問題，宜家之後與環保組織

綠色和平合作，從1992年開始使用沒有漂白過的紙張來印製目錄，同時找到沒有氯的紙來取代對環境有害的氯，由於需求量很大，無形中創造了一個生產無氯紙的市場，從第一年的來貨不足，到第二年貨源充足，反映龐大的購買力改變世界的潛力。現今宜家的目錄，包含該類紙品中最大容量10到20%的再造紙。一些季節性的目錄，由於不是用一整年的，就可以完全使用再造紙。宜家要從供應商處得到保證，紙的材料不是來自古老森林，才使用它們的來料。

1997年，宜家研發出一種廉價節能的燈泡，推出一個節能照明運動，鼓勵消費者以這種燈泡取代傳統的鎢絲燈泡。新研製的燈泡可以提供等於傳統燈泡同級的照明，但只需要傳統燈泡二成的耗電量，即11瓦的新燈泡就可以產生等於傳統60瓦燈泡同級的照明。公司找到一家中國的生產商生產，成本比在瑞典低很多，燈泡原來的市價是15美元，由中國供應商生產的產品只需5美元。為了鼓吹節能燈泡，公司免費送給瑞典消費者53萬2,000個節能燈泡，辦法是消費者在宜家購物所得的禮券可用來換取燈泡。當時估計如果瑞典每戶人家將家中二成的燈泡換上節能燈泡，全國省下的能源，等於一個核電廠所生產的能源數量。

所有宜家的店鋪都要做物料庫存記錄，以確定店鋪的物料及能源的生產率（throughput）。所有新建的店鋪，從建築設計到建造，都必須符合環境標準。

員工參與

宜家是一家全球公司，在不同的國家都設有分公司，各分公司的管理層及員工來自不同文化及族裔。多元文化的企業，若不理會分公司所處文化的差異性，用單一化方案推行永續發展是行不通的。宜家深明此理，推行改革時，小心因應各地文化差異，制定相關的政策或措施。例如：1993～1994年北美宜家在制定永續經營策略時，將瑞典母公司的核心價值作適當的調整，使其適合於美國及加拿大環境。1998年，宜家在北美的每一個設施及倉庫開設了環境協調員（environmental co-ordinator）職位，擔任此職的員工先在總部接受深入的環境培訓，然後返回當地培訓其他員工。這些人員組成網絡，用電訊會議方式每月開會，分享經驗、溝通、支援及解決問題。

宜家是第一家與「自然步驟」合作推動永續經營的大型跨國企業，自1990年開始，合作關係一直持續，10多年間，大約培訓3萬名員工有關永續經

營的原則與作法。另外，宜家是首家將自然步驟帶進美國的跨國公司。

宜家創辦人的價值與「自然步驟」的原則很一致，因此企業能成功地將永續經營連結到公司的核心價值。如上文言，創辦人非常重視節約，避免任何形式的浪費。其次，公司的核心領導人對永續經營充滿熱情，大力支持及不斷推動。再者，永續經營亦獲得員工的廣泛支持，將環境的關懷價值融入職場及工作中。此外，公司將永續原則注入產品設計及開發之中，及要求供應商遵守永續經營原則與價值。

宜家與「自然步驟」的長期良性合作，令企業文化的環境價值更加豐厚，融合了永續發展的價值，發展及加強綠色經營，為在解決氣候變遷、地球暖化的全球挑戰作出貢獻。具體而言，與自然步驟合作產生以下的良好效應。首先，自然步驟有助於提高宜家的上下員工對環境問題的意識、了解及熱情。自然步驟的理念架構成為培訓環境教育很有用的工具。其次，自然步驟架構提升了員工對個人、公司與自然關係的了解。同時，架構成為公司環境政策、行動計畫、投資、挑選供應商、運輸、產品設計等之統一原則。另外，自然步驟刺激了新思維，用永續觀念來創新產品及經營方式。還有，自然步驟亦提供了共同的語言及思維模式，讓宜家及分布在全球的供應商更容易了解宜家的環境目標及價值，加強宜家的永續經營。❸

註 釋

1.　坎普拉德亦有負面新聞。1994年，瑞典傳媒揭發坎普拉德少年時熱衷於瑞典極右
　　運動，跟納粹德國關係甚深，17歲時曾參與為納粹運動籌款和招募新血的會議，
　　戰後亦跟極右領袖保持聯繫。據報，當時瑞典情報機關甚至要為他開設檔案，指
　　他在國內極右陣營必有官職。坎普拉德隨後回應指出，這是他人生中感到「非常
　　後悔」的部分。此外，他亦被揭發於1970年代跟共產東德建立深厚關係，利用東
　　德政治犯當宜家的「奴隸勞工」。

2.　見宜家英文官網，https://ikea.jobs.cz/en/vision-culture-and-values/，下載於
　　Nov 10, 2018。

3.　部分資料來自筆者2003年12月到2004年1月《信報》有關宜家的文章。

第11章

李維價值為本的文化

我不滿意現時狀況，我們要做的事是還有更多的工作要做。
　　——奇普·伯格（Chip Bergh），李維（Levi Strauss & Co.）執行長

　　上世紀八〇年代適逢中國改革開放之初，外國企業利用中國低廉的人力成本及龐大的市場，紛紛前來設廠開店，搶先插旗，力圖爭取先行者優勢。正在眾商搶入中國市場之際，國際著名李維牛仔褲公司（Levi Strauss & Co.）（下稱李維）卻逆勢而退，以中國未符合人權要求爲由，在1993年宣布在未來7年內，逐步終止在中國的縫製及加工生產。宣布決定時，李維雖在中國沒有直接投資，但與中國的30家供應商（2家國營，其餘是私營）合作加工生產，每年製造包括牛仔褲、襯衫及T恤等500萬件貨品，總值約4,000萬美元。

　　根據李維公關經理表示，李維關注中國的人權狀況，在參考有關專家、人權組織、美國政府的研究及討論結果，並諮詢相關意見後，認爲中國人權狀況未符合規定，才作出終止生產的決定。這宗跨國企業以道德理由終止商業活動事件，在國際上雖非首宗，但在中國土地上則是首宗。

退出中國的啓示

　　李維公司在1991年初制定一套全球生產來源指引（Global Sourcing Guidelines），列明挑選產品生產地及合作夥伴的倫理規範，包括貨源地及合作夥伴應遵守的人權標準。李維公司對提供貨源國家的有關指示，包括品牌形象（brand image），保證產品不會對品牌形象有所損害、健康與安全條件、法律制度、政治社會穩定及人權狀況。關於貨源夥伴的指引，則包括環境保護、倫理態度、健康及安全條件與僱用法令及情況。

　　對李維撤出中國一事，陰謀論者懷疑李維有不可告人的動機，以人權爲名，私利爲實。理由是當時中國出現大量李維501型號牛仔褲的仿冒品，李維終止生產有助於杜絕冒牌貨充斥市場，人權只是藉口而已。陰謀論者將李維的決定與美國政府正考慮是否延續中國最優惠國待遇連在一起，指李維可能藉

此取悅政府，「官商勾結」一番。這些猜測與懷疑是缺乏證據的，且欠缺說服力。從實際利益考慮，李維這個決定極爲不智，因爲就算中國的人權狀況未符合要求，退出只會帶來公司的損失，其他不關心人權的外商仍會繼續到中國設廠生產，李維的退出對改善中國人權狀況一點幫助都沒有。批評者指出，經營者應在商言商，利潤掛帥，股東利益至上。不只如此，用人權爲由撤出中國，李維違反了「入境隨俗」的傳統智慧，且有干預他國的內政之嫌。

李維的決定究竟是愚蠢魯莽？還是擇善固執？雖然500萬件貨品只是李維每年產品數量的2%，但若能留在中國等候機會，日後的發展潛力是極爲可觀的，如今觸怒了中國，可能有的大商機肯定泡湯。這種政治風險算計，商人不可能不懂。然而，爲何李維甘願承擔這個風險呢？

要回答這個問題，不能不了解李維的歷史、企業文化、創辦人及領導人價值。一家老牌企業的倫理性格，是經年累月形成的，非一夜之間冒現的。李維一向重視社會責任與商業倫理，近年推行的價值管理（value management），都跟公司的重德傳統有密切關係。

創辦人：價值傳統

李維公司1853年創立於加州，創辦人李維·史特勞斯（Levi Strauss）擁抱進步及開明價值，重視平等，身體力行，爲公司打下很強的倫理傳統，深得在地人的愛戴與擁護。上世紀五〇年代，李維計畫將業務擴展到南部各州，遇到了棘手的種族隔離問題。當時李維在維吉尼亞州的黑石鎮（Blackstone）設廠生產，爲了招募更多的工人，計畫向工廠附近的黑人社區招才。當時南部地區推行種族隔離政策，禁止黑人跟白人在同一個地方工作。當時主政的哈斯二世（Walter Haas Jr.）及弟弟Peter，都堅持工廠要種族融合，不作隔離。解決這個不合理的社會禁忌，公司爲新聘的黑人員工蓋建了專用的洗手間及飲水井。其他公司都會築一道圍牆，將黑白工人分隔開，但李維沒有這樣做。當地的鄉紳於是要求李維在廠房內的地上畫一條白線，分隔黑白工人，亦遭公司拒絕。不僅如此，一個星期之後，公司內的黑白工人可以在食堂內同一張桌子用餐。

此後，公司開始在其他州開設的工廠實施反種族分隔的計畫，這對改變美國南部業界對待黑人之態度有深遠影響。由於繼承李維事業的姪子哈斯一世（Walter Haas Sr.）及家族對平等精神的堅決承擔，最後使得南部的既有利益

團體放棄根深蒂固的種族成見，慢慢接受其他種族的工人。在美國尚未有平等機會法之前，李維就已敢人之先，身體力行，實踐機會平等，實屬可貴。1969年《商業周刊》為了表揚李維的倫理表現，頒發了首個「商業公民」（Business Citizenship）獎給李維（Schoenberger, 2000）。三〇年代大蕭條期間，哈斯一世就算公司經營困難，面臨破產，都不將閒置的員工解僱，反而推出新計畫，調動閒置員工到舊金山的工廠鋪設地板，員工飯碗得以保住。

創辦人之玄姪羅伯·哈斯（Robert Haas）在1973年加入公司，擔任過不同職位，1979年成為董事。哈斯在1984到1999年任總裁及執行長，1989到2014年擔任董事會主席。1985年，哈斯將公司從上市公司轉回私人持有公司。此外，他在擔任執行長職位時，處理過不少棘手事件，同時推行了重要的企業文化轉變措施，深化及傳承李維的文化傳統。

李維對社會事務一向關心。1982年公司為當時鮮為人知的愛滋病病毒／愛滋病（HIV/AIDS）制定政策，對愛滋病病毒呈陽性反應的員工採取措施建立標準，及建立對愛滋病病毒／愛滋病（HIV/AIDS）的警覺計畫。自1982年，公司捐贈6,000萬美元給治理愛滋病有關的非政府組織。1992年李維成為《財富500》首家為員工未婚伴侶提供健保的企業。這一連串的措施，反映由哈斯領導的公司傳承了企業社會責任的傳統。

自1984年上任以來，哈斯配合起草及頒布「理想宣言」，重新制定了公司的經營策略，推行組織改革，減少決策層級，使組織更扁平靈活，訊息流通更暢順，其他的改革包括削減三分之一的人手、大量投資新產品的開發、市場推廣及科技。經此改革，公司變得異常靈活及充滿創意與活力。在建立聯繫供應商及分銷商的電腦網絡上，李維是先行者。在將產品推向國際市場方面，也有傲人的成績。1989年，國際市場的營業額，達總營業額的35%，占稅前利潤45%。1985至1989年的總銷售額，增加了30%，達36億（美元，下同），而利潤7億多，增加了五倍。李維今天全球有2,800家直營店，員工人數15,100人（2018）。2018年的營業額是55.75億，經營收入5億3,706萬；淨收入2億8,321萬元（2016）；總資產35億4,200萬（2018）。

李維一路走來，鮮明的商業倫理形象深入美國民心，有助產品行銷，國內外的消費者愛用李維產品。商業倫理在市場上引起良性連鎖反應，使公司一直能保持商業倫理的高水準。這種有利經營的企業文化，自然獲得公司上下支持，成為公司決策的基礎。李維近年頒布的倫理指引，只不過是其價值管理的一部分。據李維宣稱，這套指引是毫無例外的應用到全球每家分店、貨源地及

承包商，並非特別針對中國。

價值管理

　　1984年，哈斯擔任總裁及執行長時，開始對公司經營各方面，包括公司的核心價值作深入的檢討。1987年，他親自領導起草「李維理想宣言」（Levi Strauss Aspiration Statement），明確宣示公司的共同價值、管理哲學、經營原則（*Harvard Business Review, 1990: 9-10*）：

　　　　我們期望一家大家都會為它感到自豪及付出承擔的公司，公司所有僱員都有機會去貢獻、學習、成長；員工升遷是根據個人的表現與業績，而非政治或背景。我們希望大家感到被尊重、被公平對待、意見被接受及有機會參與。最重要的是，我們希望從成就及友情、平衡的私人與公司生活中獲得滿足，並從我們的努力中獲得樂趣與喜悅。

　　　　當陳述我們所期望未來的李維公司時，我們是陳述延續我們繼承的傳統，確認公司最優良的傳統，縮小原則與實踐之間的距離，及更新我們的一些價值，以反映當前的現狀。

　　將理想變為事實的領導人有何特質？「宣言」對領導人的新行為、多元性、確認（recognition）、倫理管理、溝通及賦權（empowerment）六方面作了精簡的詮釋：

　　一、**新行為**：領導人要真誠直接對待他人，開放與樂於接受意見，對他人的成功有所承擔，願意承認自己是導致問題的原因之一，勇於承擔責任，有團隊精神及對人信任；不只必須以這些行為為典範，同時還指導他人擁有它們。

　　二、**多元性**：領導人要珍惜組織各部門不同年齡、性別、族群的多元工作隊伍，多樣的經驗及多元的觀點；好好利用員工多彩多姿的背景，促成更多元的工作環境，製造良性的影響；積極尋找不同的意見，珍惜而不壓抑多元性，同時要坦率誠實。

　　三、**確認**：領導人要對公司立下汗馬功勞的個人或團隊在財政及精神上予以全面確認。確認應給予每位作出貢獻的人，提出革新及成功創新的人，維持及促進公司正常運作、孜孜不倦、敬業樂業的人。

　　四、**倫理管理**：領導人要與宣示的倫理保持言行一致，身體力行，必須對

這些行為期望認識得一清二楚，及在公司上下貫徹施行。

五、**溝通**：領導人要對公司、部門、個人目標及表現瞭若指掌。必須讓員工知道公司對他們的期望，並接受及時和坦誠的意見及指導。

六、**賦權**：領導人要增加直接面對產品及顧客的員工之權力與責任，積極將責任、信任及確認交託於組織的個人，員工的潛能就可得以發揮，公司因而獲益。

「理想宣言」所揭櫫的核心價值就是尊重員工，不視其為生產機器，理解他們各有不同背景、才能、理想及對職業的期望；工作不只是為了餬口，也帶來參與、確認、學習、成長、發展潛能及快樂。事實上，人生大部分時間都在工作度過，如果職場處處壓抑理想、參與、學習及成長，很難期望員工會積極進取、敢於承擔，而不苟且敷衍、事事被動。將這種尊重員工的價值付諸實行，領導人扮演的角色是關鍵。

價值執行

哈斯1990年接受《哈佛商業評論》（*Harvard Business Review*, Sept-Oct, 1990）訪問，闡述李維公司的價值管理、核心價值，如何發揮無可替代的功能。

哈斯對公司一向「公平對待員工，關心他們的福祉」這個傳統感到自豪。有人批評李維傳統有濃厚的家長主義（paternalism）色彩，哈斯對此直言不諱，辯稱公司傳統對員工的真誠關懷，及確認員工的付出，是公司成功的主因。企業目標是為消費者提供高品質產品及服務的「硬體」（hard stuff），但要製造出優良的硬體，「軟體」價值更是重要，因為好的價值是生產好產品的動力。李維的百年經營歷史，硬體與軟體愈來愈互相融合，難以分割。價值影響員工的信念與行為，公司能否在競爭中脫穎而出，價值是決勝因素。市場千變萬化，企業要生存發展，僅靠組織制度或經營策略是不夠的，價值管理至為重要。無形的價值認同與內化，是員工思想行為的共同基礎，也是領導人與員工溝通合作的共同語言。

李維從經驗記取教訓，領悟光靠策略不足以取勝。七〇年代後期與八〇年代初期，公司高層推行商品多樣化。員工只聽命於上司，內心卻不一定認同，上頭熱、下頭冷，上下不能團結一致，結果業績平平。其後，公司認真努力聽取供應商、顧客及員工的意見，才扭轉劣勢。公司改變作法，將焦點集中在少

數核心產品上，及將深信不疑的價值寫成公司的理想，且向基層員工賦權。之後，公司上下變得步伐統一，積極進取，原因是改革打動了人心，激發了員工的理想。李維那時有員工3萬多人，沒有賦權與價值管理的配合，員工就會事事被動，無法靈活快速回應市場變化，滿足顧客的需要。

基層賦權

基層賦權（empowerment）的推行，導致經理角色的調整。依管理的傳統假定，經理無事不曉、能力過人，下屬的行為要嚴格控制。賦權導致了權力下放，使經理從指令者、控制者變為協調者、教練、顧問，工作重點是制定綱領性指標及規範，然後鼓勵員工發揮個人的主動性及創新力。賦權過程中，經理首先要詳細了解自己部門的工作性質與責任，然後就部門內員工不同經驗、才能、性格作適當分工，在留給員工自由的同時，必須配合明確的指標，與核心價值、方向的確認，否則會製造混亂。同時，經理還要不時對員工作適當的輔導，及定時檢討工作的安排，宏觀的調控與監察，及對一些棘手的問題參與解決，並作出一些決定。事實證明，成功賦權會導致員工工作效率顯著提高。李維的價值管理經驗證實，價值推動商業發展。

公平晉升

1985年，公司內一群少數族裔及女性經理約見執行長哈斯，商討員工的公平晉升問題。與其他的企業比較起來，在數字上看，公司在提升女性及少數族裔員工方面做得不錯。但這群經理指稱職場內有無形的障礙，令少數族裔及女性無法晉升。哈斯隨即召開一個2天半的聚會，安排了10名白人男性高階經理，每人各與部門內的1名少數族裔或女性經理組成二人小組，就公平晉升課題進行無拘無束的交流。交流的結果顯示，下屬在晉升方面感到很大的挫折與憤怨。真相是平等的升遷及聘用機會不能單看數字，公司的態度也極為重要，公司仍存在不少不自覺的歧視。

平等聘用

之後，李維重新確認平等聘用的原則，努力在各級別的職位上聘用更多少數族裔與女性員工，保持最大的多樣性。不只如此，公司亦積極鼓勵不同觀點的提出與表達，推動意見的多樣性。接著的一整年，公司舉行了16個類似的聚會，白人男性經理與女性、少數族裔二人小組，深入檢討公司內對多樣性及

族裔刻板印象（stereotype）不常注意的習慣。這一連串的溝通與檢討，促成了多樣性，成為公司六項理想之一。1987年，最高階行政管理8人委員會開始每月與15至20名員工開溝通會，原初的焦點是種族與性別問題，但慢慢演變為包含更廣泛與職場有關的問題，並衍生了以下的新措施：(1)承認女性及少數族裔員工經常有其特殊的問題與需要，公司開辦了4個新的職業發展課程，公司內的女性、黑人、西班牙裔及亞裔員工各有1個課程。(2)這些課程導致黑人、西班牙及亞裔員工分別組成了族裔支援網絡，各自派出代表在每季的會議中向高層反映意見。(3)1989年，公司設立專責小組，就如何適當平衡家庭生活與工作草擬政策。專業小組的18名成員來自公司各職級，包括車衣工人、祕書、部門經理及總裁。(4)同年，公司開辦了一個3天的「珍惜多樣性」的課程。1990年底，約240名高階管理人員修畢這項課程。最後，公司的每名員工也要修這門課。

家庭工作平衡

哈斯非常重視員工如何平衡家庭與工作，認為過往將家庭與工作分開的作法是不對的。理由是，員工的家事會反彈影響職場表現。譬如，員工孩子生病不僅是該名員工的問題，同時也是公司的問題。為何？因為該名員工會為孩子憂心，甚至虛報病假來照顧孩子，或可能為說謊感到愧疚，這些都會影響生產。相反地，假如員工沒有這方面的憂慮，覺得公司能體諒及照顧他們的家庭需要，就會更全心全意投入工作，發揮更大的積極性。

執行長教育

執行長本人亦接受價值管理的培訓。哈斯非常重視這些課程，先從自己及少數高階領導人開始，大家用批判的眼光來檢討自己的行為與管理方式，包括自己是否言行一致、身體力行；辨識一些阻礙價值管理有效推行的壞習慣，包括只顧講自己的看法，而不善於聆聽他人意見，只重視自己同類的人，忽視其他部門、其他族裔文化及性別的同仁；只會自己單打獨鬥，不善於與他人忠誠合作，未諮詢他人意見就自作決定等；以及努力將壞習慣戒除。不但如此，高階經理同時要以身作則，成為其他員工的模範，這包括坦率真誠地承認自己的弱點及容易犯錯的地方，報告自己如何作了錯誤的決定，自己知識與經驗的局限。這些作法都有助於逐步消除領導層的神祕感，使上下更容易溝通與合作。透過不斷的培訓及教育，公司的價值得到落實，上下彼此溝通暢行無阻，員工

更相信公司重視價值的誠意。❶

供應鏈價值管理

　　全球化經營涉及龐大的供應鏈，供應鏈的倫理管理必須依據規範，才能保障供應鏈的利害關係人，尤其是弱勢的工人社群獲得符合倫理的對待。另外，李維亦驚覺到不少國家或承包商的經營習慣跟公司價值不一致，因此，在這些國家挑選承包商時必須特別審慎，否則會產生問題，為公司帶來汙名。為了達到這個目的，李維於1991年制定《李維全球採購及營運指引》（*Levi Strauss & Co., Global Sourcing and Operating Guidelines*）（簡稱《採購指引》）（Schoenberger, 2000, 265-269, Appendix A），是首家做這類供應鏈管理的跨國公司，條文如下。❷

《採購指引》

　　《採購指引》幫助挑選職場標準、經營手法與我們一致的商業夥伴，適用於為我們生產及完成產品的每家承包商。訓練有素的巡查員會緊密地監察超過50個國家，大約500家承包商。

　　《採購指引》的執行，是全面及資源密集的工作，目的是達到積極的結果及導致變革，不是懲罰犯規的承包商。透過《採購指引》尋找長遠的解決方案，使得為我們生產產品的個人受惠，及改善他們社區的生活品質。

　　《採購指引》包括兩個部分：

　　1. 商業夥伴合作條款（The Business Partner Terms of Engagement）（簡稱合作條款）：處理可以由Levi Strauss & Co.的商業夥伴實質控制的問題。

　　2. 國家評估指引（The Country Assessment Guidelines）：處理那些超出個別商業夥伴能力範圍之更大的外部問題（包括健康安全問題及政治社會經濟情況）。這些指引幫助我們評估在某一個家做生意的風險。

　　這些標準是我們經營的組成部分。員工有權及責任採取必要的步驟，確保遵守這些標準及政策。公司的員工及商業夥伴必須明白《採購指引》的重要性，不低於我們的品質標準及準時交貨。

合作條款

1. 倫理標準
尋找及善用那些個人或經營倫理標準與我們一致的商業夥伴。

2. 法律要求
期望商業夥伴是守法的個人，在經營上遵守所有相關的法律。

3. 環境要求
商業夥伴要與我們一樣對環境有共同的承擔，在經營上符合我們的環境哲學及指導原則。

4. 社區參與
商業夥伴要與公司一樣，對改善社區有同樣的承擔。

5. 僱用標準
商業夥伴的工人是自願工作的、身體安全沒有受到威脅、有公平合理的報酬、被容許自由結社的權利及沒有受到剝削；還要遵守以下指引：

工薪及福利：工資福利符合相關法令、當地習慣。

工作時間：排班要有彈性，除非得到適合的超時津貼外，否則工時不能超過合法的時數。支持每週低過60小時的工時，不會用經常超過60週時的承包商。工人應每週內至少有1天假期。

童工：不容許使用童工。工人年齡不得低於14歲，不能低於入學的強制性年齡。我們不會用使用童工的承包商。支持發展讓年輕人學習的學徒制。

囚犯或強迫勞工：不用囚犯或強迫勞工，不會使用或購買由囚犯或強迫勞工生產的產品。

健康及安全：只與提供安全、健康之工作環境給工人的承包商合作。為工人提供宿舍的承包商，宿舍必須是安全及健康的。

歧視：公司認識及尊重文化差異，相信要以能力來僱用工人，而不是基於個人的特性或信仰。與相信此價值的承包商合作。

紀律處分：不與對工人使用體罰或其他形式之精神或肉體威嚇的承包商合作。

評估及條款的遵守

與Levi Strauss & Co.合作的承包商，必須遵守這些條件。承包商會受到經常的評估，確保他們遵守條件。公司會親往個別的工廠，與承包商合作發展一個穩固的負責任經營，及保障不斷的改善。如果發現承包商違反條款，公司可以終止與承包商合作，或要求承包商在指定時間內作出補救。如果承包商沒有作出補救，公司會終止與承包商的合作。

在執行全球採購及營運指引時，公司要求不斷的改良。由於這套指引適用於全球，公司會繼續考慮所有條款，以助解決問題、面對新的挑戰及改善指引的相關的資料。

國家評估指引

挑選國家投資或採購，要依從以下幾項條件，倘若違反，公司不會與那些國家簽訂或繼續合約關係：

1. 品牌形象：不會與那些對品牌形象有負面影響的國家建立合約關係或續約。

2. 健康與安全：若有證據證明公司的員工或代表受到不合理的風險時，公司不會與那些國家簽訂或繼續合約關係。

3. 人權：當有廣泛的人權違反情況出現，公司是不會與那些國家簽訂或繼續合約關係。

4. 法律要求：當一些國家的法律環境令公司商標或其他商業利益產生不合理的風險，或嚴重阻礙這些指引的執行，公司不會與那些國家簽訂或繼續合約關係。

5. 政治或社會穩定：當國家政治或社會動亂不合理地威脅到公司的商業利益時。

承包商價值管理

全球供應鏈相當複雜，涉及承包商數百家，分布在不同的國家地區，各有不同的法律及習俗，要有效管理供應鏈，誠然挑戰性很高，尤其是執行方面，遠離承包商的跨國企業總部常有資訊不足、人力不夠、鞭長莫及之困難。民間組織因此特別要求跨國企業要有整體的配套機制，確保承包商切實執行指引及相關規範。關鍵的一環是企業要將承包商的資訊公開，讓社會知道守則的

遵守情況，指引落實，供應鏈的管理才算合格。然而，李維跟其他企業一樣，對公開供應商資訊憂慮頗多，初時將承包商資訊透明化，經過多次跟民間組織的交手，先被動地勉強透露廠商資訊，最後主動的公開資訊，反映了文化轉變過程。李維從不願到勉強主動公開資訊，由此曲折過程可以看見李維的思維邏輯、價值轉變、成長學習、擴大視野、調整策略，適應新秩序，形成新價值等過程（Doorey, 2011; Gillen, 2000; Sabel, et al. 2001）。這過程亦是企業文化在不斷適應外部環境變化作出的變化及成長。

李維是有遠見有社會關懷的企業，預見全球化是不可逆的趨勢，早在1975年就制定了全球經營守則，規定公司經營要超過最低的法律要求，對全球員工一視同仁，公平對待，並與在地的法規及習俗保持一致。事實上，要求與在地法規習俗一致的條款，在七〇年代是跨國企業的共識。不同的是，李維的守則在這共同條款之外，額外加入公平對待員工條款，及超出最低法律規定的要求。從李維傳統來看，這個作法很自然，因為李維向來有「企業公民」的美名。八〇年代後期，李維因將大量的生產轉移到外國的承包商而受到批評。1990年，李維將德州的廠房關閉，將生產線移到哥斯大黎加的承包商，導致聖安東尼奧工廠的1,000名員工被資遣。被解僱的墨西哥裔的員工組織起來，向公司示威抗議、絕食、杯葛，及提出法律告訴，令李維關懷員工的形象受損（Preece, et al., 1995; Schoenberger, 2000）。雖然如此，這些抗議沒有阻止公司將生產外移，1991到1992年，生產量外移給承包商由35%增加到54%。承包商工廠不在公司監督之內，狀況百出，承包商剝削工人的報導時有所聞，李維宣稱不分國內或國外公平對待員工這些承諾受到嚴重質疑。於是，李維開始重新檢討早前公布的全球守則及將之更新，以配合供應鏈的愈加全球化，及由此而生的針對跨國企業血汗工廠愈來愈活躍之反全球化運動。

1992年初，李維公布了如上文陳述的與承包商合作之合作條款，及評估國家的指引，成為首家以文字確認對勞工措施承擔責任的跨國企業，包括海外承包商或自己擁有之工廠（Compa, & Hinchliffe-Darricarrere, 1995）。指引執行的初期，公司終結了超過30家承包商的合約，這些承包商分布於緬甸、塞班島、宏都拉斯、烏拉圭、菲律賓等國。指引推行的早期，民間組織的觀察，都有良好的評價。如上文言，李維在1993年以人權為由，退出中國市場，其後，李維改變立場，重返中國，受到民間組織的批評。強力要求公司公布承包商的資訊，讓世人知道工人的工資及其他工作環境資訊，讓人知道公司是否遵守經營守則。

從抗拒到透明化

跟耐吉一樣，李維公布承包商資訊是累積多年才作出的決定，主要原因是公司認為公布帶來的風險低於由公開透明化所帶來的好處。這類風險效益的計算，是生意人經常作出的，就算以價值為本的公司亦不例外。

李維1992年採用指引時的全球承包商有700家，但沒有設獨立的部門專責管理指引的執行。由於沒有勞工的專家把關，守則是否如實執行是無法管理的。此外，沒有監督機制，無法保證承包商會遵守守則。於是公司九〇年代中期僱用了不少的巡查員，每年親自到承包工廠審核工人情況及做報告。第一年公司宣稱95%的承包商被審核都遵守守則或需要做輕微的改善，只有5%的承包商由於違反守則而被終止合約。

1993年前，李維沒有設置全球的工廠資料庫，總部不知道全球的工廠數目及地點。採購是由各地的區域公司執行。1993年首輪的審計報告集結愈來愈多資料，公司決定創立一個中央資料庫，記錄每家承包商的資料。1995年公司在歐洲、南北美洲及亞洲僱用全職經理人，管理勞工問題及經常更新資料庫。由九〇年代中期到末期，李維僱用工廠巡查員做定期審查，並分駐在地區的公司內。2006年，公司有20名全職專責審查工廠的員工，做實際審查時，還僱用外面經公司培訓過的審查員。這些評審員即是2000年成立的守則部門（Code of Conduct Department, CCD）員工。3名區域經理要向部門的副總裁報告，而副總裁再向全球採購資深副總裁（Senior Vice President of Global Sourcing）報告。所有的審計報告資訊都輸入資料庫，總部對每家承包商的勞工表現一目瞭然。

民間組織的壓力

李維長期拒絕對承包商做獨立監督，使審計結果缺乏透明度，民間組織經常提出不滿。1995～1996年非政府組織發展與和平（Development and Peace, DP）對李維在宏都拉斯及菲律賓工廠所作的獨立調查，發現不少違反守則事例後，將有10萬張簽名的郵件寄到李維公司，要求公司設立獨立的監督部門，遭加拿大李維總裁拒絕，認為李維員工最能監督守則的執行。1998年末，荷蘭的民間組織清潔衣服運動（Clean Clothes Campaign）公布了李維承包商工廠的實況，並敦促李維做獨立的監督，但李維仍不答應。有人認為李維一向不太喜歡透明度，導致對獨立監督的拒絕。

民間組織公平勞工（Fair Labor）雖然主張獨立監督，但只要求應用到少部分的工廠，但僱用承包商的公司要工廠將名單送交組織，組織承諾不將資訊公開或傳給其他企業。這個計畫不會製造太大的風險，因此吸引很多李維的競爭對手，包括耐吉、Reebok、Phillips Van Heusen、Liz Claiborne等品牌都加入。1998年李維讓非政府組織參與一個先導計畫，它們可以對多明尼加一家承包商工廠的監督程序作出評估。評估發現工廠工人處理一般合乎指引的標準及勞工法規，不足之處是很少工人知道有指引存在，或他們有什麼僱用權利。1999年李維終於加入了公平勞工的計畫，並向外來的審查員局部開放其工廠，亦加入了總部在英國的倫理貿易計畫（Ethical Trading Initiative, ETI）。隨著態度的轉變，李維更願意跟外部的利害關係人溝通合作。事實上，當一種作法形成風氣時，業界自然會遵從，不跟從者會被懷疑，成為「孤家寡人」，被消費者拋棄，況且，更大的透明度會增加消費者及社會信任，除非公司有什麼隱瞞，否則沒理由不這樣做。

耐吉在2005年開始公布代工廠名單後，李維認真考慮做同樣的公布，但仍憂慮公布會帶來負面報導。但耐吉的行動迫使李維認真起來，經過CCD高層的審議辯論，認為公布可以帶來好處，其中之一是跟其他公司加強合作，減少監督重複所支付的成本。同年夏天，公司決定在公司的網站公布全球承包商的資訊。

教訓

耐吉跟李維兩個品牌在承包商資訊處理方面，都有類似的經歷，可作簡要比較。透明度利多於弊，增強消費者的信任，提升競爭力。兩家企業在回應血汗工廠所推動的組織改革都大同小異，包括比其他競爭對手更早制定供應商守則；公司內部開設專責部門，負責勞工規範執行的管理，部門由資深員工主持；配置額外人力資源於接近承包商工廠的地點，方便定期巡查；開發新的資訊系統，包括全球供應商的資料庫，更能追蹤承包商的工廠資訊，總部高層更容易掌握承包商最新情資；設立守則監督系統，使公司監督員及外部的監督員隨時能獲取資訊。透過不斷的試誤，系統逐漸完善化，配合組織的發展，令公司更有效管理供應鏈，更容易實踐其價值管理的宣示，有利於鞏固企業形象。

註 釋

1.　部分源自筆者在香港《信報》1993年5-6月有關李維價值的文章。
2.　文字略有修飾。

第**12**章

耐吉文化的轉變

膽小鬼踏不出第一步，屠弱者會在途中夭折，女士們，先生們，就剩下我們了！

——菲爾·奈特（Phil Knight），耐吉（Nike）共同創辦人

運動鞋龍頭跨國企業耐吉（Nike）樹大招風，一向被民間組織及勞工團體視為血汗工廠的代表，經常對其公開批評。以舊金山為總部的民間組織全球交流（Global Exchange），在2001年出版的一份報告：《仍等待耐吉言行一致》（*Still Waiting For Nike To Do It*），強烈批評耐吉言行不一致，未履行3年前的承諾，改善全球55個國家承包商僱用的50萬名勞工之工作環境（Connor, 2001）。報告揭露，耐吉承包商工廠的工人，仍然受到滋擾、貧窮、無理解僱及暴力恐嚇等對待。耐吉承包商工人賺取的工資僅可餬口，工時超長，經常加班，壓力大，經常受到工頭凌辱虐待，全無尊嚴可言。

耐吉勞工爭議

耐吉創辦人及執行長菲爾·奈特（Phil Knight）作風驃悍，常與批評者發生衝突，不太接受批評，樹敵眾多。比起其他全球性公司，耐吉引起爭議最多，經傳媒報導，民間組織攻擊及發動消費者杯葛，使耐吉的公司商譽受創，股價下挫。1997年，耐吉在越南的一家承包商工廠被揭發工作環境極度危險：工人暴露於超出當地法律規定的177倍有毒氣霧中。奈特對這件事甚為尷尬，1998年在一次公開演講中許下諾言（Cushman, 1998），改善承包商工廠的工作環境。奈特的承諾包括以下6項：(1)所有的耐吉鞋廠都要符合美國的空氣品質標準。(2)鞋廠工人的最低工齡是18歲，製衣廠的是16歲。(3)容許非政府組織加入監察的行列，監察的結果，公眾可向公司索取。(4)公司會加強工人的教育，提供類似中學課程的免費教育。(5)建立一個貸款制度，施惠在越南、印尼、巴基斯坦及泰國的4,000個家庭。(6)向4間大學提供資助，研究負責任的商業行為。

在作出這些承諾時，奈特還聲稱會親自監督諾言的實施，當時在場有不少的勞工領袖及記者。3年後，上述全球交流的報告直言，耐吉推行的改革，很多雖切合當地的環境，但受惠的人很少，例如：教育計畫的確擴大了，但工資卻低得可憐，工人無法放棄可增加收入的加班，導致沒有時間進修。很多耐吉承包商工廠中，工人經常被迫每週工作高達70小時，不願工作的就會面臨被解僱的威脅。

連續不斷的反耐吉運動，令耐吉應接不暇，形象受損，商譽掃地，股價及營銷額都受到很大的衝擊，1999年營銷跌了8%，2000年的生意額是90億美元，比上一年增加了2.5%。耐吉的競爭對手銳跑（Reebok），股價在2000年由8美元漲至30美元，耐吉股價則降了15%。2001年5月底，奈特對報告作出反應，指報告有偏見，耐吉已盡力為工人提供公平的工作環境。

耐吉的崛起

根據2018年度耐吉提供的財務資料：營收363.9億（單位美元，下同），營運收入44.4億，淨收入19.3億，總資產225.3億，員工73,100人。耐吉位居全球最大的運動服飾企業，是名副其實的。正由於耐吉的地位，自然成為反血汗工廠的全球民間組織攻擊對象，這些組織集中注意其全球的供應鏈，派員深入調查，一發現違規缺德行為，就公諸於世，不斷批評及發動抵制行動，令耐吉疲於奔命。

耐吉的崛起，跟全球化是分不開的。在全球化的脈絡下，耐吉的崛起及壯大，與血汗工廠息息相關，並充分展現了跨國企業的商業模式（Barnet, & Cavanagh, 1994; LaFeber, 1999）。耐吉總部設在美國奧勒岡州Beaverton市，只直接擁有龐大的全球生產網絡之一小部分，產品製造全部委託海外的承包商，公司專責行銷及設計，特別是控制其智慧財產權及品牌。差不多所有的耐吉運動鞋製造都在美國以外，尤其是在亞洲，產品一半以上是在海外市場銷售。

奈特本身喜愛長跑運動，但並不屬於頂尖者。當時他就讀於奧勒岡州大學，是長跑運動員，田徑教授是比爾·包爾曼（Bill Bowerman）。包爾曼一直期望有人能製造出更輕便的跑鞋。奈特就讀史丹佛大學商學院時，一篇論文是研究如何以進口日本製造的跑鞋賺錢。

1963年奈特在波特蘭（Portland）一家會計行任職時，一次環球旅遊期

間，抽空到日本橫濱市參觀製造猛虎牌（Tiger）跑鞋的公司，買了一些跑鞋回家。1964年，奈特與教練包爾曼各出資500美元成立一家小公司，取名Blue Ribbon Sports（1964-1971），其後改為耐吉（Nike）。公司用包爾曼設計的鞋款，委託日本廠商生產，然後運回美國。奈特趁有比賽的日子，便駕車到運動場去販售跑鞋。第一年共賣了1,000雙跑鞋，賺了364美元。到1969年，公司生意愈來愈好，營業額增至100萬美元。奈特恐怕會被日本廠家拋棄，開始全力研發自己的跑鞋。

一個星期天早上，包爾曼偶然將橡膠倒入做方格餅的鐵鍋中，突然靈機一觸，新的跑鞋意念即出現，一對安裝了方格餅型膠鞋墊的輕便跑鞋不久便面世了。耐吉的店名，是公司一位負責設計的職員想出來的。該名職員有一晚夢見了代表勝利的希臘女戰神Nike，就用了她的名字為跑鞋命名。1970年聞名全球橫勾圖型（Swoosh）的商標，則是由一名在大學讀設計的女生設計的。奈特原先不喜歡這個商標，只給了35元酬金，其後這個商標變成街巷聞名的品牌符號，該女生後來亦得到公司的股份。Cortez是耐吉一款很流行的跑鞋，中層鞋墊鋪上海綿，大大減輕了足部著地時的衝撞力，是運動鞋史上最早有減、避震設計之鞋型。耐吉創建初期，1971年自行開設製造部門，Cortez成為耐吉的旗艦跑鞋。

運動鞋至今有超過百年歷史，1860年代，英國人已經生產用帆布做的輕便跑鞋，其後在1920年代至1960年代，大家都穿一款稱為「干我事」（converse）的流行運動鞋。Nike自七○年代開始挑戰Adidas獨霸天下的局面，善用各種行銷手法，大型運動的贊助，推廣產品，製造品牌，快速成為運動鞋的全球霸主。

奈特及包爾曼兩位創辦人思想自由，好反潮流，對運動鞋這個行業的保守作風不以為然，公司反映他們的價值，力求創新，敢為天下之先。奈特及包爾曼兩人都是運動員，對運動員有崇高的敬意，兩人認為運動員不依賴家底，只憑個人真本領，為自己創造機會。

七○年代後期，美國社會掀起體操運動熱潮，耐吉的進取精神，創新的行銷手法，令業務發展神速，營業額由1,000美元躍升至2億7,000萬元，在運動鞋市場有一半的占有率。奈特1980年持有的公司股票價值，比在七○年代初上市時上升了600倍。奈特野心很大，致力超越競爭對手Adidas、Reebok。公司成立以來，資金來源一直是日本的日商岩井銀行（Nissho Iwai）。

奈特最成功的市場策略，是利用超級巨星運動員做產品行銷，特別是支付

2,000萬美元酬金邀籃球巨星麥可·喬登（Michael Jordan）成為產品代言人，使公司的成功更上一層樓（LaFeber, 1999）。奈特厲害之處，是他願意投下鉅額資金，招攬大量運動名人員為公司代言，總數是對手的7倍，其中，美國職業籃球明星運動員就有80多名。

奈特是精明的生意人，是成本的精算師，趁全球化之浪潮，將生產線全球化，善用亞洲廉價勞工來生產，當日本的工資變得太貴時，就將生產線移到南韓，當南韓工資上升時，就轉向東南亞、臺灣、泰國、印尼等地找承包商。奈特鑑於臺灣的做鞋技術出眾，在臺北開設了一間專門開發新產品的實驗室。

奈特又趁中國改革開放，將產品製造移到中國，委託的契約承包商工廠，比臺灣、南韓還多，成為快速增長的生產地。1989年奈特與中國政府合約期滿後，就由謝姓廠家在廣東珠江三角洲設廠生產。這家名為裕園的鞋廠，有員工5萬4,000人，是公司全球最大的供應商，1995年工廠的97條生產線生產4,500萬雙鞋（LaFaber, 1999）。裕園經營出色，利潤達到年度38%！

血汗工廠如影隨形

從這個時期開始，耐吉就與血汗工廠形影不離。耐吉先被指責使用中國監獄裡的囚犯來製鞋，之後耐吉又經常被批評剝削亞洲工人（Bernstein, 2000; Featherstone, 2002; Wazir, 2001）。在排山倒海的批評下，耐吉被迫制定了經營守則來保護工人，但承包商及耐吉執行不力，守則徒具形式，工人慘況全無改善。耐吉在越南鞋廠的環境同樣差勁，工人工時長、工資低不在話下，還經常受到工頭虐待及隨意懲罰。工廠3萬5,000名工人中，有9成是女工，每天工作12小時，而每雙鞋的勞工成本只有2美元。血汗工廠的指責一直未有停歇，奈特之後把主要承包廠的經理解僱。

血汗工廠的不人道經營經媒體不斷報導，耐吉與其他著名運動鞋大公司共同簽署了一份公司守則，規定工廠每週最多的工時是64小時，而工資不能低過當地法定的最低工資。但不少批評者指出，守則只是公關技倆，沒有實質意義，理由是在不少國家所謂的最低工資，根本就不夠支付工人的基本生活費，而所謂工人有權組織工會這些規定，亦是閉門造車的產物，完全不了解不少亞洲國家的法律不承認工人有權組織工會，或集體談判的權利。

為了補救嚴重受損的商譽，奈特邀請了前美國聯合國代表楊格（Andrew Young）組成調查團，到當地視察承包商的工廠實況，楊格走訪各國承包商工

廠寫成的報告，指出所有承包商的廠房都清潔、管理好，但建議工人權利要有進一步的保障。但報告受到多方批評，指出楊格調查很表面，而隨團的翻譯是耐吉所聘的員工。另外，報告只用了極少的篇幅討論工人的低工資問題。楊格的報告一點都沒有改善耐吉血汗工廠的汙名（LaFaber, 1999）。

奈特對批評者的指責，都有一個經典的回應：那些為生產球鞋的第三世界工廠，對其國家的工業化擔當了重要角色，為當地人民帶來就業機會，提高他們的生活水準。

自九〇年代開始，亞洲國家的工資上漲，耐吉將在南韓及臺灣的生產線關閉，轉到中國、印尼及泰國這些工資仍很低的國家設廠。公司的全球性管理、行銷、廣告人員有超過8,000人，而實際的生產由承包商負責，工人則大約有75,000人。

在泰國或印尼為耐吉製鞋的多是南韓承包商，利用當地低工資、低地租，繼續為耐吉做承包商。耐吉在印尼製鞋的成本是6.5美元，但在美國及歐洲的零售價則達73元，甚至達135元，利潤驚人。南韓承包商在印尼開設的4家鞋廠，年輕女工每小時工錢只有15美分，每天工作11小時。每雙跑鞋在亞洲的製造成本是5.6美元，但在西方市場則賣70美元，賺取鉅額利潤。另外，耐吉1年支付喬登的代言費2,000萬美元，超出了所有印尼鞋廠1年支付給工人的工資總數，這個反差實在令人匪夷所思。1996年印尼工廠生產7,000萬雙跑鞋，有員工2萬5,000人，但每人每日工資只有2.23美元。不少工廠強迫工人每天加班達6小時，工頭對工人侮辱打罵、無理懲罰，司空見慣。

印尼的經濟情況很差，在蘇哈托執政時，國家經濟都由他與其家族、親信所壟斷，貪汙非常嚴重，人民生活困苦，失業極為嚴重，估計每年250萬人進入勞動市場，但有一半找不到工作。印尼政府為了吸收外資來設廠，舒緩失業的壓力，在勞工保護法令上盡量幫外商，勞工權利根本沒有保護，外商有機可乘，大肆剝削工人。當地工人每天工作7小時，最低工資只有1.06美元，而當地的勞工部估計顯示，一個工人至少要用1.22美元才能解決每天最基本的食用所需。南韓廠商對工人尤其嚴苛，管理手法很兇悍，工人每天在恐懼中工作，若未能達到生產的指標，就遭大聲喝斥，若頂嘴反抗，就會被減薪。韓國人看不慣印尼工人工作比較散漫，生產力不高，不像南韓工人那麼拚搏，所以對工人一般看不順眼。

血汗工廠支付工人的低微工資，僅供一家餬口，無法改善生活、無法脫貧。但耐吉一直沒有採取積極作法，改善工人工資，只關心公司獲取鉅利。其

實，耐吉的血汗工廠問題只是冰山一角，全球各地落後國家都面臨著大同小異的「向最低標準競賽」之處境。中南美洲、亞洲都出現為數不少的血汗工廠，工人被剝削、被奴役相當普遍，始作俑者是僱用承包商的跨國企業。

1990年初，為了挽回受損的商譽，許多跨國企業都自行制定了商業行為守則，要求承包商改善工人的工作環境。但由於缺乏有效的監督，承包商都敷衍了事，做些門面工夫，惡劣的工作環境一直沒有改善。1990年後期，跨國企業受到不斷的批評及壓力，不管自願還是被迫，各自僱用監督員或聘請獨立的監督組織，經常到承包商工廠實地巡查，檢查是否違反倫理守則。透過有效的監督，不少代工廠的情況有所改善。問題是，跨國企業的承包商只是很多代工廠的一小部分，其餘仍有不少中小型公司僱用的承包工廠是缺乏監管的。分布在拉丁美洲及亞洲不少地方的勞工密集的行業，包括製衣、玩具、製鞋等，都需要大量的廉價勞工，同時是大量血汗工廠的所在地。

耐吉針對血汗工廠，推行了積極措施，試圖改善惡名，挽回商譽。例如：印尼首都雅加達附近的Nilomas Gemilang代工廠，就有明顯的改善。這家工廠是印尼最大的鞋廠，廠區規模大，像一座小城鎮，有55棟建築物，僱用工人2萬2,500人。承包商寶成國際集團（Pou Chen Group）的老闆是臺商。耐吉要求工廠支付資深工人更高的薪資，及開除對工人粗暴對待的管工，工廠改善了工作間的安全及公司宿舍的膳食。廠區內的宿舍住了1萬3,000名工人，區內有購物中心、醫院、電影院，及一家育幼兒院。雖然如此，耐吉及寶成支付工人低微的工資，但公司卻有四成的毛利。

反抗文化

自1992年，耐吉就與血汗工廠的指控結下「不解之緣」，反對耐吉的民間組織對耐吉的攻擊一直未停，且愈攻愈烈。如上文言，反血汗工廠組織一直鎖定耐吉為頭號敵人，視為血汗工廠的代表（poster child），一旦發現有虐待工人事件，就廣為宣傳、大肆批評，並聯合大學生團體及勞工組織，發動抗議與杯葛行動，重創企業形象。

面對不斷的抗議與杯葛，不少跨國企業都顯得非常低調，怕引起反全球化組織的攻擊及圍剿。耐吉一向有不留情面（in your face）的文化，不是省油的燈，對於不斷的攻擊與批評，耐吉不示弱、不退縮、不妥協，採取鬥爭到底的策略，主動出擊，趁攻擊者還未凝聚攻擊力之前，伺機反擊，將對方打個措手

不及，削減對方的殺傷力，還投下大筆資源，部署大規模的應對計畫。

耐吉的反抗企業文化，跟創辦人奈特的個性有密切關係。奈特是長跑運動員，有運動家的人格特質，好競爭、靠自力、重行動、意志強，不放棄。奈特給人的印象是害羞、不多言，稍具神祕感。其實，熟悉他的人都知道，奈特外軟內剛，個性堅強，遇難不避，迎難而去，堅持到底，不易低頭，耐吉家喻戶曉的廣告語「做就對了」（"Just Do It"），很成功地將產品跟消費者建立情緒的連結，也許亦透露了奈特的性格，及由他一手打造的耐吉企業文化。耐吉的文化一如奈特行事風格，不管是做生意，還是跟攻擊者的博弈，通通看成是競賽，目的主要是勝利（Katz, 1994; Knight, 2016）。

創辦人的領導特質

奈特出版的自傳：《鞋犬》（Shoe Dog）（Knight, 2016），詳細敘述了他創辦耐吉的經過，透露了不少鮮為人知的祕辛，尤其是直言自己犯過的錯誤，其誠實的程度令人側目，一個如此成功的商界奇才，能如此坦然暴露自己的弱點，古今中外商界能有幾人？自傳具體地呈現了奈特的人格特質、領導特色與耐吉文化的連結，而領導特質是個人價值信念的反映，這都有助於了解創辦人的價值跟企業文化的關係。

奈特的人格特質及領導特色，綜合如下：

找到自己的熱情：做人或做事，必須找到令自己有熱情的方向。找到所愛，便全心追隨，全力以赴，配合運氣，多能開花結果。熱情激發人對事物的持久興趣與堅持，就算遇到巨大困難阻滯，都不易退縮，會鍥而不捨、勇往向前，直至成功。沒有熱情，容易退縮、苟且、隨便，是平庸的溫床，難以成事。奈特對長跑運動的熱愛，激發他對跑鞋的興趣與熱情，適逢共同創辦人包爾曼同樣對改善跑鞋有無比的熱情，兩人齊手不斷做實驗，研發更輕、更好的跑鞋，終於開發了有名Cortez跑鞋，成為耐吉的招牌貨，留名跑鞋青史之中。與奈特共事的其他幾名得力助手，都有共同的價值、做事的熱情，發揮了領導角色，向周邊散播了巨大的感染力，激發了員工的熱情，公司上行下效，齊心協力，形成協作良好的團隊，齊手推動公司前進。

奈特對20來歲年輕人的勸勉是：不要找到一份工作或職業就心滿意足，不作他想，年輕人要尋找自己的志業（calling），奮力追隨自己的志向。能專心追隨自己的理想，人更能忍受疲憊、挫折，並將之轉變為前進的力量，獲得

更大的喜悅。

放眼世界，不停學習：把眼光放大放遠，不要局限於眼前；將世界視爲學習的場所，趁年輕環遊世界，學習其他文化習俗，養成對事物永不退縮的好奇感，終生學習。

僱用最適合的人員，找有共同價值的人共事：耐吉創業初期的功臣都是田徑運動員，熱愛運動，例如：共同創辦人包爾曼、得力助手Jeff Johnson，都是對耐吉文化形成有貢獻的功臣。

避免微細管理：領導人不須事以躬親，只須向員工陳述自己對公司的願景、目標，提供一般的指引，然後放手讓他們自己去做，不對作業細則指指點點。對每名新鮮人，奈特要求他們做超出能力範圍及舒適圈的事，並給他們足夠的信任及理想去實踐。這不表示自由是毫無監督的，重點是加強員工的自主。然而，計算要給予員工多少監督及指導並非易事，得按員工的能力及自主力來個別考量。

提出願景，給予期望：爲公司提出願景，制定方向，向員工灌注希望，給予他們信念以支撐及推動行爲，及將員工團結在一起，同心同德，朝同一目標努力。

迎難而上，毫不退縮：不要捨難取易，要有應付逆境的積極心態，事業不會一帆風順，人生不會天天晴朗，不會天天達高峰，總有陰霾日子，低谷時刻。耐吉創業早期的20多年，經常面對財務危機、官司，瀕臨破產邊緣，但都積極面對，克服困難。際遇有順逆，業績有起伏，以平常心對待，沉著回應，做就對了。

擁抱競爭：奈特深信競爭能使人經常提高警覺，抖擻精神，集中心智，將自己最好的發展出來；健康的競爭激發人的潛能，加速人的成長。同樣重要的是，健康的競爭會激發創新，生產高品質的產品服務，增加公司競爭力，惠及消費者及社會。耐吉從小店開業，一直離不開競爭。當時占龍頭位置的德國大公司，看不起小小的耐吉。耐吉規模稍增時，強大對手亦是德國品牌，耐吉沉著應戰，找機會學習對方優點，改善自己弱點，在競爭上成長，愈戰愈強，終於拋離強敵，登上運動鞋一哥寶座。

奈特回顧大學時的運動員生涯，經常跟比他更強、更快及天生體質更佳的人競賽，這些人不少日後成了奧林匹克選手，奈特與他們競賽，失敗是家常便飯；但奈特指出，訓練自己要忘記這些失敗帶來的不快。奈特認爲，人們不加思索就以爲競爭經常是件好事，因爲能將人最好的一面激發出來。然而，只有

對那些能忘記的人，這個假定才是真的。奈特從田徑運動中學到競爭之道，必須忘記自己的局限，忘記疑惑、痛苦、過去。「競爭之藝術就是忘記的藝術」（"the art of competing ...... [is] the art of forgetting."）。還有，競爭成功不僅靠勤奮刻苦，優良團隊、好腦袋及決心，運氣通常決定勝負。

求助不是弱點：領導人有一普遍迷思，遇到困難時會一肩扛起，從不求人；向人求助，表示自己的不足，暴露了弱點。奈特認為，人非萬能，能力有限，做生意是人的事業，需要很多人幫忙，成功不可能單靠一人之力。明乎此，就知道求助於人是自然不過之事，同時承認自己的不足，需要幫忙；不會或不敢面對事實，自我欺騙，導致積弱積愚，敗勢難轉，失敗告終。

自知之明：虛心了解自己，特別要了解自己的弱點。人各有盲點，看不到自己的弱點。很多的弱點，旁人一眼看出，自己卻茫然不知。旁觀者清，當局者迷。了解此理，領導人身邊應常置敢講真話的正直者，不時提點自己，而不應用阿諛奉承的唯諾之輩。現實上，平庸的領導人喜用奉承討好之輩，討厭直言不諱之人。

鎖定目標，全心投入：做就對了，並不意味不經慎思的魯莽，而是經過審思慎算的考慮，一旦作出決定，就不應猶豫不決，而應勇往直前，全心全力投入，義無反顧，不達目的，誓不罷休。奈特自認以前習慣線性思維，但從禪宗教義領悟，線性思維是虛幻的，帶來許多不快樂。真實世界是非線性的，沒有未來，亦無過去，一切就在當下。總之，找對目標，鍥而不捨，到達成功為止。奈特回憶在1962年的早上自己對自己的勉勵：讓每個人指你的點子瘋狂，只管往前走，不要停步，直至到達目標前，甚至不要想停步，不要對目的地在何方想太多。不管怎樣，就是不要停步。

公司控制權：經營不能長期單靠浪漫，豪情壯志，而是需要務實的經營手法。給予員工自主之同時，不能鬆懈對企業的內部控制。例如：公司所有權的控制就得審慎處理，不能掉以輕心。耐吉成立早期，奈特曾經拒絕讓日本的供應商收購公司，亦曾反對給部分公司員工配股。奈特是要維持對公司的控制權，保證公司依其願景發展，維持公司的特色。耐吉公開上市，小股東只能擁有公司的B股，沒有平等的投票權，只能享有紅利。絕大部分股票屬A股，奈特擁有決定權的股票數量，手握企業控制權。

商業的深層意義

關於商業的深層意義，奈特有這個體悟：「商業不只是商業，將來亦

不會是。如果商業只是商業，表示那款商業是極差勁的。」（"It never just business. It never will be. If it ever does become just business, that will mean that business is very bad."）

與民間組織博弈

耐吉在血汗工廠爭議中回應批評者由對抗、防禦到接受，反映了企業文化的轉變（Emerson, 2001; Zadek, 2004）。開始時，奈特招募了一名叫華達‧曼納格爾（Vada Manager）的公關高手，擔任全球問題管理的主任（Director of Global Issues Management），專職負責應付抗議組織。曼納格爾一向活躍於華府政治圈，是名政治公關老手。自1997年上任以來，曼納格爾就一直採用柯林頓當總統時施行的「永恆運動」（permanent campaign）策略，不管對方攻擊的是什麼，一個都不放過，逐一回應。曼納格爾推動的計畫中，要對付的最主要對象之一，即是大學校園裡反耐吉的大學生。他在全國的大學廣設眼線，蒐集情報，對反耐吉的活躍分子的一舉一動瞭若指掌，在學生未發難之前，先發制人，就算未能將對方的攻擊力瓦解，至少將其力度大幅削弱。針對抗議活動，曼納格爾可以很快的召來有關專家商討策略，及應付每一個事件；他又僱用了民調專家，調查有關血汗工廠的民意，結果發現雖然不少消費者將耐吉與血汗工廠扯上關係，但很少會因此罷買耐吉的產品。耐吉還邀請大學中對耐吉有敵意的學生，親自拜訪耐吉的承包商作實地考察，了解實況。

大學生組織扮演了反耐吉的重要推手，組成了反血汗工廠學生聯盟（United Students Against Sweatshops），聯盟聲稱學生及工人有權去檢查耐吉僱用的代工廠，調查工人的狀況（Featherstone, 2002）。這股力量不斷壯大，成為自八〇年代以來最大的校園反耐吉運動，鍥而不捨地對耐吉的監督與揭發，在社會中，尤其對大學生群體的影響力愈來愈大，對耐吉的形象構成很大威脅。奈特對其恨之入骨，但卻無可奈何，無法阻止來自他們不斷批評所帶來的負面宣傳。當奈特的母校奧勒岡大學同意學生的要求時，奈特就收回了一筆原本要捐給母校的3,000美元鉅款。

學生一直不滿奈特那種自大狂妄、目中無人的態度，組織了一個叫做「真理之行」（Truth Tour）的運動，在全國各地串連，組團到各地的耐吉鎮（Niketown）抗議示威，自1997年起就發動了約50多次的示威。奈特亦不甘示弱，實行反擊，調動大批保安人員，將抗議鬧事的學生驅逐。耐吉要員透過

情報，知道這些反耐吉的學生只屬一小撮的邊緣分子，沒有廣泛的支持，難成氣候，對其中一些專心要搞破壞的無政府主義者，就全神貫注緊盯著。無論如何，血汗工廠問題始終要得到妥善的處理，否則這場抗爭、反抗爭會持續下去，損耗不少社會資源。

商人務實，頭腦靈活，不易受意識型態蒙蔽，注重現實，回應快速。奈特是精明的商人，自然有這種天性，對血汗工廠的爭議尋找治本的方法。事實上，運動用品在大學生中有很大的市場，一些運動用品公司如Gear for Sports，總營收的二成來自大學生。為了保住這個市場，有的公司因應大學生對血汗工廠的反感，主動在公司網站公布承包商的狀況，以表示公司切實執行企業社會責任。大學生營收占耐吉1999年營收的1%，是承包工廠總生產量的一成。早期耐吉不願將供應商資訊公開，但後來經過精算，缺乏透明度會被透明度高的競爭對手搶走客源，逐漸失去大學生市場。1999年底，耐吉不太願意地開始公布部分承包商名單，但當學生要求將全部承包商的名單公布，耐吉以商業祕密拒絕，發言人指將所有承包商地址公開，會讓競爭對手有機可乘，對公司不利。經反血汗工廠學生聯盟的努力，公開承包商已成不可逆轉的趨勢。剛進入21世紀，不少企業認識到增加透明度、公布承包商對大學生市場有利，紛紛採取公布名單的措施，以示其正派經營。耐吉見大勢所趨，在2000年同意公開生產大學生運動用品的供應商名單。

從抗拒到改革

2005年4月，令同業大吃一驚的是，耐吉突然公布了全球約750家承包商的名單。10月，其餘著名品牌，包括李維、Timberland、Puma、Adidas、Reebok等不想被耐吉比下去，紛紛公開承包工廠名單。有趣的問題是，為何10年前強烈抗拒公開代工廠名單的耐吉，突然改變態度，帶頭將供應鏈透明化（Doorey, 2011）？

耐吉政策大轉灣，其實早有伏筆。如文首言，1998年春，奈特在全國媒體俱樂部的一個演講，坦承耐吉已在世人眼中等同於奴隸式工資、強迫加班及隨意虐待。他利用演講宣示公司的新措施，消除公司10多年來受到其承包商負面消息的傷害。事實上，這個公開宣示，代表了耐吉政策改變的分水嶺。承上所言，耐吉的商業模式將設計及行銷由總部控制，產品製造則由分散到全球的數百家承包工廠負責。長期以來，耐吉認為供應商的工廠環境非公司之責，

公司無義務調查承包商的工人之工作環境。事實上，這種態度普遍存在於整個產業，不是耐吉所獨有。

不得不提的是，九〇年代初，耐吉對民間組織的批評及攻擊視為公關問題，用公關手法應付。公司的公關部門仿效李維的相關作法，制定了供應商要遵守的守則，包括保障勞工的規則，並在1992年公開。值得注意的是，守則制定本身已反映了耐吉態度的轉變，開始承認承包商的工作環境亦是耐吉的責任範圍。然而，守則不足之處是沒有提如何監察守則的執行。當時，耐吉亦沒有承諾公開承包商，或監察守則執行的訊息。守則分派到承包商，只是要求它們簽署及遵守，公布在工廠內，每2年向耐吉呈交報告。耐吉剛開始時沒有完整監督守則的執行機制，這個漏洞成為活躍分子及媒體經常批評的重點。回應這些批評，公司作了組織的改革，以助總部更有效監察承包商。耐吉開設了一個新的勞工部門來執行守則的落實。隨後，部門逐步改善監察功能，使公司能全面掌握承包商的代工廠內勞工狀況。

上文所言，耐吉起初不願意公開承包商訊息，因為怕會對公司不利，其後發現，將承包商資訊公布後，並沒有原初擔憂的不良影響出現，這個結果令公司對供應鏈訊息透明化的信心加強（Nikebiz, 2011）。耐吉這一輪措施，增加了對承包商狀況的情報掌握信心，繼而使公司更願意與外部組織合作，及與利害關係者、非政府組織更開放的溝通和合作。❶

走向企業社會責任

2000年，耐吉進一步參與有關活動，成為首家加入聯合國全球契約（United Nation's Global Compact）的簽署者，承諾致力保障承包商遵守勞工準則。耐吉同時推出透明101計畫，將對承包商工廠的審計結果，公布在公司網站之上。同年11月，耐吉加入了非政府組織CERES，就環境議題與外部利害關係者溝通，及公布按全球通報計畫（Global Reporting Initiative）架構制定的環境報告。

2001年，耐吉的董事會設立了企業責任委員會，主管公司在勞工、環境及慈善方面的表現。2001年耐吉公布了其首部企業社會責任報告，內容包括全球各地的工廠數目、員工人數、平均工資等資訊。耐吉對透明化愈來愈有信心，邀請外部專家組成評審委員會，對2004年的報告草稿作審議及提出建議，委員會成員包括對耐吉嚴厲的批評者。委員會審視報告後，提出不少建

議，其中包括公布全球所有承包商資訊。經過深入研究與辯論，耐吉將全部承包商資訊公布。2005年的報告，除了耐吉的分公司外，將全球所有生產耐吉品牌產品工廠的資訊公諸於世，資訊涵蓋約九成供應商。耐吉利用這次機會，向業界呼籲以產業合作來改善供應鏈的勞工及環境問題。

2005年報告的制定及出版，其實反映了近年改革的不斷深化。這次報告採用了一套國際認可的指引，指引是由全球通報計畫所制定的。報告記錄了由耐吉深入569個代工廠所做的經營審計及公平勞工聯會（Fair Labor Association）所做的獨立審計，檢驗承包商是否完全遵守經營守則的各項規定。報告發現，只有4家承包商不符合要求。經營守則內，包括工人的工時、工資、工作環境、組織工會的自由、童工等。關於職場安全問題，在減低膠水及溶劑等易燃有機複合物（volatile organic compound）方面，有很大的改善，從1995年每雙鞋340公克，減到2003年的16公克。在員工構成方面，耐吉設置了全球多元化辦公室（Office of Global Diversity）、全球多元化執行議會（Global Diversity Executive Council）、婦女領袖議會（Women's Leadership Council）等單位，協助推動職場上包括同性戀者、雙性戀及變性者多元族裔平等僱用政策，因此在人權運動組織所制定的企業平等指標（Corporate Equality Index）上，連續3年得到滿分。

在環保方面，耐吉繼續減低汙染的排放，支持《京都議定書》的目標。在所制定的氣候救助計畫（Climate Savers）中，耐吉制定了到2005年要將公司擁有的設施及商業旅遊的二氧化碳總排放額，從1998年的底線減少13%。耐吉加強了與不同利害關係社群的連結與合作，包括Organic Exchange、The Global Alliance for Workers和Communities。例如：在與Organic Exchange的合作下，公司生產的棉製品在2004財政年度中，有47%包含了5%有機棉，這是5年前含量的1倍多。

值得注意的是，報告中這些項目的資料，絕大部分都有核實或獨立檢驗，不是自導自演。無論如何，耐吉若無誠意來實行社會責任，是完全沒有理由費時耗資，做如此複雜的資料蒐集及核實。似乎耐吉真的成熟了，明白在金錢之外，企業還有社會責任，最終展現了奈特認為商業應有深層意義的信念（Knight, 2016; Zadek, 2004）。❷

註 釋

1. 在處理全球供應鏈方面，耐吉與李維有不少共同之處，可以互相比較。
2. 部分資料來源：筆者香港《信報》2001年、2005年有關耐吉的文章（葉保強，2005，第十四章）。

第 **13** 章　巴塔拯救地球之道

我們的生意是拯救地球家園。

——伊馮·喬伊納德（Yvon Chouinard），Patagonia創辦人

一個以拯救地球為己任的組織，會是什麼類型的組織呢？簡單的回答：環保團體，如綠色和平、地球之友、世界野生動物基金等組織。錯不了？若答案是牟利的商業組織，可能會令不少人感到很訝異。事實上，世界上真的有這麼一家商業組織，創辦人視保護地球為商業應有之使命，並以保育先鋒為志業，多年來以行動來貫徹使命（Casey, 2007; Carus, 2012; Gunther, 2016; Wilson, 2015）。這家公司正是總部位於美國加州溫吐拿（Ventura）的巴塔哥尼亞（Patagonia Inc.）（簡稱巴塔）戶外服飾設備公司，創辦人及執行長伊馮·喬伊納德（Yvon Chouinard）是有深厚環保價值及實踐力的商界領袖人物，也是商界保育的先行者，不只獲得商界大老的欣賞，同時深受保育社群的擁戴。究竟巴塔有什麼樣的企業文化？創辦人何許人也？他的信念價值來源是什麼？如何打造巴塔文化？巴塔有何核心價值？巴塔如何對待員工？如何對待消費者？如何處理供應鏈？如何影響同業？如何對待大自然？回答這些問題，就要探討巴塔文化的形成、發展、執行、傳播、影響及傳承，與創辦人及領導者在過程中的角色。

企業使命

喬伊納德（以下簡稱喬納）在1973年創立的巴塔，前身是喬納設備（Chouinard Equipment），是喬納跟攀岩好友共組的公司，專門製造戶外的硬體設備，包括攀岩繩索、岩鉤、雪斧等，巴塔成立後，擴大製造並銷售軟體設備——戶外服裝。公司1989年宣布破產，之後重整分為兩部分，黑鑽石設備（Black Diamond Equipment）及原本的巴塔哥尼亞。前者專營攀登設備，後

者專營戶外服飾。巴塔的商徽是巴塔哥尼亞的芙斯萊山（Mount Fitz Roy），反映了喬納本人對那片山脈的熱愛，標示公司親近自然的價值。

巴塔的使命是拯救地球家園。落實救地球的使命，巴塔採納的核心價值：(1)衝浪者、攀岩者追求的極簡主義（minimalist），製造或販賣的產品必須符合簡單（simplicity）及效用（utility）原則。(2)悉心建造最佳產品：好產品包括三大要件：功能、可修復、耐用。產品若能世代延續使用，將其原料再造後仍可用，就可減低生態的破壞。(3)製造的產品要儘量避免不必要的傷害。理想目標是，不只要做更少的害，還要製造更多的善。

巴塔了解到地球生物正受到滅絕的威脅，要好好利用公司、投資、聲音及想像，行動起來，拯救地球。巴塔每年捐出營收的1%給全球數百個民間草根組織，共同來保護地球。巴塔還要引領社會保護大自然，回復生物網的穩定、完整及美麗。此外，巴塔要敢於創新，不受制於傳統，經常尋找新的方法做事。❶

創辦人：個性與價值

喬納是攀岩名人、登山高手，在攀岩登山界享有盛名。他亦是著名的環境保育領袖、環保活躍分子、保育先鋒、創業家、最受員工愛戴的老闆，更是為人尊崇的環保企業家（Paumgarten, 2016）。早年，喬納無師自通，自學成為打造優質攀岩設備的打鐵匠，製造的產品優良耐用，深受攀岩界歡迎，聲名大噪，促使他成立公司製造及販賣攀岩設備，開啟了他的從商之路。2018年，世界著名的塞拉俱樂部（Sierra Club）頒給喬納環境保育最崇高榮譽約翰·繆爾獎（John Muir Award），表揚巴塔在永續經營上的重大貢獻。

喬納個性特立獨行，崇尚簡單生活，愛好自由，率性而行，討厭官僚主義。他熱愛工作，喜歡親手製造東西，愛好實驗，敢於冒險，偏愛簡單、耐用品質的物品，討厭浪費，主張節約。喬納熱愛戶外運動，除了攀岩、登山外，他經常衝浪、河釣、滑雪。喬納10多年前出版自傳（Chouinard, 2005, 2016），講述自己從商經歷，承認自己是「不情願的商人」（"reluctant businessman"），大力倡議商業可義利相濟，能行大善，保護地球。喬納身體力行，擔當大自然的守護人，將商業轉化成為行善踐義的力量。

喬納1938年出生在緬因州一個法語家庭，父親為法裔加拿大人，是名維修及機械匠人。1947年舉家搬遷至南加州時，喬納連一句英語也不會講，很

難融入學校生活，沒有玩伴，自小就養成獨自到荒野玩耍的習慣，喜愛探險、釣魚，愛親近大自然的性格自小就形成。喬納心中的英雄人物並非華盛頓、富蘭克林等政治家，而是自然主義者，其中約翰‧繆爾（John Muir, 1838-1914）即是他心中的英雄。喬納從繆爾處學習了自然保育，欣賞大自然對人的精神價值，了解人與自然連結的重要性。繆爾是近代環境保育及環境保護之父，是美國著名的保育組織塞拉俱樂部共同創辦人，經由他的努力，美國國會在1890年通過法令成立優勝美地國家公園（Yosemite National Park），故繆爾有國家公園之父（Father of the National Parks）的美名。繆爾爲了向世人介紹優勝美地荒原的價值，在《世紀雜誌》（*The Century Magazine*）發表了兩篇傳世之作，〈幽勝美地珍寶〉和〈建議中的優勝美地國家公園特質〉（"The Treasures of the Yosemite" and "Features of the Proposed Yosemite National Park"）成爲保育的經典。喬納的自然主義、自然保育、保護地球等價值，主要源，自繆爾保育思想的啓發。隨著他的成長及經歷，認識到大自然遭受破壞的危機，及防止環境惡化的急迫性，加入了他對保育的決心，身體力行，以行動保育地球，以巴塔爲實踐保育理想的工具。除了粗糙自然主義的思想外，喬納在創立巴塔時，並沒有整套價值，而是邊做邊學、邊工作邊創新，在生活與經營中不斷探索、累積、學習，九〇年代才逐漸形成成熟的價值與信念。

創辦人的領導風格

喬納愛自由，不從俗，特立獨行的個性，導致他領導風格有道家的味道：無爲而無不爲。喬納只抓緊大方向，制定經營大架構、原則及規範，找到合適的工作夥伴（員工），讓他們各自發揮，自行決定如何更有效率地把工作完成。喬納不微觀管理，尊重員工的自由及自發性。他反對傳統自上而下的領導方式，視公司如團隊，推行共識領導，他比喻團隊如同海豹突擊隊，沒有一永久特定的領導，每個人在需要時都是領導人。除了道家風格外，喬納本人行事作風、待人接物等行爲，同樣發揮著重要的領導效應。喬納喜歡試驗，敢於創新，學而不倦，不怕認錯，關懷環境，不市儈、言行一致，平等待人，重視商德，簡樸節約，行動取向，在員工中樹立了楷模，是極佳身教者。

巴塔成功的祕訣除了是好創辦人、出色文化外，優秀的員工亦是關鍵因素。事實上，道家之散開、讓開的管理方式，必須有特殊素質的員工配合，組織才會成功。喬納特別重視員工素質，他堅持挑選最好的，專門找自主性高，

不需指令而能自發工作的。此外，若有兩名應徵者的其他條件都一樣時，喬納偏向選取喜好運動者，這可能由於他本人喜愛運動所致。事實上，不僅公司老闆或主管喜歡找那些擁有跟公司價值相同的人，這類員工較容易溝通與合作。另一方面，求職者亦希望進入跟自己價值相同的公司，跟價值及興趣相同的人共事，反映了物以類聚的原理。巴塔由於經營有道，個性突出，在社會聲名日隆，很多求職者慕名而來，每年巴塔收到很多求職信，在挑選最好的原則下，每900名申請人中，巴塔只選1人。有一次心理學家對巴塔做研究，發現巴塔的每位員工都非常獨立，各有不同的個性，心理學家告訴喬納，他的員工像是為巴塔量身定做的，是其他公司「無法僱用的」（unemployable）。換言之，巴塔與員工是「天作之合」，完美的合拍（perfect fit）。巴塔與眾不同的文化，聚集了各種人才，員工構成多樣性高，來自不同職業，包括洗車工、畫家、風笛手、特種部隊成員等，唯獨缺少唸MBA的。

最自由的職場

巴塔員工有以上的素質，每個人都會自我管理、自發工作，管理者只需要設定工作目標，就可放手讓員工自行完成任務。巴塔採彈性上班制，沒有9點到5點的上班時間，員工只要按目標完成工作，可以自由做自己想做的事。例如：有浪來到，員工可以放下手上的工作先衝浪，回來再把工作完成。公司入口有布告欄，通告每天海浪來臨的時間。只要把工作做好，員工可以在上班時間慢跑、返家處理家事，或請長假旅遊等，喬納從不過問。他鼓勵員工多運動，多參加社會運動、環保運動。巴塔的員工福利相當優渥，員工每年有2個月有薪假，可參與環保活動，如拯救鯨魚或到野外參與環保抗爭活動。這是公司的環保傳統，就算財務吃緊時，仍一樣做環保。1991年公司財務狀況很差，但研究開發部及支援環保部門的撥款維持不變。家中有剛出生嬰兒的員工，至少有90天的有薪產假和陪產假；公司內有收費低廉的日間托兒中心，令初為父母的員工可安心工作。

自然主義的種子萌芽

喬納20多歲時創立攀岩設備店，將店鋪位置設在南加州可衝浪的海邊，隨時可以衝浪。員工都是他的攀岩、衝浪、登山好友。全店上下都熱愛運動，

攀岩、衝浪、戶外愛好者，正是同聲同氣，像是戶外人的俱樂部。店內製造或銷售的產品，都是員工自己愛用的，因為製造或販賣連自己都不會用的設備，是不道德的行為。巴塔這個作風，在業界屬少見。

1965年，喬納與友人Tom Frost合作，在喬納的小廠房內製造攀岩釘和鉤環。9年合作期間，兩人對工具重新設計及改善，令新工具更堅固、更輕、更簡單及功能更強。兩人都是攀岩好手，每次從山上回來，將累積的新經驗及意念用來改善工具，不久兩人共同成立了喬納設備（Chouinard Equipment），製造及銷售攀岩設備，1970年公司成為全美最大的攀登設備公司，與此同時，公司亦變成環境破壞者，原因是攀岩釘或鉤環對石體造成不可挽回的損壞。那時攀岩漸成熱潮，造成石塊受到愈多的破壞，熱門的幾個攀岩地點，如優勝美地河谷一帶攀登者尤其多，山石在鎚子重複的敲擊及岩釘穿插、拔除、植入下，變得愈來脆弱，破損嚴重，山體亦受到大面積毀壞。喬納目睹慘況，頓時有所覺悟，知道不能讓情況繼續，於是決定停止生產岩釘。之後，攀岩界開發了不損岩石的環鎖，無須用鎚子打釘入石，只要用手將環鎖擠入石縫即可，石塊可免於受損，山體的完整性得以維護。

值得注意的是，喬納停產岩釘的決定，肯定與其自然主義的價值觀有關。山石雖無生命，也是大自然的一部分，人類亦不應因自己的快樂而加以破壞，若珍惜自然，亦應珍惜自然的組成部分。對岩石尚有免其受傷的仁愛情懷，對其他生物的維護更不用說了。早植於喬納心中自然主義價值的種子已發芽成長，推動他做對的事。

喬納的朋友群

物以類聚，人以群分。了解一個人，得了解他的朋友。人總喜歡與跟自己有共同興趣、價值、態度的人交往，因此，從朋友的喜好、價值、態度等，亦可看到自己的興趣、價值。喬納不少的同好，特別是他的摯友，跟他都有共同的環保價值，對荒野的熱愛，戶外運動的偏好，朋友圈成為維繫及加強他原來價值的社群，對他價值的深植及鞏固有加乘作用。喬納摯友中，特別要提的是道格‧湯普金斯（Doug Tompkins）、瑞克‧列奇威（Rick Ridgeway）。孔子曰：「無友不如己者。」非常適用於喬納。

湯普金斯

湯普金斯熱愛大自然，是戶外活動家及登山常客，跟喬納有共同的興趣及價值。湯普金斯是北面（North Face）戶外設備公司的創辦人，一生傳奇，熱愛大自然及野生動物的程度少人能及，理由是他對世界保育的貢獻，全球鮮少有人能與他並稱。最為人稱道的是，湯普金斯在南美洲智利及阿根廷購買了大量的荒野地，防止商業開發，要永久保存其自然狀態，保護那裡的各種生態系統及動植物，並將200萬畝保育地捐贈給智利及阿根廷人民，和當地政府合作，將保育地建立國家公園，永久保存荒野，禁止開發。這種對大自然的大愛，沒有超凡的環保熱情及價值的人是不可能作出的。不幸的是，湯普金斯一次與友人列奇威在智利的一個湖泊玩皮划艇（kayaking）時發生事故，風大浪急翻艇，他跌落冰冷的湖中失溫身亡。友人將湯普金斯的遺體埋葬在由他捐出的土地改建而成的國家公園原有墳場內。湯普金斯留下保育自然的宏願，由妻子Kris接手（妻子曾是喬納的員工）。智利政府為了紀念湯普金斯對智利保育的貢獻，將一個國家公園以他的名字命名，名為「Pumalín Douglas Tompkins National Park」。

2019年2月11日，智利政府慶祝智利巴塔國家公園網絡（Network of National Parks of Chilean Patagonia）的正式啟用，網絡有8個國家公園。國家公園網絡是在2017年3月成立，由湯普金斯保育組織（Tompkins Conservation）捐出100萬畝（40萬7,000公頃）土地。智利方面則新建了5個國家公園，及將原有的3個公園擴大。8個國家公園的總面積達1,100萬畝（450萬公頃），這是一項舉國矚目的保育壯舉，而湯普金斯居功厥偉。

列奇威

列奇威是喬納的多年好友、山友。兩人有次在攀登喜瑪拉雅山時發生雪崩，大難不死，逃過一劫。列奇威是巴塔的公眾參與計畫的副總裁（Vice President of Public Engagement）及環境計畫的副總裁（Vice President of Environmental Initiatives），負責推廣企業環保經營，四處演講，倡議依削減、減少、修復、再利用、再造原則的環保消費及生活，減低消費的環境衝擊。

列奇威是美國登山高手，1976年他是美國第二隊攀登聖母峰的隊員，1978年他與其他三名美國山友成功攀登K2，他是全球首位在無氧氣支援下

登頂的。列奇威也曾拉著250磅重的拉車，徒步走過275哩的西藏羌塘高原。2003年喬納邀請列奇威加入管理層，負責推廣永續經營的商業模式、商業的環保責任及策略。列奇威本身顯赫的資歷，是這份工作的不二人選，他本身有非凡的戶外探險經歷，是登山高手、探險家、自然主義者、作家、紀錄片製作人等。列奇威是登山界名人及紀錄保持者，攀登的都是難度高的大山，他將登山經驗寫成7本書及製作成30部紀錄片，讓更多人能知道大自然之美與神奇。列奇威是喬納長年的登山夥伴，1983年兩人受《國家地理雜誌》委託去攀登不丹一座從未有人攀過的高山Gangkar Puensum。1997年，列奇威徒步走過東非洲300哩土地，穿越獅子、犀牛、大象、河馬的棲息地，親身感受地球在人類未出現時的狀況。2000年後他不再登2萬尺以上的高山，改用雙腿徒步荒野（National Geographic, 2016）。

列奇威是真實的環保價值力行者，他在耶穌受難日（Good Friday，或稱聖週五）：美國人傳統購物日，於報刊與人合寫短文（Leonard & Ridgeway, 2011），忠告消費者勿過度消費，宣導公司的環保思想，並闡述簡單主義對待商品的態度，推出物品故事計畫（Story of Stuff Project），要求消費大眾在購物前作深切的反思，想想以下問題：今年是否需要比去年更多的物品？永無休止地追逐更快、更大、更新的東西？新購的物品是否如廣告商所言，保障了你的愛、地位、娛樂及安全？是否這些物品既花錢，又使你欠下一屁股信用卡債？堆積滿屋的物品讓家居空間愈來愈少？被迫不斷追逐新產品而帶來壓力？尤其重要的是，過度逐物是否對地球帶來無窮的禍害？「我們請你想想，真正重要的，也許是你人生中沒有物品的部分：與友人及家人共聚的時光，生命有使命感，與他人合作達成共同目標。」「我們要求你三思，是否為自己、朋友、家人買一件新夾克？也許你現在那件仍然可穿？或若你現在那件要修補，交回來讓我們將其修復；或你現有的那件放在衣櫃或車庫內未用過的，我們可幫你賣給會穿著它的人（不用手續費）；或若它破爛不堪，交回來讓我們將之再造吧！」文字簡單，寓意深遠，生活節約，地球有救！列奇威代表巴塔與消費者作聯繫，並不是要鼓吹消費，而是傳播環保價值。

價值分水嶺

八〇年代巴塔發展快速，喬納對前景樂觀，向銀行借貸，作為擴張資本，大量增加分店數，公司規模愈做愈大。1990年美國經濟衰退，公司營收

下滑，銀行追討欠款，面對財務危機，巴塔被迫關閉辦公室及分店，資遣二成員工，包括執行長及營運長。公司跌入谷底，喬納心感不安，因爲被解僱的多是友人。喬納承認是自己的錯，擴充太急，勝利沖昏頭，行事不夠審慎。1989年宣布破產重組，公司一分爲二，暫時捱過難關。之後，喬納認爲有必要重新思考公司的未來走向，重估發展策略，更重要的是，思考究竟公司爲何存在？他爲何要從商？喬納於是與10來名資深行政人員南下阿根廷巴塔哥尼亞山，進行集思會。其後喬納稱這次重要的自我發現行程，什麼是最珍貴的？什麼是我的價值？什麼是我的主要信念？問自己這些問題，讓自己重新認識自己。

經過2週的邊登山邊交流，集思會得到了答案。就公司而言，主要使命是要製造品質最佳的產品，耐用、簡單、少護理。具體而言，戶外的衣物最好能在登山的鍋裡洗，掛起來晾乾，衣服穿上時仍可上班。高品質的另一要件是對大自然產生最少的傷害。另一重要的決定是，公司用賺到的利潤支援環保組織。2002年，喬納與友人Craig Mathews（Blue Ribbon Flies創辦人）協助創立名爲「爲地球捐出1%」（1% for the planet）的環保聯盟，成員包括1,200公司或品牌，承諾將每年營收1%捐給非營利的環保組織。聯盟的成立，開展了全球的商業資助環境保護運動，自成立以來，已經對有關組織捐助金額達2億美元。

巴塔行山區之行是公司發展及喬納個人價值醒悟的分水嶺。喬納在2005年出版的自傳中承認，他入行35年才頓悟自己爲何從商。這次集思之旅，令公司有清晰的使命：成爲環境保育及永續經營的模範，讓其他企業能學習，好像公司早期打造的岩釘及雪斧成爲其他行家的楷模一樣。

返回加州後，喬納將這些想法制定了公司的使命：「打造最好的產品，不製造不必要的傷害，利用商業激勵及推行，解決環境危機的答案。」（"Build the best product, cause no unnecessary harm, use business to inspire and implement solutions to the environmental crisis."）爲了將這套價值觀向員工傳播及教育，喬納親自帶領員工到優勝美地作一週的遠足，在野外邊走邊宣導使命。

反消費運動

巴塔向顧客出售的產品，保證終身保養、修復、回收再造，或收回代爲轉賣；只生產員工也愛用的產品；商品一經發現有瑕疵或不環保，不論多暢銷，

立即回收下架。據聞，一件巴塔絨布外套放20年還能增值。縱使巴塔產品的售價比其他品牌都貴，然而，仍不減戶外人士的熱愛，其他支持環保的民眾，亦願意多付一些錢購買巴塔的衣物。不僅如此，一些追求時尚的人，亦會因慕名巴塔品牌而前來購物。一般公司都想要更多消費者購買更多公司產品，然而，巴塔卻反其道而行，勸導消費者不要過度消費，因爲每次消費伴隨其環境成本，過量消費會消費大量的水、物料、能源、製造汙染及廢物，對地球環境的衝擊會很大。爲了推廣反消費主義的訊息，巴塔利用巧思，在1911年受難節那天，在《紐約時報》刊登了整版廣告，勸消費者不要購買巴塔的產品。這份題爲「不要購買這件夾克」（"Don't Buy This Jacket"）的廣告，雖然可能被人解讀爲高級的行銷手法，但熟悉巴塔文化的人都會認爲是巴塔環保關懷的自然表露，與它的核心價值是一致的。以下是廣告全文，最能表達巴塔的文化品格。

不要購買這件夾克 ❷

（Don't Buy This Jacket）

這是黑色星期五，一年中零售業由紅轉黑，開始眞賺錢的一天。但黑色星期五，及所反映的消費文化，將支撐所有生命的自然系統經濟穩穩地變紅。我們現時耗用一個半地球的資源在我們唯一的地球上。

由於巴塔要長長久久地經營，及留給子女一個宜居的世界，我們今天要做與其他公司相反的事。我們要求你少買些，及尚未花一分錢在這件夾克或其他東西之前三思。

環境破產如企業破產一樣，可以緩慢地，但突然之間發生。除非我們慢下來，這正是我們面對的，然後逆轉破壞。我們的清潔用水、表土、漁產、濕地都短缺，支持商業、生命，包括我們生命的所有地球自然系統及資源都不足。

我們製造每一件東西的環境成本是驚人的。就以巴塔最暢銷產品之一R2®夾克爲例。製造它要用135公升水，足夠45人（每天3杯）每日的需要。它從60%再造聚酯纖維開始，運送到我們的Reno倉庫，中間過程排放了約20磅二氧化碳，重量是製成品的24倍。在運往Reno時，夾克留下其重量三分之二的廢物。

這是依高標準縫製的含60%再造聚酯纖維夾克，特別耐用，一般情況下，你不用更換它，當它到達使用的終點時，我們會回收及將之再造成同

等價值的產品。然而，正如我們能做的及你們會買的所有東西一樣，這件夾克的環境成本比價格更高。

我們所有人要做的很多，不要買你不需要的。購買任何東西前，請三思。」

巴塔的經營哲學，不僅要製造及販售優良產品，同時要提醒消費民眾產品的環境成本，利用公司的專責部門，傳播環境保育訊息，不斷與消費者溝通，建立關懷環境的社群，向社會推廣環境保護。巴塔的門市店鋪，不僅是購買衣物的地方，同時是社區成員碰面的場所，街坊鄰居可以經常共聚店內交談及分享經驗、想法。

有機棉產品

九〇年代早期，巴塔對棉花產業全面的檢討，對是否使用有機棉花做了辯論，1994年夏天，董事會決定將所有產品用有機棉來製造，對這個大變動，共識很高，上下配合，推動過程順利。先從供應商做起，在1996年舉辦了為期3天的研討會，那次會議出席者都情緒高漲。會議得到一個清晰的訊息，公司的產品有問題，包括用古老方法生產棉花所使用的殺蟲劑，占全球使用量的25％；使用在棉花的殺蟲劑，是最危險的幾種之一；兒童尤其容易受到殺蟲劑的傷害；棉花農長期暴露於有毒的殺蟲劑下，對健康有害。會議有很深遠的影響，說服了棉花農及供應商轉向有機生產。這個大改變對管理及技術上都是一大挑戰，公司花了很大的力氣向顧客及消費者宣導傳統棉花的害處，同時邀請如李維、耐吉及愛迪達等名牌，將有機棉用於產品中，品牌公司答應在每百捆棉花中，會用3捆有機棉。

反水壩護鮭魚

巴塔由低姿態的環保者變為高姿態的環保衛士，引起爭論及批評。巴塔為了要拯救美國西岸的野生鮭魚，長期支持拆除華盛頓州蛇河（Snake River）下游建造的水壩運動，2014年喬納親自當製片，製成的水壩國家（Dam Nation）短片，喚醒民眾水壩對鮭魚的傷害，隨即有7萬民眾簽署請願信，要求歐巴馬總統考慮移除水壩。在反水壩運動中發生了一段小插曲，宣傳單張置於公司

目錄之內，寄到72萬5,000名顧客家中，導致有些商會人士鼓吹要杯葛巴塔產品，原因是拆掉水壩會傷害該區的經濟。2015年，巴塔推出另一部新紀錄片「放生蛇河」（Free the Snake），簡述將水壩拆卸，可回復該區的自然棲地及鮭魚數量（Beer, 2015）。紀錄片播放前，內政部部長Bruce Babitt提出對水壩的成本看法，指出若水壩依然存在的話，每年至少導致1億5,000萬元的損失。此外，美軍工程師團的退休工程師Jim Waddell認為，水壩是導致昔日可見的鮭魚洄游流在愛達荷州那段洛磯山脈絕跡的主要原因。另外，巴塔要求供應商支持環保，若被發現在環保上毫無成績，就會失掉訂單。必須承認，巴塔這些環保政策及行為帶來不少衝突。

文化傳承

為了確保巴塔的環保使命得以持續，喬納做了兩件事：(1)設立基金會，公司由基金會擁有，這是保證創辦人價值永續存在的良方。(2)保持私人擁有、不上市，免除華爾街每季的營收壓力，而使價值削弱或消滅。然而，公司若要永續經營，另外一層重要的保障是找接班人。合適的接班人必須擁有共同願景及信念，創辦人的價值、公司文化才得以傳承。喬納退休之際，如願找到公司新的領航人。

蘿絲‧馬卡里奧（Rose Macario）2014年擔任巴塔的總裁及執行長，期間將喬納的信念及價值進一步發揮，環保的活躍主義（environmental activism）升級，推出更多創新的永續經營措施。馬卡里奧究竟是何方神聖（Bradley, 2015; Beer, 2018）？

2008年加入之前，馬卡里奧一直在投資界工作，曾任Capital Advisors投資公司的併購部副總裁，及General Magic的資深副總裁。然而，馬卡里奧發覺這類工作非她真正所愛，愈來愈覺得事業與個人理想不合拍，商界得到的成就沒有帶來真正的滿足，她終於在2006年辭職。隨後的2年，馬卡里奧部分時間到印度及尼泊爾旅行，研讀佛學令她醒悟真我，產生了個人的轉變；然而，她認為若沒有將轉變帶回自己的工作及世界，轉變不會是完全的。那時有位朋友告訴她，喬納正在找一名財務長，建議她去見見他。馬卡里奧側聞喬納是登山高人，是少數不被金錢收買的商人，不過她對巴塔是否表裡如一、堅持價值，心有存疑。馬卡里奧與喬納面談後，一切疑慮盡消，發現喬納跟她有共同的價值，同時是個很好的導師。於是在2008年加入巴塔。在一次訪談中

（Beer, 2018），馬卡里奧透露了她在巴塔實現了完整的自我，她的價值、熱情、急迫感全都在巴塔找回。2014年喬納擢升她為執行長。馬卡里奧推出$20 Million and Change創投基金，專門資助解決社會問題的新創公司，2016年則創辦Patagonia Provisions，是一家遵循再生農業的食物企業。

環保活躍主義

2016年11月9日，川普當選那晚，馬卡里奧難以入眠，憂心國家環境保護會走回頭路，地球未來更不明朗。川普的競選承諾令所有環保人士擔憂，因他聲明上任後會重新開發煤礦，撤回上任對公共地的保護，退出全球氣候變遷的合作。這些都跟巴塔的價值相反、與公司員工過去數十年的努力相違背，全公司的士氣都因川普的當選而低落。馬卡里奧了解員工的價值及感受，在天還未亮之前，52歲的她完成了每早必做的禪坐後，即在電腦上就川普當選向全體員工致函，呼籲員工冷靜以對，不要氣餒，要加倍堅定，為環境繼續發聲，保護地球。正由於川普的反環境政策，反而激起了社群更堅強的環保決心，提升其活動能量，這股力量正好將創新及行銷注入新力量，及提升社會對公司品牌的意識，並有助產品的銷售。就這樣，更多創新，更多好產品，更大市場，更多營收，更多投資用於開發新產品，新的解決方法、良性的循環源源不絕，營收從她當執行長以來增加了4倍。

活躍主義政策及行為是否對公司好？馬卡里奧的答案是，秉持活躍主義的價值，跟公司的價值是一致的。同時，消費者熱愛公司的產品，是因為公司的環保行動及價值，支持生產可持續的布料，在永續農業中投資及推廣，保護公有地，推動拆卸水壩保護鮭魚等環保運動。當川普政府決定要除掉Bears Ears and Grand Staircase-Escalante等國家紀念地時，馬卡里奧向政府提出上訴。

永續計畫

除馬卡里奧所持的價值跟喬納的是一致外，她在環保方面比喬納更為徹底。例如：共同針線計畫（Common Threads Initiative）就是其中之一（Beer, 2018a, 2018b）。在內華達州瑞諾市邊界地區的公司倉庫，新設了一個衣物修復中心，專為客人修復破爛的各款衣物，修復員工有數十人，是全美最大的衣服修復中心。中心代表公司新推行的商業再造運動之一個主要活動。2011年，巴塔在《紐約時報》用全版篇幅，刊登了著名反消費廣告「不要買這件夾克」（"Don't Buy This Jacket."），是商業再造的一部分，呼籲消費大眾用修復及

再利用衣物來減少無謂的消費，以拯救地球（MacKinnon, 2015）。同時設立一個舊物交換平臺，讓物盡其用，減少浪費。

修復衣物是共同針線計畫（Common Threads Initiative）的一部分，在18個月之內修復了3萬件衣物（Marcario, 2015; Patagonia, 2011）。奇怪的是，縱使推動減少消費的運動，卻引來更多客人選購公司的產品（Beer, 2018a）。2012年的營收增加了三成，達5億4,000萬美元。共同針線計畫在2012年推出名爲Worn Wear的計畫，向全國回收二手衣物，當收集足夠數量衣物後，在各零售店設立二手衣物銷售部，讓客人選購。又與新創公司Yerdle合作，在網上銷售二手衣物。爲了鼓勵消費者交回用過的衣物，凡交回舊衣者，可換取公司的購物禮券。這些新推出的計畫，都是永續經營的一部分。

再生農業

巴塔走進再生農業，使永續經營更上一層樓，影響更爲深遠的發展（Marcario, 2018）。巴塔跟包括Rodale Institute有機產業在內的領航公司合作，制定再生有機認證。讓再生農業踏出重大的一步，是有心的農人、牧場主、科學家、環保人士多年努力的成果。再生農業關注的重點是保護土壤健康，因爲沒有好泥土，就沒有健康農業。然而，現今廣泛使用的農耕作業，表土流失速度是修補的10倍。科學家預測若現今的工業式農業及森林繼續消失的話，60年內地球上的表土會全部銷毀。再生農業能重建表土，減少化肥的汙染，吸存二氧化碳。科學家估計若將現今農作方式轉爲再生農業，每年全球排放的二氧化碳會全部被吸存到泥土中。2018年3月，巴塔從再生有機聯盟（Regenerative Organic Alliance）取得認證，推行再生農業。

巴塔全力投入全球暖化的防治，尋找有效解決方案，2012年創辦「巴塔食品公司」（Patagonia Provision），推動低排碳的生產方式，企圖改變影響氣候變遷最劇的食品製造業，爲環保食品產業打造新的發展契機。

巴塔從戶外成衣業跨進永續農業，將拯救地球的任務跨越到一個新領域，反映公司不斷學習、不斷創新，及堅持初衷的文化特質。無論如何，喬納及巴塔在志同道合的朋友及同事的鼎力襄助下，堅持初衷，保持價值，不斷創新，穩定發展，現今有適合的人接班，公司的價值及願景得以傳承，繼續爲社會發光發熱，增加公共善。

註　釋

1. 巴塔的公司使命: https://www.patagonia.com/company-info.html. Accessed, Feb. 20, 2019.
2. Patagonia's Black Friday Ad, *The New York Times*, 2011.

第14章

西南航空文化獨一無二

Southwest♥

他人說：「商業的本分是商業。」我說：「商業的本分是人。」
　　——赫伯‧凱萊赫（Herb Kelleher），西南航空共同創辦人（co-founder, SWA）

　　西南航空（Southwest Airline Inc.）（簡稱西南）1971年在德州達拉斯市上市時，只是一家小型航空公司，由於創辦人領導有方，經營有道，業務持續增長，今天已是全球最大的廉價航空公司，長期被推選為最受愛戴企業、最佳僱主。西南傲人成就，超越同儕，連續46年獲利，在航空業中是絕無僅有的（一般航空公司無法連續5年賺錢，虧損是航空業的常態）；股票的回報是標準普爾500公司的2倍之多，西南的市值比美國其他航空公司合起來還要多。西南自1971年上市後的30年，《聰明錢財》（*Smart Money*）雜誌報導，西南股票是該30年表現最佳的股票，比品牌包括IBM的表現還好。西南上市時的1萬美元投資，30年後變成了1,020萬元！不少創新公司企圖模仿西南經營模式，但無一能成功模仿到它的精髓。除了出色的領導人及獨特的文化外，西南致勝之道包括了鍥而不捨的專注，客戶發展策略是以最廉價、最快速的服務，將其他航空公司的乘客，及自行車、巴士、火車的乘客，都變成西南的乘客。西南只使用一個型號的飛機：波音737；其次是採用點對點的直線航道，不用一般的軸輻模式（hub-and-spoke model）。然而，西南的成功祕訣，則是文化與員工（Blanchard & Barrett, 2010; Gittell, 2003; Freiberg & Freiberg,1996; Morrison, 2003; Parker, 2008; Taylor, 2019）。別的公司想模仿，但總不成功。競爭者可以購買有形的東西，但文化或精神這類無形的資產既買不到，亦無法學得。這是西南能經營出眾的關鍵。

員工第一

　　西南成功的關鍵在企業文化，這是創辦人赫伯‧凱萊赫（Herb Kelleher, 1931-2019）經常重複及引以為榮的事實，亦是西南內外的共識。西南最引人注目的「員工第一」企業信念，其對待員工的管理哲學，與絕大部分的企業以「股東第一」大相逕庭。在2004年的一次訪談中（Lucier, 2004），凱萊赫

回憶初入行時，商學院教授經常喜歡提出員工、顧客、股東哪個最重要的難題讓學生思考。但對凱萊赫來說，答案很簡單，員工最優先。理由是，若你好好對待員工，他們自然會好好對待客人，客人自然會不斷回來，股東自然會高興，根本沒有什麼誰最優先的困難。「員工第一」最後會為股東創造價值。凱萊赫不同意行家：「商業的本分就是商業。」（"The business of business is business."）的流行說法；他認為：「商業的本分就是人。」（"The business of business is people."），並將之落實在企業文化之內。

服務業成功的要訣，依凱萊赫的看法，是人的力量（power of people）。這個人們常掛在嘴邊的道理，說易行難，如何將人的力量充分發揮，決勝在文化及人的素養。在同一訪談中，凱萊赫舉例說明這點。很多航空公司都學西南採用廉價的作法，但卻未能成功。奧得蘭（Oakland）的聯合飛梭（United Shuttle）提供那些非頭等艙位不坐的客人頭等座位，推出全球常客計畫，花了廣告費2,000到3,000萬美元，這些西南都沒有，但聯合飛梭無法搶走西南的客人，最終要結業離開奧克蘭。試過聯合飛梭的客人認為，只有西南才能提供他們最想要的，就是顧客服務，不少回頭客人寫信告知凱萊赫，他們試過聯合飛梭，但是更喜歡西南的員工。可見人之素質的重要。談及精神，有人認為太抽象，有人則認為太簡單。經常有人向凱萊赫請教如何建造文化。凱萊赫的回答很簡單：好好待人，則人會好好待你。真是太簡單了，前來求教的人都失望而返。建立一個好文化難度很高，因為不是光靠漂亮的口號、動聽的信念或原則，就能製造好的文化。關鍵在於文化必須出於內心，從員工內心而發，文化是經年累月長期醞釀、累積、沉澱、發酵、發展而養成，絕非一朝一夕的產品。公司每天發生的事，員工每天的行為態度、同工合作，上司下屬的互動，互相交織、激盪、碰撞慢慢形成文化。

在一次製作公司行銷廣告時，承辦商問凱萊赫，公司有何特色，他回答：我們的員工與別間不同。之後廣告用這個賣點製作電視、電臺及報章上的廣告，廣告推出7年來，無人投訴廣告不實。這正是西南文化員工素質獨特的鐵證。凱萊赫常想，人們回到職場前的腦袋都活躍非常，這不是令人羞辱的事嗎！這反映很多職場都使得員工失去活力，無法表現自我，處處受限，這都跟公司文化有關。

值得強調的是，西南珍惜員工是很實在的，不只當其為員工來尊重，還當其為人來尊重。員工生活中遇到可慶之事，或遭逢不幸，員工請病假未能上班或身患重疾，或家有紅白事、財務有問題，公司都會前來關切及支援，或慶賀

或祝福。公司不僅關心員工職場的生活，下班後的生活亦是關懷重點。員工是同事，亦是家人，西南文化有大家庭的氛圍。

員工第一原則，原來是凱萊赫從母親那裡學來的（Belden, 2003）。這個原則的實踐，產生很好的實質良好效果。從不同的調查中，西南員工的生產力都名列前茅，亦經常被選為最佳顧客服務。西南相信對待員工如對待顧客，確實是王道。在經營的優先順序上，凱萊赫經常讓員工最優先。早年曾任其助理的共同創辦人證實這點，若有會議跟他預先約好的員工活動有衝突時，凱萊赫經常會依約參與員工活動。有人問對凱萊赫其他的執行長有何忠告，他回答說停止花太多時間在其他執行長活動上，多花時間在員工身上。

幽默感與職場樂趣

西南員工的共同特點是幽默感，原因是公司以此為召募的條件之一，不符合的早已被排除。招聘員工時，應徵者在面試必須回應：近日你如何在職場運用幽默感？過去你如何用幽默感化解難題？西南航空明文規定僱員要有幽默感，這種獨特的企業文化，不知是否為美國唯一的，在世界上恐怕是鳳毛麟角吧！有幽默感的員工如此重要嗎？凱萊赫認為是最珍貴的財富。事實上，凱萊赫本人的幽默感出眾，即是他的品牌，亦是西南文化的重要標記。連帶幽默感，凱萊赫希望職場是員工獲得樂趣的地方，工作不等同於苦差事，應伴隨著樂趣（fun）與意義。

西南員工深受凱萊赫的感染，在職場上用創意製造樂趣。有一次飛機剛著陸，機艙服務員用口琴吹了一曲「德州之眼」（The Eyes of Texas），並將提醒乘客「扣緊安全帶，安坐椅上」的字句，用歌曲形式唱出來，直至飛機駛至停機坪為止。當時乘客開心到不得了，給空服員三次如雷貫耳的掌聲。如果乘客不是被安全帶鎖緊在座位上，一定會三次站起來喝采。

西南要求員工有幽默感不無道理，富有幽默感的人，通常豁達機智，積極進取。有人會問，西南這種「總要好玩」的文化，是否給人不認真的感覺？服務素質是否會降低？事實剛好相反，不管從顧客及員工眼中，西南一直保持高品質的服務，強調樂趣氣氛並無絲毫削弱優質的服務。

西南員工在各自崗位上，以不同形式表現了樂趣與專業之平衡，工作非常認真，亦不忘發掘歡樂。每天上班大家都笑容滿面，士氣高漲，心情愉快。西南是少數未規定接觸顧客的員工要穿著制服的航空公司，空務員穿的是便服。

招聘廣告上指明員工可以不穿高跟鞋、絲襪或領帶上班，西南認為這可令員工較平易可親。重要的是敬業精神，外表打扮比較次要。

後勤員工的工作環境更是活潑輕鬆。有些員工不禁將以往服務過的公司與西南作比較。有位員工記述一次她的上司指責她的笑聲太大，不夠專業，之後她上班時就戰戰兢兢，唯恐有什麼差錯，精神相當緊張。但加入西南後，她可做回自己，要怎樣笑就怎樣笑。西南突出之處，就是讓員工重拾自我。這樣自然令員工開心，員工開心，自然會盡力為公司服務，顧客亦開心，最終公司業務蒸蒸日上。

善待員工

根據有名的最佳僱主的調查（Levering & Moskowitz, 1998），調查員從收到對西南的100筆評語中，很具代表性的陳述是：在此工作會令員工有意想不到的愉快經驗；公司尊重員工，給予工資優厚，加強員工工作與辦事的能力；公司善用員工的建議來解決問題，鼓勵員工實現自我。西南是員工夢寐以求的僱主之另一重要原因是就業穩定。凱萊赫這樣肯定職業保障：「我們與員工之間建立夥伴關係的最重要工具就是職業保障，及一個充滿刺激的工作環境……有時如果我們裁員，我們肯定會在短期內得到不錯的利潤，但我們沒有這樣做。我們關注員工及公司的長線利益……事實證明，為員工提供就業保障使我們有紀律，因為如果目的是要避免裁員，你會非常節約地招聘，精挑細選新的員工，這樣會幫公司擁有比競爭對手更高生產力的員工，更精簡的編制。」（Pfeffer, 1998: 67）

此外，西南的分潤計畫亦是吸收員工的制度。根據2019年2月13日 *PRNewswire* 報導，西南在2018年的分潤計畫（ProfitSharing Plan）與員工分享5億4,400美元利潤。按照這個連續45年的分享計畫，這次的發放金額約每位員工薪資的10.8%。西南在1974年開始推行分潤計畫，員工在每次利潤分派時，利潤會注入退休計畫中，部分以現金發放。大部分員工會獲得薪資的10%作為利潤計畫的供款，其餘則是現金，兩者在2019年3月派發。一些員工則會根據集體談判協議的規定，收到分潤獎金全作為退休計畫供款之用。1974年西南是首間推行與員工分享利潤的航空公司，早期加入的員工，現今不少已家產百萬。公司不斷培訓員工及由內部提升。凱萊赫盛讚員工「有雄獅的胸懷，大象的魄力及水牛的鬥志」。西南有這些高素質的員工，很難不持續地成功！

西南的核心價值

九〇年代，西南並未將核心價值制定成正式的文書。觀察及研究西南文化的人，都不難辨認西南文化的特色（Thomson, 2018; Makovsky, 2013; Freiberg & Freiberg, 1996）：利潤、廉價、家庭、樂趣、愛、勤奮、個性、所有權、傳奇式服務、平等主義、常識及判斷、簡單、利他主義❶。

利潤：利潤是重要的。公司增長，利潤分享與就業穩定是連結的。有利潤才能回報股東，建立公司在產業上的可信度。利潤亦可提供公司服務社區的資源。

低成本：廉價機票是營運策略，協助公司在它服務的城市擴大市場。廉價機票使以前支付不起機票費用的乘客可以搭乘飛機。

家庭：對待員工如家人一樣，親密及隨和性（informality）將人拉近距離，加強人際關係，使工作更具樂趣。家人般的關係使大家更易互相支持、接納、愛護、守護。公司支持員工家人及邀請他們成為西南的成員，定期邀請員工帶子女回職場，和家眷參加公司舉辦的活動。加強公司內一家人氣氛。

樂趣：認真對待工作，但要保持輕鬆，不要對自己太認真，營造玩樂、幽默、歡笑、創意不絕的環境。員工在工作中獲得樂趣，更能提升工作力。

愛：鼓勵員工本著愛心來工作。員工感到愛，就會發展愛他人的能耐。

勤奮工作：航空業的工作節奏快速而緊張，要保障航班準時，需要有嚴守紀律的工作倫理。以最少員工人數做最多的事，每個人除了完成自己份內的工作外，還要幫助同事完成工作，刻苦耐勞，同心協力。

個性：鼓勵員工保持個性，有獨立個性，不怕與眾不同。不鼓勵無個性一模一樣的複製品。悉心營造激發多元思想的環境，增加員工組成的多樣性。員工自由呈現個性，會激發創意及提升生產力。

擁有（ownership）：人們會對自己擁有的東西特別用心照顧，同樣道理，員工若視自己亦擁有公司，就會更關心公司。公司期望員工利用為顧客服務的機會好好照顧客人，客人支持公司會帶來公司利潤，員工亦可從中得益。當公司業績亮麗時，員工可分享自己的努力成果。

傳奇式的服務：為顧客提供畢生難忘的服務，充滿愛、關懷、令人歡笑的服務。正向的離譜服務（positively outrageous service）建基在待人以尊嚴及尊重的價值之上。令顧客滿意的行為，就算是偏離公司政策亦是容許的。員工都

知道，滿意及快樂的顧客會不斷回頭再乘坐公司的飛機，公司業務蒸蒸日上，員工職位就有保障。

平等主義：用低價讓一般民眾能搭乘飛機，不重視職稱、消除等級差距，展現平等主義精神。行政人員要求員工執行的事務，自己亦同樣要做；登機採先到先登，亦是平等價值的實現。

常識及判斷：鼓勵員工在工作中運用常識及好判斷服務客人。

簡單：簡單創造速度、減低成本及助長了解。喜歡複雜分析的人會被拖累，無法對急變的航空業作快捷反應。員工之間合作與對待客人，宜減除重重的正式規矩，因為正式規矩，故弄玄虛，故作姿態是創新的大敵。隨和性能消除隔閡，促成更具生產力及滿意的關係。

利他主義：為他人、客人、社區付出時間勞力服務，不是出於利己而是利他之心，會助長人與人之間的長久關係，增加社會的公共善。

公司文化是創辦人信念與價值的反映，創辦人的信念價值、態度與行為都直接或間接地塑造了文化。西南文化基本上是共同創辦人凱萊赫和巴瑞特兩人的信念及價值實踐的結果。

創辦人的價值

西南文化主要締造者除了凱萊赫外，還有共同創辦人柯林·巴瑞特（Colleen Barrett）。一般而言，共同創造人有相同的信念及價值，互相促進，彼此互補，相互加強，在文化的形成、傳播、植入、傳承等方面都起了加乘效應。惠普的共同創辦人惠利特及普克德之於惠普之道，耐吉共同創辦人奈特與包爾曼之於耐吉文化，大致都遵守這個軌跡：創辦人的信念價值互相激盪、交織、融合，形成文化的建材及基石。西南文化的主體，基本上是共同創辦人凱萊赫及巴瑞特兩人信念、價值、性格的展現。

凱萊赫領導風格

凱萊赫祖藉愛爾蘭，出生於美國東部紐澤西州，在紐約大學法學院畢業後，曾短暫在東岸工作，之後到德州開設律師事務所，然後與友人在1967年合組小型廉價短程航空公司Air Southwest（西南的前身），經歷4年多的法律訴訟，最後分別在美國最高法院及德州最高法院勝訴，終結曠日費時的官司。1971年公司首班飛機在6月升空，標示凱萊赫新事業的開始。1978年凱萊赫出

任西南航空董事會主席，1981年成為執行長，之後20年帶領公司披荊斬棘，遇難解難，遇困脫困，穩步發展，屢創佳績。終其一生，凱萊赫扮演了創業家、律師、反叛者、顛覆分子、逆潮者、領導人、管理大師、故事大師、創新高手、老頑童、文化巨匠瘋子、戰士等角色，如此多角色身份（其中有些是互相矛盾的）聚集在他一人身上，的確是奇蹟（Nader, 2019; Reingold, 2013; Tully, 2019）。凱萊赫性格耀眼、特立獨行、敢為天下之先、不按牌理出牌，亦是一名努力工作、拚命玩樂、熱愛樂趣、渾身幽默、敢於逆流，是謙卑學習的魅力型領導人物（Gibson & Blackwell, 1999）。他喜歡派對、豪飲（Wild Turkey Bourbon）、吸菸、沒架子、為人易親近、喜愛競爭、好勝心強、「鬼主意」特多、創意無限、古靈精怪，有「好玩」的事一定不會缺席，所到之處必帶來歡樂，讓周圍的人包括員工與顧客，都感到無比舒暢，歡樂無窮。值得強調的是，凱萊赫有無人能及的說故事能力，僅用寥寥數語，便能將複雜的情節轉化成風趣、詼諧、寓意深遠的故事，傳遞珍貴的教訓，令人難忘。另一令人印象深刻的是凱萊赫的笑聲，響亮而真誠，感染力超強，他一笑，必掀起周邊人們的開心笑聲。如上文言，故事構成了公司文化的重要元素，凱萊赫出眾的說故事能力，使他成為打造西南文化的巨匠。總之，員工愛戴他，股民感謝他，同業敬重他，社會欣賞他。凱萊赫多年來獲主流商業刊物及組織各項優秀管理人、最佳執行長、卓越領導人等桂冠。

凱萊赫獨特的領導風格，是他特立獨行的人格特質之結果；他的領導風格，亦直接塑造了西南獨一無二的文化。凱萊赫40多年來成功帶領西南走向卓越的歷程中，累積了很多寶貴領導經驗，其領導之內涵元素，同是西南文化的基本組件，可供業內及業外的人學習（Blanchard & Barrett, 2010; Freiberg & Freiberg, 1996; Freiberg & Freiberg, 2019a; Millen, 2019）。概括而言，凱萊赫領導之學包括以下要項：

一、**對他人真正關心**：凱萊赫是了不起的聆聽者，與人接觸時全神投入，不管是誰，屬什麼職級，他都留心跟人溝通，令對方感到此刻是世上最重要的人。無論從凱萊赫的演說、年度公開信、給員工的簡訊，或閉門一對一的交談，人們都會感受到他那種真誠的感恩之情。凱萊赫真誠尊重每位員工，用同理心感受他們的失敗及悲哀，為他們的成就慶賀；向員工表示對他們的賞識、珍惜，及作為員工與人那般愛他們。

二、**容易親近**：凱萊赫記憶姓名的能力出奇地強。很多只跟他見過一次面的員工證實，隔年再見面時，他仍能叫出自己的名字。究其原因，凱萊赫在乎

每個人，因此對第一次遇見的人想多認識對方一些。凱萊赫從來沒遇到一位不能從對方身上學到東西的人。凱萊赫有令人防不勝防但來得自然的幽默感，令人很放鬆與他交談，他會令你覺得，你的話充滿智慧及有價值。

三、**待人不要只看職稱及地位**：不管階級、族裔或職稱，是凱萊赫的待人之道。凱萊赫自小從母親那學會頭銜、職位只是裝飾，不代表什麼，尤其是不代表人的內涵。凱萊赫從個人親身經驗證實母親的話是正確的。她還教誨他：每一個人及每一份工作跟另外一人及另一份工作的價值是無分別的。家教養成凱萊赫討厭階級心態。

四、**挑選合適態度的員工，然後再提供技術培訓**：若你有利他精神，樂於服務他人，重視團隊合作，是適合到西南工作的。若你為他人服務是想讓自己變得高尚，你很適合西南文化。有一次人事部門（People Department）的副總裁向凱萊赫表示，成功招聘到一名合適的員工很費時及成本太高，找1名地勤人員的職位要面試34名應徵者令她覺得尷尬。凱萊赫的回答是，找到對的人，就算多找100名應徵者都值得！人的態度非一朝一夕形成的，一經形成就難以改變，因此找到有正確態度的員工是召募新人的首要任務。試用期是測試新人是否能融入西南文化，員工態度與西南文化不合時，不表示員工個人有什麼不妥，只表示不適合在西南工作而已。

五、**防止部落心態，加強團隊合作**：凱萊赫感到若公司內各組小圈子，山頭林立會破壞團結，不利團隊合作。人若沒有對小圈子文化的警覺，容易不知不覺陷入山頭主義的陷阱，將自己單位、部門或經常接觸的人看成自家人，將別的部門的同事視為外人，內外有別的心態度是會損害團隊的。凱萊赫敏銳地察覺到員工常用的語言反映了這種心態，經常聽到員工說，「我的部門」，或「他們的部門」，都反映了內外有別之心態。凱萊赫通常不經意地反問：「你何時不是西南航空公司的員工了？」提醒對方。為了消除部落心態，凱萊赫推出「走一哩」（Walk-a-Mile）計畫，發展員工對其他部門的同理心，加深對其他部門同事工作的認識與體諒。例如：機師會花幾天時間擔當地勤人員做搬運行李的工作，了解工作是如何辛苦。

六、**讓員工做回自己，自由表達個性**：凱萊赫不願見到員工上班時好像戴上面具一樣，不以本來面目示人，或好像是從同一模子中鑄造出來的模具人，個個一樣，全無特色。凱萊赫鼓勵員工自由表露個性，喜歡說笑的繼續說笑，善於說故事的繼續講故事，創新則不要停止，習慣發表意見的不要留在心中，總之員工要保留自己的個性，不要在職場中將真個性壓抑或扭曲。自由個性是

想像及創意的泉源。員工要保留個性，做回自己，領導人更不在話下了。領導人若經常以假面示人，遲早會被識破，失去同事或下屬的信任與尊敬，很難與人合作，無法領導員工。再者，以假面示人者，人亦以假面示之，上下以假相待，組織必分崩離析。

七、**值得信賴**：這個特質是身為領導人的必要條件，在真實世界的領導層是否能做到，則是另一回事了。1995年一次航空業界的勞資合約談判，展示了西南管理層與員工之間的高度信任是業內無人可及的。九〇年代初期，石油危機導致消費疲弱及商業信心下滑，美國經歷經濟衰退。當時很多航空公司都要求機師及員工減薪應付危機，以免公司倒閉。凱萊赫與團隊及機師工會談判合約，雙方同意凍結薪資5年，換取10年的股票選擇權。當時公司賺錢及狀態佳，這份合約很不錯。談判初期，凱萊赫認為機師要求的股票選擇權太少，長遠來說，對他們不利，建議將數目提高。跟其他商界領導人不一樣的是，凱萊赫不會利用當時環境，跟機師達成一份他本人不認為是公平的合約。簽署合約後，他告訴機師，對他們好的亦是對他好，亦將自己的薪資凍結了。

八、**平等精神**：凱萊赫經常選沒有窗口的房間作為辦公室，希望做個榜樣，讓員工不再爭搶好風景的辦公室。凱萊赫安排總部辦公大樓最好景觀的地點作為餐廳，這是員工經常聚在一起的地方，餐廳無形中成為每位員工都可享用景觀最佳的「辦公室」。凱萊赫儘量減少由職級不同而來的差別，平等對待每位員工，在辦公室的設計與分配就可清楚反映。這種職場平等主義，五〇年代早由惠普首先在矽谷推出，隨後不少公司紛紛仿效。在平等精神下，領導宜約束自己，不要過分膨脹自我，自以為比他人重要。

九、**不要太順從上司的意向，適當的不敬能助長獨立思維**：凱萊赫鼓勵員工質疑既有的作法或想法，質問大家深信不疑的假定，對指令不要照單全收，不問情由就執行，他希望這些作法能培養獨立人格。

十、**做事硬朗，但不刻薄**：硬朗是有板有眼，應做就做，應堅持則堅持，不拖泥帶水，不優柔寡斷。刻薄是對人的貶損、羞辱或非人化，製造害怕的文化，誠惶誠恐，尊嚴破損。

十一、**培養戰士精神**。凱萊赫早期在西南的日子，如同經歷一場接一場的戰役，公司初創的4年都一直官司纏身，當地的3家航空公司，包括大陸航空（Continental）、德州國際（Texas International）等想利用訴訟來搞垮西南。由於對手財大勢強，凱萊赫疲於應付，日子難過，公司險些在「幼兒期」就夭折。接二連三的艱難戰役，養成及磨練了凱萊赫的戰士精神（warrior spirit）。事實上，凱萊赫熱愛軍事史，對歷史的重大戰役如數家珍，常引同鄉鐵血將軍巴頓的話：「戰爭如地獄，我正愛此」作為座右銘。同屬愛爾蘭裔，凱萊赫承認對戰爭有同樣的感覺，對戰鬥從未感到厭倦，這也許說明他能在弱勢的情況下堅持下去，捱過官司，公司不僅未被絆倒，還能騰飛高空，不斷壯大，成就偉業。

十二、**不要執迷於策略性規劃**。絕大多數公司都會投入不少時間人力做策略規劃，製成厚厚一本策略計畫書，詳細陳述發展的價值、機會、危機、成本等，或描繪發展的路線圖，及執行措施等，然而，在實際的運作中，大部分規劃書的功能不彰，主要原因是市場變化太快，政經環境難以準確預測，近年加上由氣候變遷所產生的極端氣候，加強了不可預測性，令公司措手不及，無法及時反應。其實公司保持精益靈活，警覺性高，思想開放，謙卑學習，培養預見力，才是對未來挑戰的最好準備。凱萊赫認為，策略性規劃太官僚的作法不可取，認為用「未來狀況預測」（future scenario generation）來預示各種可能的未來狀況及相應的準備，比傳統的策略性計畫更有用。

十三、**不守成規是可以的**。不要執迷於既有的思考方式、行事方法，因為世界不斷在變，環境難以預測，昔日對的思想或作法，今天可能變成落後；不經思索而固執成規，必會導致失誤的決策、損失。以航空產業為例，固執成規不知害了多少航空公司，使它們犯錯或倒閉。例如：短程航途無人問津，用軸輻方式航道都是成規，讓不少航空公司的思想受限，痛失商機。西南逆流而上，不依成規辦事，用點對點航線推出短程航班，結果大受乘客歡迎，創造市場，先奪商機，獲利甚豐。西南其餘的創新，包括不提供頭等座位，座位先到先得，機上無餐飲只送點心；航服員不用穿著制服等，都極受顧客歡迎，成為西南的賣點。

十四、**文化最大**。凱萊赫肯定個體的價值，鼓勵個人創新精神，找到令他們幸福的職業，鼓勵人們在工作中獲得樂趣。當被問及他離開後，公司會怎樣？凱萊赫的回答是，公司有很強的文化，有助解決困難。文化比任何人都強，文化最大。

十五、**企業必須有使命**。凱萊赫認為商業是使命（business is a cause），西南員工相信工作不僅是一份職業，同時是使命（Gallo, 2014）。西南的使命是提供廉價機票，使一般市民可自由乘搭飛機，探親、觀光或做平凡的事。員工將工作視為使命，會有更大的工作滿足感，而有更多創新，更高的生產力。

凱萊赫對新上任執行長的幾個簡單領導學忠告：用心區分什麼是重要，什

是不重要；千萬不要困於官僚及職級而失去方向；要結果及使命取向；將事情做到最簡單，令公司上下都充分了解公司的價值及終點，員工感到自己是真正的參與者。

巴瑞特的價值

與凱萊赫共事47個年頭的柯林‧巴瑞特，是西南的共同創辦人。雖然凱萊赫的鋒芒幾乎蓋過了巴瑞特，但熟悉西南的人都同意，她同樣是西南成功不可忽略的領導人，西南文化的締造者（Arnoult, 2015; Blanchard & Barrett, 2010）。巴瑞特進入職場不久，便一直跟著凱萊赫做事，從凱萊赫身上學到很多寶貴的經驗，視凱萊赫為師傅。其後巴瑞特變為凱萊赫的商業夥伴、公司共同創辦人，同時身兼其得力助手、近身智囊、秩序製造者。事實上，凱萊赫今天的成就，少不了巴瑞特的功勞。巴瑞特雖是凱萊赫的徒弟，但幫習慣亂放文件的凱萊赫將管理文件、公事處理得井井有條，因此自稱是凱萊赫的保母（nanny）。全西南人都愛巴瑞特，暱稱她為「媽媽」。

巴瑞特原居住地是佛蒙特州，1978年加入西南之前，曾在凱萊赫開設的律師事務所當凱萊赫的行政助理，為他準備法庭文件，隨他出入各地的法院。1978年巴瑞特加入西南，任職公司祕書。巴瑞特受到凱萊赫的賞識，一步步將她拔擢至西南的管理高層，1986到1990年出任行政副總裁，1990到2001年為顧客行政副總裁，2001年起到2008年升任為總裁。

巴瑞特認為西南成功的關鍵是員工（Arnoult, S. 2015），跟凱萊赫一樣，她肯定「員工第一」的價值：「若你善待你的員工，他們對自己有足夠的良好感覺時，會更善待其他同事，跟著會注入他們如何對待客人的行為之中。」（"If you treat your employees well and they feel good enough about themselves they are going to treat each other better. That will overflow into how they treat the customers."）

美國在2001年911遭受恐怖攻擊後，航空業面臨史無前例的挑戰，西南尊崇的「員工第一」價值受到嚴格考驗（Klett, 2019）。恐怖攻擊令全國陷入恐慌，無人敢搭乘飛機，已訂票的都通通取消，旅行業受到嚴重打擊，航空業陷入寒冬，航空公司紛紛大量裁員以免倒閉，但巴瑞特及領導層堅持員工第一的原則，全力保護員工的職位，在這段期間沒有資遣一名員工，或削減他們的薪水。更令人嘖嘖稱奇的是，其他公司仍在掙扎求生，西南在2001年第四季就有利潤。巴瑞特在危機時乃秉持原則，毋忘初衷，展示了不凡、以價值為本的

領導力。巴瑞特是虔誠基督徒，一生奉行黃金定律：以你想他人待你的方式對待他人。巴瑞特也是僕人領導人（servant leadership）的倡議者及督行者，主張領導的本分是為他人服務。基督的愛配合黃金定律，經巴瑞特之努力，融入了西南文化成為其基石。

巴瑞特為了確保人員素質，極為重視新人的招募，務求找到適合的員工。巴瑞特自信有識人之明，很快就能從眾多求職人中挑選合適的（Tedeschi, 2017）。巴瑞特主要憑經年累積而成的敏銳直覺，觀察求職人是否具備適合之態度融入西南的工作文化，自誇從未選錯一個員工。不僅如此，巴瑞特將新人配置適當的職位，給予機會學習發展潛能，同樣是她的職責。西南在巴瑞特任內員工增至4萬多，這份識才、選才、育才的工作，確實是項巨大工程，且是很成功的工程，同時證實了領導力。巴瑞特深信，要保持高素質的員工之工作熱情，必須養成及保持謙卑態度，防止因成功而來的自滿，承認不足，勇於改善。她謹記凱萊赫經常勸戒員工要謙遜的話：「若你開始認為自己比他人優秀時，你很快就變得不優秀；若你開始以為無人能及你那刻，正是你開始倒下之時。」（"If you start thinking that you're better than anybody, you soon won't be. If you start thinking that nobody can touch you, that's when you start to fall."）。西南領導人都能切實執行這些做人做事之道，無怪乎西南是人才濟濟，人員流失率最低，工作滿意度持續高的航空公司。

文化傳承

2001年3月凱萊赫卸下西南總裁及執行長職位，由吉姆·帕克（Jim Parker）接任執行長，巴瑞特則當總裁，凱萊赫仍擔任董事會主席。2008年凱萊赫正式辭下主席及董事之職位，巴瑞特卸任總裁一職，主席及執行長位置由加利·凱利（Gary C. Kelly）接任（2004年凱利已從帕克手上接過執行長職位）。凱萊赫及巴瑞特兩創辦人分別退居二線後，全面退出西南，西南傳承問題成為關注焦點。年前的訪談中（Lucier, 2004），凱萊赫指西南的接班都很順利，由有深厚西南文化的內部人接棒，第二代執行長帕克與第三代執行長凱利，都是西南的資深員工，凱萊赫公開肯定凱利是適合的接班人。經過數年跟癌魔搏鬥，2019年1月凱萊赫辭世，享年87歲。

同業及評論家對凱萊赫的貢獻讚不絕口，推舉為殿堂式的偉大人物。觀其一生，凱萊赫對商業有兩項巨大貢獻（Taylor, 2019）：(1)凱萊赫堅信西南其

實不屬航空產業，而是屬於自由產業（freedom business）的公司，其神聖的任務是為千千萬萬的人提供飛的自由（the freedom to fly），西南的存在價值是為顧客實現飛行的自由。這是他與員工提出的航空產業之八大自由（Eight Freedoms）的其中一項。八大自由包括尋找健康的自由、創新自由、財務安全的自由、學習及成長的自由、勤奮工作及享受樂趣、作出積極革新的自由、旅遊自由、保持聯繫的自由等。(2)西南不止是一家企業，而是一個使命（cause）。透過維持廉價機票及更多的航線，將更多城市連接起來，西南將昔日僅有錢人及商人才能享用的航空服務，轉成平民都可以享用的服務，使他們能更容易、更省錢、更有彈性地乘搭飛機旅遊、探親、辦事。換言之，西南的使命是將「天空民主化」（democratize the skies）。單憑這兩點，足以令凱萊赫及西南文化留名千古（Jost & Pim, 2019）。毫無疑問的是，凱萊赫為西南留下的豐富文化遺產，是遠超出西南航空，甚至美國本土的（Crossman, 2019; Freiberg & Freiberg, 2019b; Tully, 2019）。

註 釋

1. 詳見Freiberg & Freiberg, 1996: 147-150。

第**15**章 沃爾頓商道的形成與發展

> 公司存在之目的，是為顧客提供價值。
>
> ── 山姆·沃爾頓（Samuel M. Walton），沃爾瑪百貨創辦人

沃爾瑪公司（Wal-Mart）（簡稱沃爾瑪）是全球最大的零售商，一開始是一家美國阿肯色州的小店，創辦人山姆·沃爾頓（Samuel M. Walton）在自傳《美國製造：我的故事》（*Made in America: My Story*）中，將成功歸於公司與員工的良好關係（Walton, 1992: 126）：

> 我們常喜歡談所有令沃爾瑪成功的因素，包括採購、分銷、科技、市場、房地產策略等，但這些都不是令公司生意興旺的真正祕密。一直以來，令公司快速發展的是公司管理人員與公司的夥伴關係。所謂「夥伴」（associates），我是指那些在店鋪、分銷中心、貨車，以時薪計算的辛勤工作僱員。我們與夥伴的關係是真正合夥人的關係（partnership relationship）。這是沃爾瑪之所以能在競爭中脫穎而出，甚至表現超出我們期望的唯一理由。

沃爾瑪成功之道，除了有好員工之外，其薄利多銷的「每天最低價」（Everyday Low Prices）之銷售策略❶，以客為尊的待客之道，不斷創新的經營手法，創辦人的領導有方，及由創辦人的價值塑造之企業文化：沃爾頓商道（The Walton Way）同樣是關鍵因素，支撐及推動沃爾瑪持續地發展。根據2019年的公司資料，沃爾瑪營收是5,144億（美元，下同），淨收入66.7億，總資產2,193億，股價總值725億，員工人數220萬人（全球）：150萬人（美國）、70萬人（國際）。沃爾頓家族持有51%股權，基本上控制了公司，使沃爾頓商道得以傳承。

獨特的員工管理

沃爾瑪與員工建立了互信基礎，而開放溝通管理亦是該店的特色。沃爾瑪

公司內的資訊流通是多面性、自由、開放的。一直以來，公司高層鼓勵員工自由地交流訊息，領導層以身作則，將公司的重要資訊，包括財務報告，向所有員工公開，因為公司相信員工有權知道公司內發生什麼事。沃爾瑪店鋪後面員工辦公處的告示牌，每天都有「今天公司的股價是28元（例示），明天的股價就要靠大家了」等文字。每間沃爾瑪商場的36個部門經理都要對公司的盈虧負全責，他對公司的股價都瞭若指掌。事實上，推行資訊分享，可以加強員工之間的互信，員工會更熱情投入，更肯負責，自願付出。

沃爾頓開放的溝通政策，激發了不少有建設性的意見，其中有一個為人津津樂道的故事（Rosen, 1996）：路易斯安那州的沃爾瑪商場的一名女僱員，向經理建議在店鋪入口處設一名迎賓員（people greeter），歡迎前來購物的顧客，讓沃爾瑪友善待客的名聲更為實在。經理覺得建議有道理，但不能肯定可否支付相關人事費用，但最後答應一試，並邀請該名提意見的員工充當迎賓員。結果反應極佳，顧客非常受用。一週後，一名地區經理來巡視，迎賓員迎向經理，地區經理問店經理原委，同樣提出成本的問題，於是店經理建議他自己查問顧客的反應。查詢的結果顯示，顧客來購物的原因是友善的迎賓員。之後，地區經理便在其分區內的所有店鋪設立迎賓員。過了一段日子，一位區域副總裁巡店時發現了迎賓員，一如地區經理一樣，表示關注成本開支。但不久，所有沃爾瑪商場都設立迎賓員！公司尊重每位員工的意見，只要是好建議，都會考慮接納。沃爾瑪的員工對公司有很大的貢獻，就算是普通職位的員工，都會提出很有建設性的意見。

為客人省錢

1962年，沃爾瑪的第一家店開設在阿肯色州（Arkansas）羅傑斯市（Rogers）。沃爾頓對經營策略胸有成竹，以折扣價販售流行牌子的貨品，因為大眾化的價格對顧客很有吸引力，結果客似雲來，業務快速成長。

沃爾頓深知顧客是公司命脈，身體力行，將顧客至上奉為金科玉律發揮得淋漓盡致，服務做到盡善盡美。這是沃爾頓為公司制定的使命（Walton, 1992: 126）：

> 公司存在之目的，是為顧客提供價值，意思是除了提供高品質及好的服務之外，公司要為顧客省錢。每次沃爾瑪不智地用了一塊錢，這一塊

錢是直接來自顧客口袋的。每次公司省回一塊錢，公司就會在競爭中比別人往前一步。這是公司一直以來的宗旨。

沃爾頓在自傳中重申，他從顧客的角度看事物，得出一個簡單但眞確的道理：顧客要求貨品充裕，價廉物美，十分滿意，友善及專業的服務，開關店時間方便購物，免費泊車，愉快的購物經驗等。當顧客購物時有意外的收穫，自然心中大悅，印象良好，會再來購物。反之，若店員不友善對待，或惡形惡狀，或要理不理，或服務缺乏專業，貨種不多，品質不佳，價錢偏高，顧客會再來的機會渺茫。沃爾瑪長期推行折扣價格，薄利多銷策略，以客爲先的服務，成就了量販業有效的商業模式。沃爾頓之所以成功，就是能洞燭機先，緊握時代的節拍，不停學習，不斷創新，敢於冒險，善於管理，將沃爾瑪打造成出色的企業（Teutsch, A., 1991; Sandra & Scott, 1992; Ortega, 1998; Lidow, 2018）。

從小鎮商人到企業巨人

沃爾頓是行動型的企業家，充滿活力，勤奮好學，敢於嘗試，點子特多，每天早上起床後，總要找些東西來改善一下，稍微靜下來，就會感到渾身不自在。晚年如果不是患上骨癌，他是絕不會靜下來寫自傳（Walton, 1992）。沃爾頓從自己勞碌的人生中，悟出了一點做事的道理，其中令他深信不疑的是：自由企業如果做得正確及有商業道德，是改善人類生活的唯一正路。沃爾頓對沃爾瑪能爲千萬消費者省回超過百億元，及以利潤分享制度爲員工改善生活，感到無比的自豪及安慰。

沃爾頓離世前兩年與癌魔搏鬥。1990年初，他在不大願意的情況下開始寫自傳。但突然停下來，重新搭乘他的私人飛機，到處巡視店鋪。但1991年末，癌症愈來愈嚴重，他不得不重新提筆，將他一生經歷寫下來，每天不停地撰寫、修改，要求他人寫部分回憶加入自傳內。雖然病情日益惡化，但他的精神健朗。在3月17日，沃爾頓獲布希總統頒發總統自由獎章。得獎後數天，沃爾頓終於敵不過病魔，在阿肯色州小石城離世，享年74歲。一個自稱平凡的人，走過了絕不平凡的一生。

沃爾頓一生勤奮節儉，除了星期天，無論陰晴寒暑，十年如一日，風雨無阻，一早回到辦公室，或現身於全國不同的沃爾瑪分店中，與他的店員夥伴或

顧客交談。沃爾瑪有僱員40萬人，沃爾頓希望能與每一個夥伴親自見面交談，忙碌程度難以想像！沃爾瑪的公司文化以尊重個人聞名業界，每名員工、每位顧客對沃爾頓來說都是重要的。沃爾頓那種重視並不是表面工夫，而是出於真誠的。沃爾瑪是沃爾頓的第二個家，一年馬不停蹄搭他的私人飛機到全國的分店去巡視業務，沃爾瑪的員工是他的家人。

沃爾頓勤奮好學，性好實驗。例如：一次他聽聞有開架百貨公司開設在明尼蘇達州，於是不辭勞苦，親自到那裡實地考察。當時百貨公司的貨品都放在櫃內，顧客有要求，店員才將貨品拿出。新的自助店舖貨品，全都放在開放的貨架上，讓顧客自行選購。用開架方式的好處是減低成本，貨品因此可以更低的價格出售給顧客。沃爾頓立即將這個作法引進自己的店，讓顧客有耳目一新的購物經驗。另外，沃爾頓從他人經驗學到以優惠方式來銷售貨品，使客人享受價廉物美的貨品。虛心學習，將好的東西為己所用，不斷地成長，是沃爾頓的習慣。

沃爾頓一生節儉，將這美德帶到公司，公司總部所在的建築物非常簡陋，是座一層樓高的貨倉，裡面的辦公室不大，沒有名貴的傢俱或厚厚的地毯，實用至上，樸質無華。第一次到訪的客人，會以為到了一個貨車的總站。沃爾頓就是這樣一個崇尚簡樸節約的企業家巨人。

沃爾頓1918年出生於奧克拉荷馬州金菲舍鎮，父親是借貸的評估員，負責審核農民的借貸，收入微薄，全家生活艱苦（Trimble, 1990）。之後全家搬到密蘇里州，老父轉行做地產及保險經紀，母親開了一家牛奶小店，沃爾頓在密蘇里大學讀商科，後來在愛荷華州狄蒙市的賓尼百貨公司（JC Penney）當見習生，沃爾頓對賓尼對待顧客的政策留下深刻印象。

鄉村小店到零售龍頭

沃爾頓出身小鎮商人，對平民百姓需求的感知特別敏銳。他早期在新港經商，給他非常寶貴的經驗。20世紀的前半段，新港是美國中部棉花小鎮，周邊是棉花農田，鎮內有各式各樣的店舖：五金、藥品、汽車零件、家居用品、蔬果食物的店舖；可說有點競爭。每逢週六，周邊的農民就會到鎮上購物，一來就是幾小時，到各個店購買所需物品。那時並沒有一間綜合的超級市場，顧客無法在一家店內購得所有需要的物品。為了招徠顧客，各店各出奇招，以友善服務、貨品多樣、價廉物美等來吸引顧客。

二戰及韓戰結束後，美國大兵返回家鄉找工作，適逢當時在小鎮長大的年輕人，亦大量湧至城市工作，有部分人住在城郊，每天開車上班。大城市的人口亦開始外移到城郊，享受較佳的生活環境。大型商場及百貨店也隨人口遷移而開設在城郊，大型速食店如麥當勞、漢堡王，凱馬特（K-Mart）百貨公司如雨後春筍般湧現。相較之下，小鄉鎮由於人口稀少，無人問津。沃爾頓看準小鎮需求的商機，以小鎮爲據點，大力發展價格優惠的零售連鎖店。小鎮商人因循守舊，不思上進，產品價格偏高，服務普通，開關店時間沒彈性，對顧客不便。

第二次大戰期間，沃爾頓參軍，1943年結婚，戰後退役還鄉，向外祖父借了2萬5,000美元收購了一家名叫本·富蘭克林（Ben Franklin）的雜貨店，位於阿肯色州的新港市。那裡有當時非常有名的史特林（Sterling）百貨公司。女士的尼龍絲襪是當地婦女的心愛物品，就算價錢貴，人人爭相採購，貨品供不應求，令史特林的生意興隆。沃爾頓的下屬有鑑於此，就照樣從小石城的總銷商處訂回一批尼龍絲襪。沃爾頓畢竟是精明商人，有自己的一套，不隨波逐流，善觀全域，了解對手的強弱，知己知彼，敢於冒險，且好走險棋。某天他將手上的事務放下，親自駕車到小石城，將那間總銷店收購。之後店內的尼龍絲襪供應就源源不絕，但對手卻因缺貨而流失客人。沃爾頓經營術的厲害之處，可見一斑。

1950年，沃爾頓的店辦得有聲有色，租約期滿時卻得不到續約，沃爾頓被迫將店賣掉，搬到本頓維爾（Bentonville）另開一家店，改名爲沃爾頓5分及10分店（Walton's Five and Dime）。接著的10年，沃爾頓不斷擴張業務，一家店接著一家店開設，生意非常好。當時不少行家都一致認爲，在住民少過5,000人的小鎮開大型店必然會關門。沃爾頓不信邪，逆流而上的做事風格，令他總結了零售業開店的原則：如果能吸引農民駕車5到10哩來購物的話，在少過5,000人的小鎮開設一家面積2萬5,000平方公尺的大型店鋪，仍然有利可圖。

沃爾頓的店秉持顧客至上，價廉物美，很受顧客歡迎。自此，沃爾瑪店鋪每開設在一個新地區，都把在地小商戶的客人搶走，導致很多小店因客源急速流失而紛紛倒閉。沃爾瑪店鋪數量日增，分布地區愈廣，聲名日隆，小型的競爭對手逐個倒下，快速邁向零售業的霸主地位。在小鎮取得壓倒性勝利後，沃爾頓開始進軍城市，結果出征屢屢告捷，證明小鎮圍堵城市的發展策略奏效，在不斷成功擴展下，沃爾瑪零售業王國逐漸成型。

　　早在1962年，沃爾頓就對優惠連鎖店這個點子躍躍欲試，但得不到供應商的支持，因為他們無法以沃爾頓要求的價錢出貨給他。供應商提議沃爾頓到芝加哥去考察一家名為凱馬特（K-Mart）的平價連鎖店。沃爾頓到芝加哥考察過凱馬特商場之後，留下了極佳的印象。1962年7月就在阿肯色州羅傑斯市開了第一家沃爾瑪商場。沃爾瑪商場基本上幾乎是凱馬特商場的翻版，沃爾頓幾乎樣樣照抄凱馬特，包括商場的名稱。1964年沃爾瑪的第2家店在哈里森鎮（Harrison）開張。之後，這裡日後成為沃爾瑪培訓員工的總部。

　　零售業的邊際利潤很低，沃爾頓的經營策略是微利量大，薄利多銷，以量集利。發展業務要大量資金，縱使沃爾頓不斷向銀行及其他來源融資，但集資有限，發展出現瓶頸。1970年，沃爾瑪正式上市，利用股票市場融資500萬，興建了額外的6家店，及1個貨品的分發中心。隨後再發行股票，集結了更多的資金，公司的店鋪數目由六〇年代的39家間，發展到七〇年代的452間，八〇年代的1,237家！

沃爾頓商道

　　沃爾頓商道，即沃爾瑪文化的三大基本元素，是沃爾頓的基本信念：尊重個人，服務顧客，追求卓越。沃爾頓巡視店鋪時，經常將它們掛在嘴邊，努力向員工宣導，讓大家明白公司的經營哲學。三大信念是基本原則，如何執行得靠各員工了解信念後，自行決定轉變為什麼具體的行為。例如：公司以客為尊的信條在執行上可以千變萬化，不能預先制定行為規範，因此員工要用自己的智慧來作出回應。雖然如此，沃爾頓有兩條眾所周知的待客規矩，落實以客為尊的信條。第一條是日落規則（Sundown Rule）：員工接到的請求，必須在當天日落前回答客人。第二條是十尺規則（Ten Foot Rule）：員工對三尺範圍內的客人，必須看著客人的眼睛打招呼，詢問如何可幫忙對方（Slater, 2003）。

　　這三大信念的概括性很強，內涵豐富。1992年，沃爾頓首次將他多年的經營心得，總結成十條規則，成為公司文化支柱（Walton, 1992; Slater, 2003; Glassdoor Team, 2016）：

　　規則1：全面投入你的生意中。比任何人都要有信心及熱情。如果你愛你的工作，你會盡你所能把生意做好，你周圍的人應會感受到你對工作的熱情，受你的影響，工作熱情大增。沃爾頓坦然他對工作的投入與熱情，彌補了他種種的不足與弱點。

規則2：與你的夥伴分享利潤，待他們如合夥人。他們必會同樣以合夥人方式回報你，你們聯合起來就會有出乎意料的表現。在夥伴關係中，扮演僕人領袖。鼓勵你的夥伴持有公司的股份，給他們優惠的股票，等他們退休時發給他們股份。

規則3：鼓動你的夥伴。光是用金錢及股份，是不足夠推動員工勤奮工作的，要經常，差不多每天，想出一些有趣的方法鼓舞他們。制定高目標，鼓勵競爭，記錄各人的表現。如果公司變得停滯不前，將員工，包括經理互調工作，增加刺激，加強思想的交流、激盪，使人人不斷面對挑戰，不要變得太可預測，要大家經常猜測下一步要做些什麼。

規則4：一切與夥伴溝通。他們知道愈多，就會愈明白，愈明白就會愈關心，一旦他們關心公司，要停止也不能。如果你不信任夥伴，不將所有的東西告知他們，他們亦會知道你不當他們是夥伴。

規則5：把你的夥伴對公司所做的表示讚賞。金錢股票並非一切。員工需要讚賞，尤其是當他們做了他們感到自豪的事時。沒有東西能代替在適當時間，以真誠而精心挑選的言語來讚賞員工。這樣做不用花費分文，但後果卻出人意表。

規則6：為自己的成功慶祝。失敗仍保持幽默感，讓自己放鬆，周圍的人就會跟你一樣放鬆。找尋樂趣，不要整天板著臉，事事太緊張。保持活潑輕鬆的工作環境。

規則7：聆聽每個人的話，設法與每個人交談。前線員工經常接觸顧客，知道顧客的真正要求，你必須知道他們知道些什麼。要將權力下放到組織的底層，並要迫使好的意見與建議從下層升到組織上層，你必須細心聆聽夥伴告訴你的一切。

規則8：超出顧客的期望。你能做到這點，顧客就會不斷再來。給他們所要的更多一點，使他們知道你如何的感謝他們。如果犯了錯，乾脆就認錯。沃爾頓開第一家店時的標語：「保證您滿意」，現仍舊掛在店內。標語所承諾的都一一兌現，50年不變。

規則9：比你的競爭對手更能控制成本。沃爾瑪在未成為全國最大零售商之前的25年中，一直是業內支出與營銷比例最低的。

規則10：逆流而上。不要隨波逐流，忘記所謂傳統智慧，走眾人所走的反方向，這樣做會令你有新的出路、新的發現。但要有一定的心理準備，因為會有很多人會向你潑冷水。

細微思考法

當沃爾瑪愈來愈大時，沃爾頓就警惕自己不要得意忘形，只見到今天的大而忘記昔日之小，只見森林而不見樹木。沃爾頓沒有一天忘記自己是從小鎮的小店，一步一步將企業發展起來的過程，而從中悟出細微思維（thinking small）的智慧。沃爾頓主事時，沃爾瑪分店超過1,000家，如何妥善管理是一門大學問。沃爾頓發現細微思考法很管用，此法分6個部分（Walton, 1992）：

第一，**一店集中法**：在同一時間內，把全部注意力集中在一家店上，詳細檢討其優劣，然後將結果公布，讓所有店都知道，好的地方大家學習。一店政策的好處不僅可以幫助改善該目標店，同時可作為大家學習的教材。

第二，**經常保持與上下員工的溝通**：沃爾頓認為這是沃爾瑪成功的要素。沃爾頓創業時，已習慣將經營收益的數字公開，讓全店員工（先是店總經理，然後是部門主管等）知道。這種作法一直保留，不同者是現今有電腦及衛星傳送，員工第一時間就知道其他店的經營情況，哪樣貨品暢銷，哪些商品滯銷，哪家店賺錢，哪家店虧損。公司整體的經營狀況，一目了然，透明度高。除此之外，沃爾頓亦喜歡經常以衛星傳送他個人對全體夥伴的談話及勉勵。有時沃爾頓聲到人到，因他經常親自到全國各分店巡視，與員工見面交談。

第三，**經理「將耳朵貼近地面」**：意思是不能閉門造車，要經常親自到各所屬分店去了解實況，掌握最新的資訊，了解顧客及員工。沃爾瑪總部的12架小型機就是用來載運管理人員到各地分店作實地巡視的。18個區域經理每週一從總部搭機到各地區的店鋪，停留3至4天，週四返回總部，週五朝會分別匯報巡視所聞所見。沃爾頓要求每名經理每次匯報至少帶回一個新點子。

第四，**將權力及責任向下移**：令前線員工有更大的權力，同時亦有更大的責任。公司愈來愈多人有更大的權責，加強夥伴的自主性，使決策更能靈活快捷。前線員工掌握最新一手資訊，敏捷回應市場，就必須給予更多的自主權，避免層層匯報的阻礙或延誤。更大的自主空間，有助於創新。

第五，**強迫創意從基層湧現**：權責下放的直接結果，是讓員工有更大的自主空間，激發富創意的建議。前線員工貼近市場，對顧客的需求有第一手的經驗，容易想出各式各樣的經營手法來提高效率，讓顧客更滿意。迎賓員這個點子正是員工提出的。沃爾頓指出，最好的建議通常來自基層員工。

第六，**保持組織精益，防止官僚主義**：沃爾頓則認為企業愈大，機構容易

變得臃腫，官僚主義出現的機會亦會增加。大公司有不少人為了個人的虛榮及面子，喜歡有一些隨從，搞個人的小王國，以示個人職位的顯赫。沃爾頓對這種虛榮之心不以為然，嚴加禁止，一直維持精簡編制，減少冗員，任何東西不為顧客帶來好處的，一概不予考慮。沃爾頓創辦沃爾瑪時，已作出規定，防止行政部門無限膨脹。在沃爾頓開設第5家店時，正式將行政部門的支出控制在總支出的2%之內，這項規定一直沿用下來，效果很好。

文化再造與傳承

1988年，沃爾頓從執行長位子退下來，由一直追隨他的老員工大衛‧葛萊斯（David Glass）接任，自己仍為董事會主席。葛萊斯主政期間，基本上依沃爾頓的方式辦事，企業文化得以完整地延續。2000年，哈洛‧李史葛（Harold Lee Scott）接任總裁及執行長時，公司的營收增至1,650億美元。2002年首次榮登《財富500》企業排行榜上美國最大的企業（營收2,198億美元，利潤67億美元）。之後到2018年底，除了數年外，沃爾瑪都位於榜首。

沃爾瑪第三代領導人李史葛，是沃爾瑪企業文化更新的推手。除了傳承沃爾頓為客人每天提供最廉價貨品的價值外，李史葛在企業使命內添加了環境價值，採納永續原則，推行永續措施，全力將企業打造為世界最大的綠色量販商。李史葛在2005年的一次公司內部演講（Scott, 2005），是企業文化演變的重要分水嶺。沃爾瑪將原來對客人、員工社會的注意力，擴大到對全球環境的關注上，大大豐富了其文化內涵，將永續原則引入作為核心價值，將大自然的福祉納入經營的關注中，對氣候變遷、地球溫度作出積極回應，盡企業的責任，解決全球環境變化的危機，維持文化生命活力，與時代進展相呼應（Humes, 2011）。李史葛演講宣示了三大目標：使用100%再生能源，製造零廢物，銷售支撐人類及環境的產品。

李史葛演講前已醞釀變革的跡象。李史葛承認有兩件事為理念轉向及文化大轉折打造了契機（Epstein-Reeves & Weinreb, 2013）。第一件事是董事會主席羅伯‧沃爾頓（Rob Walton）（創辦人的兒子）要求他對公司環境及社會的影響方面多費心思，沃爾頓由於個人參與了國際保育組織（Conservation International），認識到全球環境面臨危機重重，企業有責任協助解決問題。第二件事是2005年8月，美國受超級颶風卡崔娜（Hurricane Katrina）襲擊，對南部地區造成空前的災難。當時在地的分店店主迅速利用公司的超級物流技術

與資源，將救援物資用2,450輛大貨車輸送到災區，救助災民。不僅如此，地區分店的員工亦紛紛主動投入救災工作。沃爾瑪神速的回應，比美國聯邦政府的反應快得多。公司此舉贏得全國的讚賞，連平日的批評者亦肯定其企業公民之義舉，形象在世人眼前開始有改變。經過此事，李史葛在一個訪談中滿懷期望地說，公司能否在任何時間都是那時的沃爾瑪！公司大並不一定是壞的，大企業可以善用其規模及廣大的經營範圍做正事，造福社會。一念之轉，李史葛啓動了文化的再造，帶領公司走上永續經營的路。

2005年11月，沃爾瑪公布永續計畫，內容包括7項措施提高能源效率，及提高公司昔日不太理想的整體的環境紀錄（Makower, 2015a, 2015b）。計畫的主要目標包括在車隊每年投入5億美元，提升車隊3年之內能源效率的25%，10年內提升能源效率50%，7年內減少溫室氣體排放20%，及3年內減少店內能源消耗30%，在美國的店鋪減少30%，刪減會員俱樂部25%的固體廢物。執行長李史葛期望最終只會使用再生能源及產生零廢物。計畫亦包括蓋三座新的實驗性店鋪，店鋪安裝風力發電機、光伏太陽能板，生物質能的鍋爐、水冷冰櫃、節水型花園（xeriscape gardens）等，建造綠色量販店的建築。計畫推出之際，公司已是全球最大的有機牛奶及有機棉的購買者。2007年公司與環保組織合作，記錄公司的環境衝擊，及制定改善方案。公司又向綠色專家求助，規劃轉向綠色的策略與步驟。

事實上，沃爾瑪的企業文化轉變，擁抱永續經營原則，不只是面對氣候變遷帶來的挑戰，實現其企業公民應有的社會責任，同時是一門好生意，理由是永續經營的節能減碳，減少浪費，提升物流效率，可大幅降低營運成本，保持產品價廉物美，惠及消費者，保持公司的競爭力。沃爾瑪可利用其巨大規模的優勢，對分布在全球供應鏈中的供應商推行永續原則，要求提供符合永續原則的產品，對促進全球商業走上永續之道，回應氣候變遷所帶來的危機，有積極的意義。沃爾瑪此舉對不同產業亦產生良好的示範作用，成就其他企業學習永續經營的楷模，愈多企業加入永續經營行例，更能有效對防範氣候變遷所帶來災難。走永續不僅爲己，亦是爲人，爲地球、爲後代子孫及其他物種，價值無法估計。若沃爾瑪的永續發展策略能成功，對保護地球肯定有很大的貢獻。

註 釋

1. 每天最低價的策略一直維持至今，但廣告口號自2007年起改用「多省點錢，生活更好。」（Save Money, Live Better.）。

第 **16** 章　統一的臺灣在地文化

以人為本的管理方式，是我創辦統一以來，從未改變的原則。

—— 高清愿，統一集團創辦人

　　「貧窮教我惜福，成長教我感恩，責任教我無私的開創。」短短21個字，是統一企業創辦人高清愿先生（1929-2016）對自己人生價值的精簡概括，同時透視了他一手建構的統一企業文化之精髓。統一集團（統一，下同）企業文化的精要，包括了「三好一公道」、「誠實苦幹」、「創新求進」，都是高清愿在臺南當布行童工時，從臺南幫的代表人物吳修齊等人身上學到的，因此統一文化可以說是臺南幫的商業文化（Numazaki, 1986, 1992, 1993; 謝國興，1999）的延續與傳承，有深厚的本土內涵。❶統一文化的探討，有助揭示臺灣本土商業文化。

統一：創立與發展

　　統一企業1967年創立時，只有員工82人。今天，統一已發展成員工近19萬（2017年，包括國內及國外）的跨國企業集團。統一以食品工業為其主軸，產品包括麵粉、飼料、油脂、速食麵、食品等之製造加工及銷售；養豬、牛、雞等之畜牧產業；清潔用品製造等項目，產品深入人民生活多方面。統一推行多角跨國經營，業務多元化，包括金融、保險，房地產，零售業等。

　　1978年統一與經銷商組成「統一超級商店」，開業後一直虧損，高清愿堅持不解散統一超商，在1982年將之併入統一。1986年統一與美國通用食品結盟，在臺灣生產咖啡、奶粉、麵包。統一超商自成立後第7年開始轉虧為盈，1986年開設第100家分店。1987年統一超商脫離母公司獨立，由高清愿擔任董事長。1992年統一超商為統一賺進5億。次年，超越萬客隆，躍居零售通路業霸主。至今，統一超商已經成為統一各關係企業中，盈利最高的一家。統一超商的成功，展示了高清愿之長線經營格局，遇難不避的堅韌性格。1989年高清愿將統一總經理一職交給林蒼生，自己擔任統一總裁。

　　1990年，統一以3億3,000餘萬美元購併美國威頓（Wyndham）餅乾公司，創下臺灣民間企業的海外最大宗收購案。威頓公司1997年度淨利281萬美元，1998年公司成長快速，獲利能力極強，被美國業界看好，高清愿看準時機將其出售，獲利甚豐。統一自1992年開始在中國投資，在主要省市都有生產基地，與商業、物流連成行銷網絡。1998年將總部設在上海，統籌管理各全國網絡。另外，統一以大中華地區為基地，在泰國、印尼、越南、菲律賓等地投資生產，利用集團內之資源共享的戰略，立足亞洲，放眼全球。

　　統一創辦後第1年的營業額5,000萬元（新臺幣，下同），資本額3,200萬元。2017年的營業額是3,998.61億元；營收764.87億元；總資產4,146.55億元；員工人數18萬8,931人（國內／海外）。2013年高清愿退休，董事長職位由女婿羅智先接任。

創辦人：價值與信念

　　臺灣老一輩的企業領袖多有明確的經商理念，且樂意讓世人認識他們的信念。臺南幫諸位領導人物，包括吳修齊、吳尊賢及高清愿身上都可找到一脈相承的商道。吳修齊兄弟開辦的布行，一向以誠信與公道待客，商譽極佳。吳氏兄弟為人正派，做事對人尊德好禮，身體力行，成為員工模範，高清愿在做事及為人方面都深受吳氏兄弟的影響（吳三連，1991；天下編輯，1997；謝國興，1999）。

　　高清愿1929年出生於臺南縣學甲鄉倒風寮，是當時南臺灣的窮鄉僻壤。高清愿家境清貧，姊姊3歲夭折，之後胞兄因病無錢就醫，11歲時亦早亡。父親壯年病逝，高清愿被迫小學畢業即到草鞋廠當囝仔工（閩南語，「童工」的意思），靠每月15元日幣的工資撐起家計，縮衣節食，生活清苦。高清愿13歲隨母親到臺南謀生，在表姊夫吳修齊創辦的新和興布行當學徒。吳修齊是臺南的殷實商人，是臺南幫之領頭人物。

　　高清愿在布行每日工作超過20小時，店內大小雜務粗工，洗掃搬抬，買菜燒飯，一手包辦。童工工資低微，第1年每月工資3元，高清愿都全數存起來，第2年月工資6元，第3年每月12元。童工地位卑微，聽命於人，受人使喚，常遭白眼，被年長員工欺凌，高清愿回憶：「我是童工出身，從小就得看別人的眼色，忍受他人無理或無禮的待遇。」童工的生涯使高清愿對人情冷暖有深深的體會，長大後更能體恤底層員工的感受，對弱勢族群更易有同理心。

然而，高清愿能吃苦耐勞，勤奮好學，做事勤快，深得吳修齊看重及信任，從吳修齊對高清愿的評語：「龍非池中物，乘雷欲上天」，可見他對高的才能與前途的厚望。❷

高清愿深受母親的影響，母親的教誨養成了他的人生價值，其中「一勤天下無難事」，這句特別深入心坎，勤奮刻苦自小注入他的血液中。高清愿好學，聰敏機靈，從做學徒的日子開始，吸收了不少寶貴的經營經驗及做人道理，奠定了日後從商的基礎。1949年，吳修齊兄弟見時局動盪，將布行結束營業，另組德興布行，高清愿的工作是到臺北批貨。1953年吳修齊兄弟另外創立德興染織廠，將德興布行交由高清愿負責。1955年，臺南幫另兩巨頭吳三連與侯雨利，獲政府特別許可，創立了臺南紡織公司，由吳三連出任董事長，吳修齊為總經理，業務科長則由高清愿擔任。高清愿暫時擱置自立門戶的念頭，投身臺南紡織。

1967年政府對大宗物質進口解禁，高清愿抓緊時機，毅然放棄從事多年的布業，告別臺南紡織，向親戚借了3,200萬元，創辦了統一企業，經營他完全不熟悉的麵粉、飼料行業。雖然萬事從頭起步，但「難」字阻擋不了他，統一是他久等的舞臺，讓他能用積聚了24年的經營經驗，實現他的創業理想。1968年統一飼料廠開業，半年後，統一麵粉廠正式開工，開啟了統一食品王國的首頁。1971年高清愿與吳修齊合資成立可口企業；統一企業首創「統一肉燥麵」，是速食麵的先河。1973年統一業務有長足的發展，營業額超過當時最大的食品企業味全，成為臺灣最大的食品企業。

統一文化

統一創立之後的30年間，發展穩健，營利可觀，充滿活力，員工團結一致，究其原因，除了卓越的經營策略與管理外，就靠優秀的企業文化及創辦人的領導力。統一企業文化（統一文化）的精髓，融入不少平凡的道理，而統一成功之道，在於能有效將其發揮，成為員工思想行為的基本依據。統一文化，不是公關的門面裝飾、漂亮的口號，而是員工共同接受的信念，活在心中的價值，每天工作所依據的思想行為準則。統一文化是生命活潑，有行為效應的文化（莊素玉，1999；高清愿，1999；天下編輯，1997）。

核心價值

統一的經營信條是「三好一公道」，代表了統一的核心價值。「三好」是「質量好、服務好、信用好」，「一公道」是「價格公道」。三好一公道是吳氏兄弟在新和興布行時的經營原則，布行在質量、服務，信用等做得出色，帶來好口碑，客人擁護。高清愿在新和興布行由囡仔工做起，深受布行文化的影響，創辦統一時，承傳了吳氏兄弟的優良經營精髓，將之融爲統一文化的核心價值。除此之外，「誠實苦幹」、「創新求進」也是高清愿的經營原則。統一開業30年出版的紀念特刊（統一企業，1997），完備地闡述了統一文化，包含人性化管理（含人情管理、人和管理）、感恩文化、正派經營、以客爲尊、社會責任等基本元素。

人性化管理

「人性化，帶有幾分溫情，以人爲本的管理方式，是我創辦統一以來，從未曾改變的原則。」（高清愿，1999，64頁）[3]這句話，清楚地表達出創辦人的管理哲學，及統一文化的人性化管理。人性化管理的精要，高清愿有兩句精簡的詮釋：「任何有關人的管理，唯有回歸到最根本的人性化層面，才能把冷冰冰的管理工具，變得有感情，也有人味，從而推動著企業，朝永續經營的方向發展。」管理者對待員工，除了用理外，還得用情。高清愿爲統一制定的傳統，要求主管有令員工和諧合作的領導能力，包括其用人、待人及領導人方面兼備人情的元素。高清愿深信要留住人才，就要消除上下的隔閡，主管者應關心下屬，因爲每個人都是需要別人關心的。高清愿說明人性化管理的效應：「人性化，將心比心的管理方式，在公司內，自然可以使人與人的互動，不論是上下或平行的關係，均可建立牢不可破的互信。在這種環境下，上對下，當然可以充分授權；下對上，也多了分金錢買不到的感情。」就內容而言，人性化管理包含了人情及人和。

◆ 人情

高清愿及統一草創期的得力幹部，都是來自臺南的草根階層，帶有濃厚的草根味道，人情是其核心。事實上，人情從創辦開始就像一池活水，不斷灌溉及養育著統一文化，使其成長茁壯。不只公司內部，就算是公司外部的商業夥伴，都感受到這份濃厚的人情味。中華文化是重人情的文化，臺南庶民文化

自然重情，高清愿本人特別看重人情。高清愿爲人隨和，待人親切，臉上常掛著笑容，一點老闆或上司的架子也沒有。統一早期工廠300名員工的名字，他都能逐個記住，使他與員工之間更容易建立情感的聯繫，讓員工感到被尊重，打破了老闆與下屬之間的隔閡。高清愿的親民領導作風，在當時上尊下卑的社會中是極爲少見的。高清愿跟臺南幫諸大老一樣，都很重鄉情，非常照顧倒風寮同鄉。統一開廠初期招募員工，同鄉人優先取錄；同鄉有人過世，高清愿資助喪葬費。高清愿的另一個雅號是「學甲皇帝」，因爲學甲鎮人來找他介紹工作，他都有求必應。對人對事不要得理不饒人，還是顧及人情，留給人家生路，是高清愿的待人之道。

40多年前，高清愿在臺南紡織擔任業務經理時，南紡每年都自國外進口大批原料，一次有位好找麻煩的海關官員，每逢南紡的原料進口，這位官員就處處刁難，激怒了一名大股東，要求高清愿用最強硬的方法對付該名官員，迫其離職，爲公司出氣。當時高清愿相當爲難，因爲公司若與該名海關官員起衝突，原料過不了關，吃虧的還是公司。再者，逼其離職，不僅有失厚道，也違反做人的原則。由於高清愿不願不擇手段的打擊該名海關官員，因而多次被這位股東責難。這件事對他有很大的啓示，尤其使他深刻感受到，凡事一定要將心比心，自己做不到，或強人所難者，絕不能要求屬下去做。

◆ 人和

華人社會重視「以和爲貴」，認爲「人和萬事興」，但要落實「和爲貴」的價值，說易行難。高清愿認爲公司跟家庭一樣，應以和爲貴。和睦的家庭，不會出有問題的子孫；公司內部一團和氣，沒有派系，同心同德，團結一致，自然會成功。統一重視員工之間的合作，著重團隊的協作。有人以爲要處理好人際關係，就是要「和稀泥」或做「爛好人」，各方討好。問題是，和稀泥作風無助於眞正的和諧人際關係，因爲「和稀泥」是不問是非曲直，不顧公平，令人心不服，導致不和。「和稀泥」所導致的「和」，是虛假不實的，因爲是非一日得不到擺平，公義得不到伸張，矛盾不和就得不到眞正的解決，怨憤會不斷積壓，職場難有安寧日子。

感恩文化

統一的高層領導人，包括董事長吳修齊、高清愿都是堅信感恩之道，對曾經幫助過自己的人都銘記於心，等待機會向恩人回報。吳、高二人的報恩事

蹟，是統一內廣為流傳的傳奇，亦成為員工學習的榜樣。統一的報恩對象不限於對己有恩的個人，社會也是重要的報恩對象，對社會報恩表現為對企業社會責任的承擔。統一創立了不少慈善基金，捐助社會中貧病殘障有需要的人。1978年員工自發地成立了統一扶仁社，幫助貧困孤寡；1991年成立了推動臺灣科技研究的李國鼎科技發展基金；1990年開始推行專為年輕人而成立的、為期10年的「黃金10年，人生規劃21世紀夢公園」計畫，提升青少年的精神生活品質，激發他們追尋理想的熱忱。高清愿常說：「待人，只要常存感恩之心，真情相對，就可以把人與人的關係，從現實的利害層面，提升到另一個有情有義的世界，這份情誼無分年齡，更超越國界，歷久且彌新。」

正派經營

　　雖然有不少企業避諱用「正派經營」這個名稱，憂慮會招來同業指責「唱高調」。但統一良心經營的名聲已街知巷聞，是臺灣社會的寶貴資產。高清愿創辦統一的首天，就堅定地宣示公司要正派經營，數十年來始終如一，其中有不少值得一記的良心經營事例。例如：有一年蕃薯豐收，價格大跌，很多工廠都不顧與農民簽訂合約條文，拒絕收購蕃薯。與統一有合約的農民，擔心亦會遭到違約的同一命運。但事實剛好相反，統一不只堅持履行合約，同時還超額收購，積壓資金上億元。次年蕃薯減產，價格大漲，統一由此獲利不少，這宗「好心好報」的良心事蹟，成為業界的美談。

　　受到吳修齊的商德之薰陶，高清愿在創立統一時，就立志正派經營。他個人很討厭投機取巧，自私自利的人，自當童工時，就見到不少商人的不法及缺德行為，心存僥倖，喜用旁門左道，經常瞞稅等，令他對不正派行為心感厭惡。守法是正派經營的基本，當時臺灣商人逃稅之風甚盛。高清愿告誡員工千萬不要逃稅，要遵守法令，誠實繳稅。正派經營幾十年來一直傳承下來，到處都是分店的統一超商，從開業就堅持正派經營，不管顧客買多少錢的貨物，一律開發票，與其他眾多街頭巷尾的雜貨店，將不給發票視為理所當然的作法有天壤之別。「經營要有良心，不做虧心事。」是高清愿從吳修齊那裡學回來的。他深信做事業的人一定要做好人、做好事。跟很多傳統社會一樣，臺灣以前商界很流行回扣，員工收取回扣是「家常便飯」，不少企業主亦「睜隻眼、閉隻眼」，姑息處之。高清愿對回扣之惡習不以為然，嚴令禁止員工不得接受回扣，同時亦訓令主管不能收下屬禮物。

以客為尊

統一非常重視消費者的利益，高清愿認為統一的根是消費者。高清愿常說，統一不敢輕忽消費者的聲音。若有損消費者權益的經營，即使獲利巨大，公司亦不會做。有一個例子可以說明這點。數年前，有名歹徒在臺南縣仁德鄉一家雜貨店寄售的統一鋁箔裝飲料中下毒，依此向統一敲詐。歹徒被警方逮捕後，供稱只在這家雜貨店內的飲料下毒。為了保護消費者，對社會負責，統一立即把在臺南縣市出售的所有鋁箔裝飲料收回，加以銷毀。雖然如此，仍有消費大眾覺得不滿意，認為統一應該回收在全臺各地販售的所有鋁箔裝飲料。同業都認為這個要求過於嚴苛，但是，統一仍毅然決然把幾十萬盒飲料全部收回，公開銷毀。那次，統一損失相當慘重。不過，這次果斷的決定贏回了消費者的信心，短時間內，統一的市場不僅恢復了正常，甚至有明顯成長。統一這個作法跟美國嬌生對下毒案子的處理非常相似，反映企業文化的良性效應，面對危機時發揮了關鍵的指引作用，引領企業作對的決定。高清愿說：「創辦統一企業30年以來，我始終堅持：尊重、維護、保障消費者的權益，是一個企業要永續經營的基本要件。事實上，統一能夠由小而大，從國內跨至國際，就是憑藉著廣大消費者的支持。」❹

社會責任

如上文言，正派經營的自然延展是社會責任的承擔。高清愿視企業要「當社會的聚寶盆」之名言，傳神地表達了其企業社會責任觀。他還有「獨樂樂不如眾樂樂」的賺錢哲學，認為社會財富應由大家來努力創造與分享，只有一家獨賺不是好事，大家共賺才是好事。企業是小我，社會是大我，企業是私，社會是公，小我大我互相融合，私與公取得平衡，企業與社會才能雙贏。「一個企業，唯有把本身的私利與社會的公益，結合成一體，才能夠在各界正面的回應下，走更長、更遠的路。」他深信企業要獲得社會肯定，必須負起社會責任。

對企業及社會而言，利潤是重要的，賺錢是經營者之天職，亦是基本社會責任之一。能賺錢的公司就可以繼續為員工提供穩定就業，甚至可以創造更多就業機會，為股東賺取更多的利潤；反之，假若經營不善，令公司虧損累累或倒閉，工人失業，股東損失，經濟蕭條，社會受害。不賺錢的企業，變成了社會的罪人。「……經營者……基本社會責任，就是賺錢，倘若經營不善，導致

企業虧損或倒閉，不但愧對員工、股東，更對不起社會。企業不賺錢，就是社會的罪人。」

用人之道

　　高清愿創業初期所僱用的員工，半數是沒有經商經驗的中小學教師。開業時的82名員工，坊間以「82羅漢」稱之，其中不少是不惜薪水比前少了一半，仰慕高清愿的大名而來的。統一的資深員工，如執行副總經理顏博明、食品二群副經理高顯名，及前統一人事行政副總經理張肇斌等，都是教師出身。高清愿特別喜歡僱用教師，理由是教師受過高等教育，操行比較好，無經營經驗可以慢慢教，重要是品德。高清愿重視員工的道德操守，員工要「不搞婚外情、不拿回扣、不能貪汙、不能賭博。」（莊素玉，1999）。

　　高清愿主事時，統一推行終身僱用制，除非犯了大錯或操守嚴重缺失，員工進入統一就終身受聘，不愁解僱，所謂「一日統一人，終身統一人」。高清愿支持這個制度的理由是，員工一生的智慧會獻給公司，作為報恩。日本曾以終身制出名，然上世紀末已經開始取消這個制度，裁掉大批資深員工。在全球化的衝擊下，統一能維持這個制度多久，得拭目以待。

　　高清愿認為人員政策必須公開、公平、公正，一定要做到沒有私心，認為私心會製造不公正，好壞分不清，導致升遷等方面都很不公平，能幹的員工會離開，素質平庸的留下，公司發展當然受限。高清愿重視無私的心，跟他本人的經驗有關。他從童工開始，並沒有巴結上司，但要求上司公平對待下屬。做幹部時，他體會下屬要求公平之心。下屬如果表現好，上司就應該說好，如果不好就說不好，就是公平對待員工。所有員工都希望得到公司公平的對待，如果公司做事不公平，待人不公正，士氣一定很壞。好人留不住，人才不會來。高清愿從基層做起，較容易了解組織內不同階層員工的需要、想法、感受。他指出要做好領導人，首先做好的追隨者，有被領導過的經驗，才懂得領導的要領。

　　統一成功依賴高素質的員工，理想的統一人應具備以下特質，同時亦是統一文化的精神特色：

　　好學不倦：統一支持員工終身學習，鼓勵「做到老、學到老」，好學不倦，求知不斷。高清愿本人就是不斷學習的榜樣，憑著不斷的學習，克服無數的困難，他回憶：「我一生實踐宋朝朱熹名言：『無一事而不學，無一時而

不學，無一處而不學。』我認為一個人不論是十七、八歲的少年郎，或是八、九十歲的銀髮族，只要一停止學習就是老了。永不停止的學習，不但能永保青春活力，而且永遠享受生命的冒險刺激。」

鬥士精神：統一經常將艱難的任務，交付給經驗不足的員工，用意是激勵他們發揮潛能，成為鬥士，逆境中學習克服困難，敢做敢闖，不怕挑戰。這種「無事可以難倒我」的戰鬥士精神，不是天生就有，要靠後天培養，開明的企業願意承擔風險，為員工提供機會，培育鬥士能耐。

行動至上：經過細心分析評估作出決定之後，就要按照目標，義無反顧，勇往直前，達到目標為止。這種行動取向的哲學是：「立刻行動，然後邊做邊學邊改」，「先做、再修改、然後再試。」秉持行為為本的精神，統一才能在短期內有亮麗的成長。例如：統一往中國投資設廠，同行要用30個月才能建好的麵粉廠，統一只用了一半的時間就把事情做好。這個行動至上的精神，使統一在3年內於中國建了19家工廠，令跨國企業同行羨慕不已。

崇尚簡樸：吳修齊、高清愿都出自寒門，簡樸成性，經營致富後，依然儉樸，成為員工修養的楷模，亦為公司建立榜樣。創辦人的思想行為，對員工影響深遠，風行草偃，上行下效，統一文化以簡樸為傲，以節儉為榮。縱使統一是臺灣最大的食品企業，經年賺錢，公司樸素之風依舊，在全臺前十大集團企業中，辦公大樓仍設在工廠區內的就只有統一一家。昔日高清愿及林總經理的辦公室小而清雅，各級主管的座車都是國產車，不是進口的名牌車。公司上下崇尚樸素，領導人效應是也。

人文精神：統一著重員工的人文修養、心靈的開拓。在經濟商業活動之內，加入人文的關懷，讓員工的人性得到充分的伸展與發揮，完滿個人的精神世界。

品德至上：高清愿非常重視員工的品德。創辦後的30年間，大學、高中生申請統一的職位空缺，都由高清愿親自面試，企業副總級的高階幹部，很多都是通過高清愿面試這一關而成為統一人。高清愿的用人原則是，只要德才兼備，親戚、朋友、同鄉都可招攬為員工，然而，在對待親友員工時，特別要公私分明，不能以私害公，以情害理。這個作法也是傳承「臺南幫」的用人習慣：不避僱用親友或熟人，但必須有能力及品德。

基層養成：統一重視從基層做起的員工養成，新進員工都必須從基層做起，例如：做業務的就必須挨家挨戶做實地推銷、搬牛奶；做工務的，得從工廠最基礎的現場操作做起，沒有例外。這種訓練令員工熟悉業務，不只能掌握

自己的工作，同時了解其他別部門的工作，有助與其他部門溝通與合作。

統一的人員政策為人詬病的是輩分倫理，因為論資排輩，會導致競爭減少，不利創新。一位統一的高階主管指出，「統一的人事晉升就像日本的年功序，很講究輩分倫理，缺少競爭的氣氛，造成保守的文化。」（周啓東，2003）事實上，年資深的員工在一個部門待太久，會產生思想惰性，排斥新想法。

領導之要

「經營事業，要向前看，向上看；但是，做人、待人與帶人，卻要向下看，向基層看，向企業的最底層看，這樣才能夠得人心，聚人氣。凡事若能得人心，聚人氣，才禁得起風吹雨打，走得了長路。」

高清愿在塑造公司文化時，極之看重「領導效應」，他曾經說過：「企業文化就是上面怎麼做，下面的人就跟著做。」公司之企業文化之所以成功，領袖「能夠以身作則，當下屬的表率，在公司內部產生了正面的擴散效應，這是上行下效的結果。他相信，一家公司通常是從上面開始崩壞，而不是從下面開始，正好比魚先從眼睛開始爛，正是「上樑不正，下樑歪」。領導如果好，下面就壞不了。

經理是領導層，除了有才幹經驗之外，就要有品德。當童工時，高清愿細心察覺臺南不少大布行都不能經營長久的主要原因，均與布行老闆的為人、做事和私生活有關。當時布行賭風盛行，通常老闆好賭，員工有樣學樣，沉迷賭博，就會敗壞風氣，業務會走下坡。

高清愿的管理風格，是一種良性的家長主義，他要求自己及各個事業的主管，從父兄的立場對待員工，將他們看成是自己的子女或兄弟姊妹一樣，好好愛護照顧。這亦是統一有情管理的一個具體表現。

「用人時，只要能持一份出自內心的關懷，對同仁真心相待，上下必然一心，自然能夠把最高的工作效率激發出來。」（莊素玉，1999）

高清愿公私分明，不假公濟私，他出外應酬若屬私人性質，就絕不報公帳。在辦公室吃早點、在公司影印私人文件，一定自己付錢。這些看似小事，若領導人能以身作則，對其他員工就會有很大的示範作用。

高清愿容易親近，願意聆聽。一些跟隨高清愿多年的下屬都異口同聲地指出，高清愿很有親和力，有事找他商量，他都樂於接見，並細心聆聽及幫助解

決問題。在統一的早創時期，為了更深入了解員工，每年高清愿會挪出時間，與個別的員工單獨面談。員工感到老闆的真誠，個個都會講出心中話，包括對公司的不滿及建議。高清愿都認真聆聽，吸納建議，改善公司。這種與員工的良性互動，增強了員工對公司的歸屬感，尤其是對老闆產生了感情，願意為他打拚。高清愿的得力助手顏博明說得好：「為他做事真的很爽快、很舒服。他給我們的空間很大，永遠有事可做，就像牛一樣，永遠有牛犁可拖。」（莊素玉，1999）

在打造文化，傳播統一的價值時，高清愿特別重視身教：「我是以身教代替言教，先帶動幹部身體力行，進而普及至全體員工。舉例來說，有一次，我在同仁辦公桌旁的地上，看到一根大頭針，儘管這根大頭針微不足道，可是我認為，這仍是一項可資利用的資源，不該浪費，所以從地上撿起來，放回同仁桌上。」

統一華人企業特色

統一文化不僅反映臺灣本土文化，同時亦展示了華人商業文化的特色。回顧上文的文化方向盤分析，大中華地區的臺、中、港三個華人社會都出現差異。權力距離方面，中國最大，臺灣權力距離最小。中國、臺灣的集團主義接近。剛性方面，中國剛性最強，其次是臺灣，最後是香港。迴避不確定性向度上，中、臺幾乎相同。長線取向方面，三地的差異性很大，香港分數最多，比臺灣分數多出22分。在放縱這點上，香港分數最高，比臺灣多出32分。用文化方向盤的指標作分析，亦有助展示統一文化在5個方面的特質，可與其他不同文化的企業作比較。從上文的華人商業文化角度觀察，統一文化亦承載著不同程度的家族集體主義、人情關係主義、家長制、威權主義等元素。

註　釋

1.　日本學者沼崎一郎及臺灣學者謝國興對臺南幫的研究，很具參考價值。

2.　2000年6月，筆者很榮幸有機會就統一文化訪談高清愿先生，地點是統一集團臺北松山區總部。

3.　下文用括號標示作者名，皆出於同一著作。

4.　1995年10月，香港維他奶公司亦遇到紙盒奶變壞的案例，後來公司經過一番折騰，為了消費者的健康，決定將大量飲品銷毀，雖然損失慘重，但也贏回了消費大眾的信心及公司的商譽。

第**17**章　偉志美德之道

WEIZHI 伟志

> 錢是天下人的錢，不能也不可能歸於一個人名下。
>
> —— 向炳偉，偉志集團創辦人

1987年，向炳偉先生向親友借來5,000元（人民幣，下同），在陝西省南部的漢中市與友人創立了偉志西服廠（簡稱偉志），10年後發展成中國西北地區鼎鼎有名的民營服裝企業。與其他較爲發達的沿海地區私營企業相比，偉志的成就絕不遜色。1996年初，偉志集團總部從漢中遷移到西安，總部設在西安市高新技術產業開發區。96年的銷售收入就超過1億元，總資產達4,000萬元，96年的淨利潤200多萬元，比95年增加了超過1倍，偉志已成爲西北地區最大的服裝企業集團。至1997年，偉志總資產達1.2億，年銷售收入達2.3億，比1996年增長104%，實現利稅2,100萬元，比1996年增長106%，累計到1997年底，偉志集團淨資產爲2,200萬元。1997年淨資產報酬率達19.6%，總資產報酬率達7.9%。❶

偉志銷售專賣點遍布陝西、四川、山西、河南、內蒙古、新疆、黑龍江、山東、寧夏、甘肅、重慶、深圳市，偉志品牌專賣店已達416家。集團擁有19家分公司，包括西安西服有限公司、西安商貿公司、深圳西褲公司、四川商貿公司、漢中商貿公司以及裝潢公司等。就1998年初的資料，偉志集團共有員工2,400多人。系列產品有偉志襯衫、偉志西褲、偉志女裝。1997年底生產力達年產55萬（套件），主導產品「偉志西服」被評爲「陝西名牌」。偉志爲九〇年代中國500家最大的私營企業之一。1996年，根據利稅和銷售收入情況，集團被評爲中國服裝行業的100強，陝西省服裝行業的最大稅收上繳私營企業。偉志在全國首先提出「不滿意便退錢」的服務承諾，深得顧客信任，並影響了陝西省和全國的商業倫理。偉志創辦人用本國傳統美德打造的企業文化，開美德企業的先河，成爲同業學習的楷模。❷

獨特的企業文化

向炳偉親手打造獨特的企業文化，他把中國長期積弱貧窮歸因於中國人的人際關係。由於歷史的原因，特別是經過文化大革命的洗禮，中國人變得自

私、戒備、虛僞、妒嫉，這些劣質品性阻礙了經濟的增長和社會福利的改善。向總提出了人們若能實行「善、誠、智、勤」四美德，貫徹企業文化，才能將精力和時間集中於生產活動上。

在聘用和考核人員時，遵循先德後才的原則；優秀人才是成功的關鍵所在。當企業的發展與留住人才發生衝突時，公司寧願放棄利潤速度；員工的行爲要遵循三個有利原則：即有利於公司聲譽和效益的提高，有利於員工工資收入和待遇的提高，有利於消費者和公眾的利益；員工都應該清楚：質量、成本、交貨速度是公司成功的關鍵；管理層應該追求簡單、優秀，去除一切官僚的作風；盡力去滿足或創造顧客的需求。

「不滿意便退錢」的承諾

偉志集團以客爲尊，以消費者之滿意爲服務的宗旨，並非一個空洞的口號，而是對消費群眾的一個眞誠的承諾。「不滿意便退錢」是偉志的服務承諾。

1992年，偉志開始開拓西安市場，向炳偉在多方反對之下，力排眾議，大膽提出了「偉志購物，不滿意便退錢」的服務承諾。當時不少人都擔心這種善意會被濫用，自私的人可以趁機惡意退貨，對公司將會造成重大損失。向炳偉的理由是，消費者用辛苦掙來的錢購買公司的產品，當然希望物有所值，我們既然對自己的產品質量有信心，爲何不作此承諾，消除消費者的擔憂？將心比心，站在消費者立場，公司的承諾反映對自己的信心，同時也反映對消費者的信任：這家公司值得信賴，購買它的產品有保障。

向炳偉相信惡意退貨的人不超過3%，並準備了10萬元來吃這個虧，但他深信承諾將爲公司帶來信譽。「一個企業有了信譽，就像給顧客的口袋裡放進了存款單，他們會不定期地來這兒增加存款。」果然不出向炳偉所料，這個承諾不只贏得消費者對公司的信心，並將公司推向成功之路。

「不滿意便退錢」這個承諾不但成爲偉志的銷售原則，同時亦成爲經銷商合作的基本原則。爲了確保這個原則的有效落實，公司總經理辦公室設置了投訴熱線，如分銷商被證實違反這個承諾，就會被取消經銷權。

向炳偉的目的是要建立有信譽、有誠信、有秩序、有生產者及消費者倫理的市場。反映了他廣爲員工所熟悉的信念：「天下是天下人的天下，不是一個人的天下；錢是天下人的錢，不能也不可能歸於一個人名下。我們現在有好的

產品，好的信譽，好的服務，願意與大家聯手開拓市場，共同富裕。」❸這種胸襟與氣魄，焉能不令著眼於短線利益、追求蠅頭小利的商賈汗顏？

1994年偉志所設立的銷售點近50個，營業額超過2,000萬。公司「不滿意便退錢」的服務承諾被中國社會經濟調查研究中心譽為「全國公眾信譽良好企業」，同時被中國保護消費者基金會授予最高獎——保護消費者杯。

偉志聲譽日隆，要求與之合作的經銷商絡繹不絕。但偉志對挑選合作者極為審慎。1995年對經銷者作了一輪篩選，開始推出特許經營的銷售方式。專賣店迅速增加，由50個發展到140個，隨即獲得國家工商局選入「全國500家最大私營企業榜」。1996年公司發展出10個分公司和223個專賣店的龐大市場分銷網絡，分布在陝西、四川、甘肅、山西各省，為下一步邁向國際市場作好準備。

「先德後才」的用人原則

企業要成功，除了有遠見魄力的領袖之外，還得有賴各方面的人才，共同策劃及推動公司。向炳偉知道單靠他本人的力量，不足以將公司持續地向前推進，他那種企業家敢於冒險的本色，在招聘人才方面再次展露出來。

1995年底，偉志集團在商討將總部移師西安的會議中，在不少懷疑聲浪之下，向炳偉決定以10萬和5萬年薪公開招聘副總裁及其他高階經理。這筆薪資在當時是天文數字，招聘廣告一出，立刻引起社會震盪與關注，吸引了來自全國的3,500多份履歷，招聘工作耗時2個月。1996年4月下旬，遴選完畢，偉志集團網羅了70多人，組成了新的管理團隊，公司從漢中遷入西安，標示了偉志發展的新里程碑。事實上，許多加盟偉志的人，以前都曾有比較好的收入，有些甚至擁有自己的企業。但當他們接觸了偉志的企業文化，都為它所吸收，轉投偉志旗下。

向炳偉招才、用才、育才、鑑才、留才的原則是「先德後才」，要求員工遵行「善、誠、智、勤」，制定「三記耳光」戒條，警惕高階人員向善避惡。戒條如下：一、以善、誠、智、勤的理念做著不誠實的言行，打自己耳光；二、以1,000多名員工的信賴，卻不夠關心愛護員工，打自己的耳光；三、以幹大事業的信念，眼睛卻盯在小團體、小利益上，打自己的耳光。

打耳光的原因，均出於作偽、不真誠、口是心非、言行分家，不關心員工、以私損公等道德虧損。

向炳偉就品質、思想、性格及愛好四方面提出他選才的準則。(1)就品質上，員工要誠實、善良、寬厚及博愛。(2)思想上，員工要有上進心，有自己的思想，將自己與社會整體融合在一起，有社會責任感。(3)就性格上，員工要穩重、坦誠，自信而不自傲、自謙而不自卑、樂觀豁達，心胸廣寬、實事求是。(4)就愛好上，員工愛好廣泛，但應是為完善自我的、豐富生活的、積極的、健康的、有利於工作的。要滿足上述的條件不容易，向炳偉承認他選人也會出錯。

在人才培育方面，向炳偉明白各級領導所發揮的作用，感嘆中國人盲從權力，奉承上級，口不對心的迎合上意等頑疾。因此，他坦誠地要求員工以培養他本人及副總裁為他們的責任，深信只有在「互相學習、互相批評、互提意見、培養造就方面做到人人平等」，企業才能發揮人的潛能。只有這樣做，員工才可走出只有領導人英明，只有領導人培養下屬而下屬不能培養領導人的迷思。這種由下而上的培養方式相當大膽，不知在威權主義、權力至上的國度裡，有幾家企業能做到這點。

「善、誠、智、勤」的核心價值

除了「三記耳光」戒條的消極道德規範外，向炳偉亦制定了「三個有利於」的積極原則，內容是：(1)有利於公司聲譽和效益的提高；(2)有利於員工工資收入和待遇的提高；(3)有利於消費者和公眾利益的提高。這三個原則均從整體的角度規劃企業的目標，兼顧著公司、員工、消費者及公眾的利益，反映了涉及利害關係人的管理模式（stakeholders model），將企業所應負責的對象，從股東向外延伸至消費者及社會大眾，同時不會忽略對企業內員工利益的照顧。

經過8年的艱苦實踐，向炳偉將累積的經營經驗及醒悟，轉化成偉志企業文化的元素，打造以美德為本的企業文化，建造「美德企業」。向炳偉的經營基本理念「善、誠、智、勤」，對他來說是無價的「財富」：「如果有一天我變得像過去一樣貧窮，只有要『善、誠、智、勤』這四個字，我依然可以東山再起。」在向炳偉（1997）的半自傳式的著作《我的財富：善誠智勤》中，提及四大美德的內容是：

善：人性的光輝

每個擁有博愛之心的偉志人，應該在善中教化，善處求和，共同創造和諧美好的偉志家園。

誠：為商的根本

善誠去偽，忠誠於國家、坦誠於員工，真誠於顧客、信誠於社會。

智：財富的源泉

善誠的智慧是企業發展的動力、偉志人發揮自身潛能，更好地適應公司現在及未來的發展，創造出卓越的業績。

勤：敬業作風

開源節流、勇於進取、奉獻赤心，使我們個人、企業、社會物質和精神文明的進程加快。

偉志的企業抱負是：「善誠智勤的偉志人，創造新人類的美好家園。」

什麼是「新人類」？據向炳偉的詮釋，新人類就是在「現代文明氛圍中努力實現自我價值，並在道德上回歸本義的現代人」。要建立持久有效的企業文化，必須善用自己的文化資源。「善、誠、智、勤」是中國的傳統美德，應成功將之轉化成公司之核心價值及經營原則。

「善愛」為本的生活

偉志設有一個企業文化部，專門負責發展及深化偉志文化。偉志文化用「愛」貫通了員工工作生活各個方面，「善誠智勤」之「善」的落實，以「愛」為文化的軸心，生命、自我、生活、工作、家庭、他人、國家，自然在公司都有不同的表現：

愛生命：珍惜身體生命、珍惜時間生命。

愛自己：尊重個人的身心需要，適應社會，保留自己。

愛生活：熱愛需要做的任何工作，從工作中學習、實踐、提高、感受工作中的充實、快樂。

愛家人：以孝敬長輩、關懷同輩、慈愛晚輩的心對待家人。

愛他人：以博愛的心去對待同事、朋友、顧客、公眾。

愛國家：將國家興衰榮辱與個人融為一體。

愛自然：愛護自然、感悟自然、享受自然。

愛公司：將身心融入公司、個人的發展與公司相統一。

向炳偉的人生理想，就是善化人生。他常說：「使別人最幸福的人，自己也最幸福。道德的積極意義，是製造幸福。」偉志的企業倫理取向，亦反映了道德的積極涵義。向炳偉期許員工能「以善良博愛之心和行為對待同事、對待家人、對待顧客、公眾，在善愛之中得到淨化，善愛中求和，共同建立和諧美好的偉志家園，與公眾和大自然建立融洽和諧的關係」。

以「善愛」為企業文化重心，招來不少懷疑的目光，很多陝西人對「善愛」的企業文化深表懷疑，市儈商人當然會取笑為「天方夜譚」、「不切實際」。面對著猜疑成習的大多數，向炳偉絲毫沒有動搖「善愛」的決心，努力在公司內推廣深耕，員工要不斷地接受定期培訓，了解善愛的深義，實行善愛的生活。再者，向炳偉還打算推出一項企業文化建議的定期考核，獎勵有卓越表現的單位。對表現不符理想的部門，進行適當的輔導及建議改善方法。向炳偉的目的，就是要建立一個有穩固價值體系的企業文化，融合個人、大眾及國家利益。這個企業文化要有一定的普遍性，不受地域、國度及時代的限制，並且能協助推進人類的物質和精神文明。

中國人的劣品

向炳偉對觀察人性方面，亦有獨到之處。他認為可能是文化大革命的遺毒，中國人不講真話、尚浮誇，社會上目前充斥著不真實的人、不誠實的關係。尤其是有利害關係的人之間，不誠實之風尤烈。向炳偉毫不忌諱中國人的劣品，包括「自私、虛偽、戒備、嫉妒、心大志氣小、弱時卑強時傲、利益上過於偏重個體需要，精神上過於依賴群體。」

向炳偉提倡中國的傳統美德，因為他對中國人卑劣的一面有深刻體會。中國人時常為人詬病「社會意識低，小集團心態強」、「私心強，公德弱」，在集團組織生活中，經常結黨營私，排斥異己，無時無刻不作「窩囊鬥」，此是小集團意識太強，大社會意識薄弱所致。向炳偉稱這種「窩囊鬥」為「群體內耗」，指出更為嚴重的是與自己內耗。他又總結了中國人種種心理與精神的矛盾，包括：

強烈的利益欲望與談錢害羞的矛盾。

強烈的表現欲望與含蓄忍耐的矛盾。

驕傲浮躁的思想情緒與假謙虛、假超脫的矛盾。

對上奴顏卑膝與對下盛氣凌人的心理矛盾。

希望他人愛自己又不願愛他人的矛盾。

承認了這些劣根性及矛盾，是解決問題的第一步。針對虛榮心、戒備心、嫉妒心，向炳偉提倡偉志上下要有戒心、愛心及虛心，希望用中國傳統美德來治理劣品。

人生、企業與國家

企業家一般都是實幹派，精於做事，少作玄思，也有一些商業以外的反思，亦屬蜻蜓點水般，鮮有系統。向炳偉似乎是例外，不只對企業有一寬廣的視野，同時對人生、企業、國家也有深刻的看法。從他的半自傳，可以窺視其對宇宙人生的玄思。

「人性本善」是向炳偉的基本信念。上天賦予人善良的本性，人就應率性而行，發揮善的潛能，行善於世，才不辜負上天之德。他認為「宇宙賦予一個地球和具有智慧與善良的人，似乎確定了人們要愛護地球，又要人們建立一個良性循環的人文世界，人類才得以延續，你、我、他才會覺得活得更有意義，有價值和幸福。」

向氏雖相信「性善」，但並不閉門造車，罔顧現實。他深知世上存在著種種不公平，但並沒只作消極的抗議。反而從中領悟其積極的一面。他認為了解不公平，人才會增加諒解、寬容及承受不可避免的精神委屈和物質的損失。世間也有公平的事。認識及確認公平，會加強我們對人性光明面的信心，增強創造和奮鬥的信心及希望。

現實世界中充溢著虛偽和庸俗，我們應如何自處？徹底的拒絕虛偽和庸俗？對從商的人士來說，這未免天方夜譚！然而全然擁抱虛偽和庸俗亦非一些有思想、有真情的人所願為！如何在虛偽與真誠、庸俗與理想之間取得平衡，乃極具功夫之事。向氏的建議是：把身體放在虛偽庸俗的一邊；把心靈放在純樸真實的一邊，以達到既可適應環境，又能保有清純而自然的心。向炳偉的大意是：虛偽庸俗都是心靈懶惰的表現，去偽除俗就是要心靈奮進，拒絕懶惰。

向氏勉勵員工要認識人、社會、自然及自己。企業是人的事業，當然要認識人的各方面。企業是社會的一員，缺乏對社會的了解，對企業的了解亦難免片面。社會的政治、經濟、歷史、文化各方面，都是企業人所必須認識的。人是自然的一部分，了解自然與人類關係實屬必要。最後就是要了解自己，包括

自己的需要、優點和弱點等。他期望偉志的員工能以善良博愛之心對待同事、家人、顧客、公眾。「在善愛之中得到淨化，善愛中求和、共同建立和諧美好的偉志家園、與公眾和大自然建立融洽和諧的關係」。「以和爲貴」始終是中國人心中的理想，向氏也不例外！

企業與國家有何種的關係？據向氏的看法：「企業生產優質產品，上交稅費、安排就業人員、培養造就人才，社會受到政府的信任，支持、幫助。……反之，生產銷售僞劣產品，偷稅漏稅、汙染環境，就會受到政府的懲罰限制，企業得不到正常運作和發展。」依他的看法、國家是水，企業是舟。如果企業能善用資源來爲社會提供優質產品服務，國家就會給企業更深、更寬、更廣的水域。反之，若企業不依正途行事，國家就如大浪，隨時可被淹沒。這種看法有濃厚的國家爲大、國家至上的假設。但向氏同時亦認爲國家、企業、個人之間是彼此聯繫、相互影響及相互制約、相互促進的。因此興辦企業應好好處理這種相互關係。

西商文化的延伸

陝西因13個王朝在長安建都而累積了深厚的中原文化。從周、秦、漢到唐，首都均在陝西，因此以長安爲中心的陝西地區都是政治文化中心，商業活躍，從商者眾。盛唐時期，長安商人地位之顯赫，有「帝國商人」之稱。明代推行「開中制」，造就了陝西商人（又稱「西商」，或「秦商」）的鼎盛時期，西商贏得「天下第一商幫」的美譽。陝西商幫的商道是持業自重，恪守誠信。向炳偉雖然沒有提及自己的價值受西商文化的影響，但一方水土養一方人，成長於陝西土地上的他，很難不受在地文化的薰陶，偉志文化內含土地文化的元素，實不足爲奇。若有人認爲偉志文化是西商文化的延伸或發展，不是全無道理的。

註　釋

1.　偉志今天的名稱是「陝西偉志集團股份有限公司」。

2.　筆者分別於1996年在北京，1997年在西安與向炳偉創辦人作訪談，了解偉志文化。97年那次訪談是田野調查的一部分，調查結果發表成論文（Ip, 2002）。有關其他中國企業的實證研究，請參考：Ip, 2003a, 2003b。

3.　本文摘引的文字，包括無標頁數的，均出自「向炳偉，1997」。

第**18**章 資生堂經營之演化

SHISEIDO

在資生堂的發展歷史中，文化也發揮了等同資本的功能。
——福原義春，創辦人家族第三代，資生堂名譽會長

企業創辦人對企業文化的形成與延續有不可替代的作用。企業文化的特徵、性格，基本上是創辦人的個人價值及性格的反映。事實上，留名於世的名店都有這個共同特色，創辦人將自己個人的價值、信念、願景、原則用作建造公司文化的基石及建築元素，企業文化自然成為創辦人信念價值願景的組織版本。因此，從企業性格可透視創辦人的性格，企業之風格可見到創辦人的風格。東方社會由於有長期的帝制或威權傳統，企業文化自然有濃厚的威權家長主義色彩，創辦人或領導者如小君主、大家長一樣，具有無上的權威，對企業的影響是絕對及全面的。在東方文化中，企業文化幾乎是創辦人信念及價值的複製品，基本上是接近事實的。日本知名品牌資生堂正是很好的例子，從公司的店名、商徽、業務、策略、改革、轉型到傳承等，都清楚看到創辦人及後代的手印與足跡。

東西文化融合

《易經》有「至哉坤元，萬物資生，乃順承天」之語，大致包含坤道柔順，包容接納，滋養萬物，順承天道之義。創辦人福原有信取其中「資生」二字作為店名，寓意業務能對消費者有滋潤承托扶持之力。創辦人福原有信曾在日本海軍擔任藥劑師，1872年在銀座開設全藥店，是日本首家西式調劑藥房，除了賣藥品，也自行製作藥品及個人護理用品（張漢宜，2015）。福原有信將東方思想結合西方技術創造產品，為資生堂打造獨特的東西融合之性格與發展策略，快速成為家喻戶曉的成功企業。

資生堂最早販售的產品是生髮水，其後福原有信利用西方技術開發出可防治口臭的牙膏，1888年產品首次推出即大受消費者歡迎，當時流行的潔牙粉很快就無人問津。這款「福原衛生齒磨石鹼」牙膏便成為資生堂的品牌，到了1897年，資生堂開始涉足化妝品事業，推出新產品「Eudermine」（希臘文，意指好皮膚）化妝水，商品名稱用外文在當時是相當大膽的。產品由於鮮

紅色，故名為「資生堂的紅水」，今天，中文品名為「紅色夢露」的同致產品仍在販售。公司不斷創新，產品推陳出新，產品線多樣性高，化妝品款式高達5,000種。以亞洲市場而言，驅黑淨白露（第一代）在全亞洲地區就熱賣了200萬支，成為資生堂有史以來銷路最好的美容產品。1957年，資生堂海外分店落腳在臺灣（黃琬婷，2009；李仁毅，2018; Pilling, 2005）。

設計與創新

　　資生堂非常重視設計創新，有包裝設計師30多位；廣告設計師超過100位，比TOYOTA還多。這跟公司創辦人家族的個人價值有密切關係。創辦人的兒子福原信三受訓於醫學專門學校，之後留學美國哥倫比亞大學，除了有醫藥專業外，亦具藝術與文化素養，熱愛攝影與藝術，遊學歐洲期間，受到當地裝飾藝術風格感染，回到日本繼承家族事業，1927年建立株式會社，出任首位社長，推行改革，將業務重心從藥品轉向化妝品。信三敢為天下之先，1916年創立設計部，開業界的先河。不僅設計受到重視，公司獨特風格亦漸漸形成，稱為「資生堂風格」可濃縮成8字：外表美麗，精神富足。雖然不同年代對美麗或富足有不同的解讀，但民眾都會追求這個意念。資生堂招牌「山茶花」（日文「椿」）圖樣的商徽，是福原信三在1915年親手設計的。山茶花的寓意深遠，反映日本人用山茶花油來保養修補頭髮悠久的習俗（楊瑪利、藍麗娟，2007）。時至今日，資生堂的企業文化月刊也取名《花椿》。

　　福原義春是福原有信的孫子，亦是打造企業文化的功臣（福原義春，2008）。福原義春非「二世祖」繼承人，全靠父輩庇蔭而坐享高位，而是通過考試錄取，從基層做起，包括騎單車送貨、出貨員的工作，逐步晉升企業階梯，經過長期多面向的歷練而成掌舵人，出任社長、會長。福原義春是資生堂拓展海外市場的重要功臣，親手建立法、德等國的銷售網，並邀請法國時尚設計大師盧丹詩（Serge Luterns）為公司設計品牌形象，進軍時尚之都巴黎。義春亦是組織改革的推手。全球石油危機後，經濟衰退，公司經歷戰後首度負成長，福原義春趁機推動組織革新，削減庫存、改革經銷結構、官僚主義、文化習慣。

　　直呼名諱運動主要是同事（包括下級對上司）之間可以免去職稱而稱呼對方名字，福原以身作則，經常告訴員工不必稱他為社長，可直呼他福原先生。不可小覷這個「去頭銜」的動作，它有深遠的文化意涵。日本企業組織結

構如金字塔，職級差別分明，上司與下屬關係垂直，而職稱是用來區隔職級差別的。將職稱去除有助減低由職級差別而來的隔閡，加強組織內的平等主義精神。事實上，福原偶然得知索尼早就有此習慣，於是將其移植公司。運動推行之初，反彈很大，老員工認爲破壞老規矩，經過一段時間才慢慢接受。另一個文化改革是服裝自由化，員工可自由穿著便服上班，不用穿公司制服，使員工更能自由表達個性，資生堂是美麗產業，不應在衣著上抹煞員工個性。福原秉持的改革原理很簡單，用他自己的話來說：「過去所有的員工都只向上看，今後視線要九十度向兩邊轉，仔細觀察社會以及顧客。」（福原義春，2008）總之，福原堅持信念，勇於創新，耐性地推動革新，最終克服阻力，改變文化，成功帶領公司走出低谷。

倫理改革

1993至1995年，資生堂出現了不當的市場推廣手法，受到社會不少非議，公平交易局的指控較爲嚴重，稱資生堂涉嫌違反壟斷法。資生堂起初不對指控作出直接的公開答辯，企圖在法庭上作抗辯。其後，公司改變策略，對產生這些不當行爲的原因作深入調查，發現問題出在顧客期望與公司的活動有一定的落差，於是展開了一個顧客需要的調查。調查結果顯示，若公司要成爲負責任的社會成員、積極的企業公民，就要將精神放在發展符合顧客需求的活動上。

這次事件不只更改了資生堂市場推廣的策略，同時亦給予公司很好的機會，推動組織改革，包括企業治理，員工素質的改善，管理素質提升等。同時，在確定要成爲21世紀全球一流公司的目標之下，資生堂要將商業倫理作爲發展計畫的核心。

資生堂雖全球知名，在商業倫理上起步則稍慢，且在被動情況下反應，可謂後知後覺。與其他的跨國大企業相比，資生堂並不例外，不少跨國企業都是醜聞曝光後，在社會壓力下，才開始關注商業倫理。這跟少數優秀企業先知先覺地實踐商業倫理，實有天壤之別。

資生堂推行的商業倫理改革，包括以下幾項：加強審計的功能，加強董事的參與與問責，加強公司對股東與投資者的透明度，改善員工的素質，制定公司的企業理想經營目標及反映公司核心價值的「資生堂之道」（The Shiseido Way），及實現資生堂之道的「資生堂守則」（The Shiseido Code）。

資生堂之道

原始版

1997年3月推出「資生堂之道」，成為公司經營倫理的基礎。下面是資生堂的企業目標、行為準則及資生堂之道的內容（Mizuo, 1998: 68）。

◆ 企業目標

我們的目標是尋找一套新及豐富的價值來源，並以此為我們服務的人創造生活及文化的美。

◆ 企業行為的準則

我們要為顧客帶來快樂。

我們要關心結果，不是過程。

我們彼此分享我們真正的優先次序。

我們要自由思想，敢於挑戰傳統智慧。

我們行動要有感恩精神。

◆ 資生堂之道

顧客

透過真正價值及超凡品質的創造，我們努力協助顧客實現他們對美、健康及幸福的夢想。

商業夥伴

與那些和公司有共同目標的夥伴聯合起來，以真誠合作及互相幫助的精神一起行動。

股東

我們要為未來的投資維持賺錢能力，及由正確商業決策而來的紅利，爭取股東的支持，及以透明的管理來維持他們的信任。

員工

構成公司多元化及富創意之員工團隊的每個個體，都是公司最有價值的財

富。公司要努力促進他們的專業發展，公平評審他們。公司了解他們個人滿足及幸福的重要性，努力與他們一起成長。

◆ 社會

公司尊重及遵守公司經營所在地的所有法律。安全及自然環境的保育是公司、最高的優先。公司與本地社區合作及與國際社會保持和諧，我們用自己的文化資源來創造一個全球美麗及有教養的生活方式。

在執行方面，資生堂成立了商業倫理委員會。委員會制定了適用於全球所有分公司的行為準則：資生堂守則。日本的公司組成稱為「阿米巴組織」（amoeba organization）的公司，作為準則的堅守者來推動守則。這些組織共有成員約411人，是從全國250家分公司選出來的，約有三成是工會的一般員工，二成是女性員工，每名成員都有「守則領袖」（Code Leaders）的稱號，都要接受相關訓練，負責35,000位員工遵守守則的領導工作，亦擔當有關倫理問題的顧問。

東方人討論道德沒有西方人開放，面對道德問題時，態度比較保守，遇到不道德的事時，不是三緘其口，就是避而不談。就算要談道德亦會竊竊私語，鮮有將問題放在檯面上，公開的辯論。要將倫理深入人心，要培養員工自由交流倫理問題，坦誠面對商業倫理的困難決策，不能再以避忌閃躲的方式。公司創辦了一份名為《守則通訊》的刊物，讓員工可以交流商業倫理。1997年9月，每名員工都收到一份守則，公司同時製作了有關的錄影帶。每位經理都要在一份承諾書上署名，表示會遵守守則，而其餘的每名員工都要在守則小冊的扉頁簽署，表示會遵守守則。公司的目的是要發展一個3f組織：即自由（free）、扁平（flat）及彈性（flexible）的組織，有利學習及合作，靈活回應市場。

進化版

資生堂之道經歷十數年的實踐，已累積了經驗為基礎，更新了資生堂之道的內容，制定資生堂集團倫理行為準則，基本上是資生堂之道的進化版。準則是吸收了業界幾十年的企業社會責任發展經驗，及全球優秀公司的作法而制定的，是員工行為的依據，員工行為不僅要遵守國家及地區法律和公司內部規定，還要符合較高的道德規範。針對顧客、商業夥伴、員工、股東、社會及地球等，具體制定如下：❶

顧客

1. 致力於研究、開發、製造和銷售眞正能夠使顧客滿意、安全和卓越的產品與服務。

    (1) 秉承品質與安全優於一切的態度，努力讓顧客放心安心。不僅要遵守法律法規，還要遵守更嚴格的標準，建立並實施安全評估體系。

    (2) 爲顧客提供必要的資訊。

    對於顧客在選擇商品和服務時需要了解的資訊，會向顧客進行簡單易懂且周到的說明。

    (3) 製作美觀、公正和富有創意的廣告，會得到顧客的認可，並說明顧客選擇產品和服務。

2. 每次和顧客接觸時，會眞誠地採取行動，以提高顧客滿意度和信任感。

    (1) 始終以感恩和熱情的態度接待顧客。

    (2) 當收到顧客投訴時，會迅速以最大的誠意回應。

    (3) 認眞聽取顧客的意見，改進和開發產品和服務。

3. 努力提高資生堂集團的品牌價值。

    (1) 和顧客共同思考如何實現美麗和健康來提升信任度及品牌價值。另外，在門市店等所有和顧客接觸方面，努力提升品牌價值。

    (2) 保護智慧財產權免受侵害，提高品牌價值。同時，尊重他人的智慧財產權。

業務夥伴

1. 適當選擇業務合作夥伴，進行公平、透明、自由競爭和適當交易。

    (1) 不僅從品質和價格等角度選擇銷售、採購、承包等業務的合作夥伴，還會綜合考慮對方的人權尊重、法律法規的遵守、環境保護和在社會問題上的努力等情況。

    (2) 不會妨礙自由競爭，例如：不公平的價格協議、操縱投標、傾銷等。

2. 任何被懷疑公正性的禮品贈送或款待，均不接受或也不會主動要求。

    (1) 不會與業務合作夥伴收受和工作相關的金錢或禮品。例外的是，如果有禮儀或季節性習俗，將僅在社會允許的範圍內實行。

    (2) 和業務合作夥伴之間的餐飲等其他接待，也只在社會允許的範圍內

進行。

3. 尊重所有志同道合的業務合作夥伴，並致力於彼此的可持續發展。

　　(1) 與業務合作夥伴保持平等的關係，不採取高壓態度。

　　(2) 分享對履行社會責任的態度，如尊重顧客、尊重人權、遵守法律法規和環境保護，鼓勵業務合作夥伴自願參與其中。

　　(3) 與業務合作夥伴合作，以提高資生堂集團的品牌價值。

員工

1. 尊重職場所有人的人格、個性和多樣性，努力與其共同成長並培養人才。

　　(1) 絕對不會也絕不允許因種族、膚色、性別、年齡、語言、財富、國籍或原籍國、宗教、民族或社會身分、政治觀點或其他觀點、殘疾、健康狀況、性取向等因素，對員工進行歧視和虐待，施加性騷擾和權力騷擾等。

　　(2) 與共事的人員共同努力，發揮潛力。

　　(3) 與共事的人員努力溝通，使自身及職場人員得到成長。

　　(4) 進行公正的人事評價。

2. 努力工作的同時，分清公私界線。

　　(1) 妥善管理機密資訊和個人資訊，以免洩漏或丟失，不得使用不當。

　　(2) 不會參與和資生堂集團產品、服務競爭的活動，也不會對資生堂集團的業務產生不利影響。

　　(3) 不會利用個人職務之便、尋求私人接待、物品、個人事情的協助或廠商便利。

3. 努力營造健康安全的工作環境，為員工創造豐富和充實的空間。

　　(1) 努力營造安全、清潔和健康的工作環境。

　　(2) 努力維護和管理我們的身心健康，實現工作與生活的平衡。

股東

1. 將儘量利用有形／無形資產、資金等財富，努力提高企業的永續價值。

　　(1) 妥善管理資產，用於商業和社會貢獻。

　　(2) 仔細審查出資、投資和貸款，辦理合適的手續。

　　(3) 全面掌握企業危機，事先預防，及時反應，儘量減少損害並防止再

次發生。

2. 遵守有關公司治理和內部控制的規則，進行適當的會計處理。

   (1) 進行準確的財務和稅務會計，確保可靠性。

   (2) 加強公司內外的審計職能，進行良好的企業管理。

   (3) 妥善管理影響股票價格的資訊，絕不參與內幕交易等不公平交易。

3. 重視與股東和投資者的對話，努力贏得信任。

   (1) 公平地接觸所有股東和投資者，積極及時地披露準確的管理資訊，在公司營運上聽取股東和投資者的意見，建構良好的信任關係。

   (2) 妥善管理公司最高決策機構的股東大會，履行責任。

社會、地球

1. 遵守每個國家和地區的所有法律和法規，不僅要尊重人權，且要遵守較高的道德標準。

   (1) 遵守各個國家和地區的法律法規，尊重歷史、文化、習俗等。

   (2) 尊重國際條約等國際法，絕不作僱用童工、強迫勞動等侵犯人權的行為。

   (3) 與從事非法行為的個人和組織無任何關聯，如威脅民間社會的秩序和安全等。此外，不會回應此類個人或組織提出的任何金錢或服務請求。

   (4) 與政治和行政組織保持公正和高透明度的關係。

2. 按照自己的嚴格要求，推進保護環境的工作，考慮到生物多樣性，旨在打造人和地球共存的美好永續發展社會。

   (1) 透過減少二氧化碳等溫室氣體（GHG）排放，努力減緩氣候變化。還適當管理化學物質，防止空氣、水質和土壤汙染。

   (2) 基於3R理念（減少、再利用、再造），盡力減少業務活動中的浪費，減少到達顧客手中時的廢棄物。

   (3) 致力於開發新產品和服務，實現產品美觀的同時，也考慮環境保護。

   (4) 積極開發新技術，平衡環境保護和業務活動。

3. 以互動的方式拓寬與社會的互動，透過合作解決社會問題。

   (1) 致力於廣泛地與社會進行對話，透過化妝的力量與參與人們健康的活動、女性支持活動、文化活動、環境活動等，滿足全球社會的期望。

(2) 透過深化與辦事處所在地區的交流，為該地區作出貢獻並履行作為企業公民的責任。

資生堂之道的進化版除有更細緻具體的內容外，還增加了對地球的責任的條款，包括加入減排溫室氣體、生物多樣性、3R等永續發展的原則，反映公司的價值能貼近現實，回應時代所需。

文化傳承

資生堂秉持美的價值：外表之美麗與內心富足，配合與時俱進的文化，不斷創新的經營，此乃資生堂之道的精髓所在。福原義春視文化為資本，如其他資本一樣，文化需要悉心維護，才能保持生命力，與時代同呼吸，發展其領航作用，而文化的核心價值及倫理道德尤其要細心呵護。現今資生堂的領導人已非福原家族，公司在董事長（代表取締役）魚谷雅彥之帶領下（Moodie, 2016），福原義春推行的「視線向兩邊轉，觀察社會以及顧客」的改革是否能完全落實，職場平等化、個性化是否能深化，是值得觀察的。在非家族成員組成的領導團隊下，創辦人的價值是否仍能延續，企業文化核心是否仍能傳承，仍是未知之數。

註 釋

1. 資生堂官網，https://www.shiseidogroup.cn/company/standards/. 2019年4月20日下載。文字經筆者略作修飾。

參考文獻

❖ 中文參考文獻

天下編輯，1997，《他們為什麼成功：統一》，臺北：天下文化。

朱建民、葉保強、李瑞全，2005，《應用倫理學與現代社會》，蘆洲市：空中大學。

江口克彥，2010，《我在松下工作三十年：上司的哲學，下屬的哲學》，韓露譯，海口：南海出版。

江口克彥，2005，《松翁論語》：松下幸之助述，東京：PHP研究所。（日文）

江口克彥，2018，松下幸之助的百年教義：「人者，偉大尊貴也」2018.05.24 Nippon. com. https://www.nippon.com/hk/column/g00512/?pnum=4.

向炳偉，1997，《我的財富：善誠智勤》，西安：偉志企業。

吳三連，1991，《吳三連回憶錄》，自立晚報。

李仁毅，2018，《原來如此！日本經典品牌誕生物語》，臺北：河景書房。

阮明澤、邱葉，1988，《松下經營理念精華》，北京：學苑出版社。

周啓東，2003，〈高清愿讓女婿羅智先接班〉，《商業周刊》803期，4月10日。https://wealth.businessweekly.com.tw/AArticlePrint.aspx?id=ARTL000058468

周婉茹、鄭伯壎、連玉輝，2014，〈威權領導概念源起、現況檢討及未來方向〉，《中華心理學刊》民103，56卷，頁165-189。

松下幸之助，1997，《我的人生理念》，任柏良，主編，延吉：延邊大學出版社。

松下幸之助，2005，《實踐經營學》，東京：PHP研究所。（日文）

高清愿，1999《咖啡時間——談經營心得，聊人生體驗》，臺北：商訊文化。

高清愿，2009，〈要當社會聚寶盆〉，《聯合報》2009.10.11。

張漢宜，2015，〈《史記》居然是「資生堂」屹立百年的經營寶典？〉，《天下雜誌》401期，10月29日。http://www.dgnet.com.tw/articleview.php?article_id=2327&issue_id=505.

章石，1996，主編，《松下經營之道全書》，上冊，下冊，北京：中國商業出版社。

統一企業，1997，《宏觀多角：一個食品王國的誕生、成長與超越》，臺南：統一企業。

莊素玉，1999，《無私的開創：高清愿傳》，臺北：天下文化。

黃光國，1984，〈儒家倫理與企業組織型態〉，刊於楊國樞、黃光國、莊仲仁編，《中

國式管理研討會論文集》，頁21-55。臺北時報出版公司。

黃琬婷〈資生堂讓人甘心追隨的保養導師〉，今周刊，2009，12-24.http://www.businesstoday.com.tw/article/category/80732/post/200912240015/

楊瑪利、藍麗娟，2007，〈專訪資生堂中國宣傳部部長廣哲夫當商品力相同，包裝設計決勝負〉，遠見雜誌，7月1日。https://www.gvm.com.tw/article.html?id=11818.

葉保強，2002b，《建構企業的社會契約》，中和：鵝湖出版社。

葉保強，2004，〈企業責任與可持續倫理〉，《人文學報》29期，頁69-92。

葉保強，2005，《企業倫理學：企業的多重倫理義務》，臺北：五南圖書。

葉保強，2013，《企業倫理》，第三版，臺北：五南圖書。

葉保強，2016a，《組織倫理》，高雄：巨流圖書。

葉保強，2016b，《職場倫理》，臺北：五南圖書。

福原義春，2008，《文化打造極致創意》，何月華譯，臺北：臺灣商務印書館。

鄭伯壎、黃敏萍，2005，〈華人組織中的領導〉，刊於楊國樞、黃光國、楊中芳編，《華人本土心理學》（下），頁749-787。臺北：遠流。

鄭伯壎，莊仲仁，1984，〈領導行為概念之文化差異的實徵研究〉，《中國式管理一中國式管理研討會實錄》，頁511-536，臺北：時報出版社。

謝國興，1999，《臺南幫：一個臺灣本土企業集團的興起》，臺北：遠流。

樊景立、鄭伯壎，2000，〈華人組織中的家長式領導：一項文化觀點的分析〉，刊於楊國樞、黃光國、楊中芳編，《本土心理學研究》13，頁127-180。

臧聲遠，1997，〈大阪，商人之母〉，《遠見雜誌》1997年08期，https://www.gvm.com.tw/article.html?id=4804. 2019年2月10下載。

❖英文參考文獻

Abernathy, W. 1978. *The Productivity Dilemma: Roadblock to Innovation in the Automobile Industry*. Baltimore: Johns Hopkins University Press.

Archer, D. 2008. *The Long Thaw: How Humans Are Changing the Next 100,000 Years of Earth's Climate*. Princeton, NJ.: Princeton University Press.

Arlow, P. & Ulrich, T. A. 1980. Auditing your Organization's Ethics. *Internal Auditor* 39(4): 26-31.

Arnoult, S. 2015. Colleen Barrett talks Herb, go-go boots and service with a smile. *Runwaygirlnetwork*, Feb 28. https://runwaygirlnetwork.com/2015/02/28/colleen-barrett-talks-herb-go-go-boots-and-service-with-a-smile/. Accessed Apr. 10, 2019.

Ashkanasy, N., Wilderom C. & Peterson, M. 2000. *Handbook of Organizational Culture and Climate*. Thousand Oaks, CA.: Sage Publication.

Bahr, A. & Thompson, A. B. 2017. *Do Good: Embracing Brand Citizenship to Fuel Both Purpose and Profit*. New York: AMACOM.

Bandler, J., & Burke, D. 2012. How Hewlett-Packard lost its way. Fortune May 8. http://fortune.com/2012/05/08/how-hewlett-packard-lost-its-way/. Accessed 23 March 2019.

Barasch, D. 1996. God and Toothpaste. *The New York Times*. Dec 22. https://www.nytimes.com/1996/12/22/.../god-and-toothpaste.html. Accessed Dec 20, 2018.

Bartlett, C. A. & Ghoshal, S. 1998. *Managing Across Borders: The Transnational Solution, Second Edition*. Boston, Mass.: Harvard Business Press.

Barnet, R. J. & Cavanagh, J. 1994. *Global Dreams: Imperial Corporations and the New World Order*. New York: Simon & Schuster.

Becker, G. S. 1993. *Human Capital: A Theoretical And Empirical Analysis With Special Reference To Education*. Third edition. Chicago: University of Chicago Press.

Beckner, J. 2018. What Henry Ford Can Teach Us About Corporate Culture. July 5. https://ex.maritz.com/what-henry-ford-can-teach-us-about-corporate-culture/

Beer, J. 2015. A New Patagonia Campaign Aims To Restore America's Greatest Salmon River. *Fast Company*. July 7. https://www.fastcompany.com/3048299/a-new-patagonia-campaign-aims-to-restore-americas-greatest-salmon-river. Accessed Feb 12, 2018.

Beer, J. 2018a. How Patagonia Grows Every Time It Amplifies Its Social Mission. *Fast Company*, Feb. 21. https://www.fastcompany.com/40525452/how-patagonia-grows-every-time-it-amplifies-its-social-mission. Accessed Mar. 12, 2019.

Beer, J. 2018b. Exclusive: Patagonia Is In Business To Save Our Home Planet. *Fast Company* Dec 13. https://www.fastcompany.com/90280950/exclusive-patagonia-is-in-business-to-save-our-home-planet. Accessed Mar. 12, 2019.

Begon, M., Townsend, C.R. & Harper, J. L. 2006. *Ecology: From Individuals to Ecosystems*. Fourth edition. Malden, MA: Blackwell Publishing.

Belden, T. 2003. Cofounder of Southwest Airlines Learned Life, Business Lessons from Mom. *Knight Ridder/Tribune Business News*, May 1.

Bergiel, E. B., Blaise J. Bergiel, B. J. & Upson, J. W. 2012. Revisiting Hofstede's Dimensions: Examining the Cultural Convergence of the United States and Japan. *American Journal of Management* 12(1): 69-79.

Bernstein, A. 2000. A World of Sweatshops, *Business Week*, Nov 6, 2000, 52-54.

Besner, G. 2015. The 10 Company Culture Metrics You Should Be Tracking Right Now. https://www.entrepreneur.com/article/246899. Accessed March 2, 2019.

Beynon, H. & Nichols, T. 2006. Eds. *The Fordism of Ford and Modern Management: Fordism and Post-Fordism.* Cheltenham: Edward Elgar Publishing.

Blanchard, K. & Barrett, C. 2010. *Lead with LUV: A Different Way to Create Real Success.* Upper Saddle River N.J.: Pearson Prentice Hall.

Bort, J. 2012. The 7 Biggest Ways Meg Whitman Is Struggling At HP. *Business Insider*, May 8. https://www.businessinsider.com/the-top-7-ways-meg-whitman-is-failing-at-hp-2012-5#in-her-defense--8. Accessed 23 March 2019.

Bourdieu, P. 1985. The Forms of Capital. In Richardson, J.G. ed. *Handbook of Theory and Research for the Sociology of Education*, New York: Greenwood Press.

Bradley, R. 2015. The woman driving Patagonia to be (even more) radical. *Fortune*, September 14. http://fortune.com/2015/09/14/rose-marcario-patagonia/. Accessed Mar. 10, 2018.

Brown, A. 1995. *Organizational Culture*, London: Pitman Publishing.

Bryce, R. 2002. *Pipe Dreams. Greed, Ego, and the Death of Enron*. New York: Public Affairs.

Burgelman, R. A., McKinney, W., & Meza, P. 2017. *Becoming Hewlett Packard: Why Strategic Leadership Matters*. Oxford: Oxford University Press.

Burton-Jones, A. & Spender, J-C. 2011. *The Oxford Handbook Of Human Capital*. Oxford: Oxford University Press.

Cameron K. n.d. An Introduction To Competing Values Framework. Pdf. https://www.thercfgroup.com/files/resources/an_introduction_to_the_competing_values_framework.pdf. Accessed March 2, 2019.

Cameron, K. & Quinn. R. E. 2006. *Diagnosing and Changing Organizational Culture: Based on the Competing Values Framework.* Beijing: China Renmin University Press.

Carus, F. 2012. Patagonia: A Values-Led Business From The Start. *The Guardian* July 17. https://www.theguardian.com/sustainable-business/patagonia-values-led-business-benefit-corp. Accessed Feb 12, 2018.

Carroll, A. B. 1978. Linking Business Ethics to Behavior in Organizations. *Advanced Management Journal.* 43(3): 4-11.

Casey, S. 2007. Patagonia: Blueprint For Green Business. *Fortune* May 29. http://archive.fortune.com/magazines/fortune/fortune_archive/2007/04/02/8403423/index3.htm. Accessed

Feb 12, 2018.

Chandler, A.D. 1977. *The Visible Hand: The Managerial Revolution in American Business.* Cambridge, Mass.: Harvard University Press.

Chandler, A. D. 1986. The Evolution of Modern Global Competition. In Porter, M.E. Ed. *Competition in Global Industries,* pp. 405-448. Boston, Mass.: Harvard Business School Press.

Chandler, A.D. 1994. *Scale and Scope: The Dynamics of Industrial Capitalism*, Cambridge, Mass.: Belnap Press.

Chappell, T. 1993. *The Soul of Business: Managing for Profit and the Common Good*, New York: Bantam Books.

Chappell, T. 1999. *Managing Upside Down: Seven Intentions for Values-Centered Leadership.* New York: William Morrow.

Chouvinard, Y. 2005. *Let My People Go Surfing: The Education Of A Reluctant Businessman.* New York: Penguin.

Chouinard, Y. 2016. *Let My People Go Surfing: The Education of a Reluctant Businessman.* London: Penguin.

Cohen, D. and L. Prusak, 2001, *In Good Company. How Social Capital Makes Organizations Work*. Boston, Mass.: Harvard Business School Press.

Coleman, J. 1995. *Foundations of Social Theory*. Cambridge, MA.: Harvard University Press.

Collins, J. C. & Porras, J. I. 1994. *Build to Last: Successful Habits of Visionary Companies*. New York: Harper Business.

Collins, J. C. 2001. *Good to Great: Why Some Companies Make the Leap, and Others Don't.* New York: Harper Business.

Compa, L. and T. Hinchliffe-Darricarrere: 1995. Enforcing International Labor Rights Through Corporate Codes of Conduct. *Columbia Journal Transnational Law* 33, 663- 689.

Connor, T. 2001. *Still Waiting For Nike To Do It: Nike Labor Practices In The Three Years Since CEO Phil Knight' Speech To The National Press Club.* Global Exchange. file:///C:/Users/User/Downloads/Still_Waiting_for_Nike_To_Do_It_Nikes_La.pdf

Accessed, April 10, 2019.

Costanze, R., et. al. 1997. The Value of the World's Ecosystem Services and Natural Capital. *Nature* May 15: 253-259.

Crossman, M. 2019. Forever Herb. *Southwest Magazine*, Mar. https://www.southwestmag.com/

herb-kelleher/. Accessed Apr. 10, 2019.

Cruver, B. 2002. *Anatomy of Greed: Telling the Unshredded Truth from Inside Enron*. New York: Carroll & Graf Publishers.

Cullen, J. B., Parboteeah, K. P. & Victor B. 2003. The Effect of Ethical Climates on Organizational Commitment: A Two-Study Analysis. *Journal of Business Ethics* 46: 127-141.

Cullen, J. B., Victor, B. & Bronson J.W. 1993. An Ethical Weather Report: Assessing the Organization's Ethical Climate. *Organizational Dynamics*. 18: 50-62.

Cushman, J. 1998. Nike Pledges to End Child Labor and Increase Safety. *New York Times* May 13.

Dahlvig, A. 2011. *The IKEA Edge: Building Global Growth and Social Good at the World's Most Iconic Home Store*. McGraw-Hill Education.

Daly, H. E. & Cobb, J. 1994. *For the Common Good*. Boston: Beacon Press.

Davis, R.R. 1984. Ethical Behavior Re-examined. *CPA Journal*. December 33-36.

Davis, S.M. 1984. *Managing Corporate Culture*. Cambridge, Mass.: Ballinger.

Deal T. E. & Kennedy, A.A. 1982. *Corporate Culture: The Rites and Rituals of Corporate Life*. Reading, Mass.: Addison-Wesley.

Dennison, D. 1990. *Corporate Culture and Organization Effectiveness*. New York: John Wiley.

Diamond, J. 2005. *Collapse: How Societies Choose to Fail or Succeed*. London: Penguin Books.

Doorey, D. J. 2011. The Transparent Supply Chain: from Resistance to Implementation at Nike and Levi-Strauss. *Journal of Business Ethics* 103(4): 587-603.

Dorff, M. B. 2016. Can a Corporation Have a Soul? *The Atlantic* Oct 20. https://www.theatlantic.com/business/archive/2016/10/can-a-corporation-have-a-soul-dorff/504173/.

Elkington, J. 1999. *Cannibals With Forks: Triple Bottom Line of 21st Century Business*. New York: John Wiley & Son.

Emerson, T. 2001. Swoosh Wars. *Newsweek*, March 12, 29-31.

Epstein-Reeves, J. & Weinreb, E. 2013. Lee Scott: Leveraging Walmart's Size For Sustainability, Interview. *Guardian*, September 24. https://www.theguardian.com/sustainable-business/lee-scott-walmart-sustainability.

Accessed March 16, 2019.

Eringa, K., Caudron, L. N., Rieck, K., Xie, F. & Gerhardt, F. 2015. How relevant are Hofstede's

dimensions for inter-cultural studies? A replication of Hofstede's research among current international business students. *Research in Hospitality Management* 5:2: 187-198.

Featherstone, L. 2002. *Students Against Sweatshops*. New York: Verso.

Flannery, T. 2006. *The Weather Makers: How Man Is Changing the Climate and What It Means for Life on Earth*. New York: Atlantic Monthly Press (first published 2001).

Fox, L. 2003. *Enron: The Rise And Fall*. New Jersey: John Wiley & Sons, Inc.

Freeman, R.E. & Gilbert, D.R. 1988. *Corporate Strategy and the Search for Ethics*. Englewood Cliffs, NJ.: Prentice-Hall.

Freiberg, K. & Freiberg, J. 1996. *Nuts! Southwest Airlines' Crazy Recipe for Business and Personal Success*. Austin, Tex.: Bard Press.

Freiberg, K. & Freiberg, J. 2019a. 20 Reasons Why Herb Kelleher Was One Of The Most Beloved Leaders Of Our Time. Forbes, Jan. 4. https://www.forbes.com/sites/kevinandjackiefreiberg/2019/01/04/20-reasons-why-herb-kelleher-was-one-of-the-most-beloved-leaders-of-our-time/#61a0344bb311. Accessed Apr. 10, 2019.

Freiberg, K. & Freiberg, J. 2019b. Remembering Herb Kelleher: He Was Our Kind Of Crazy. Forbes, Jan. 24. https://www.forbes.com/sites/kevinandjackiefreiberg/2019/01/24/remembering-herb-kelleher-he-was-our-kind-of-crazy/#75e394eb1101. Accessed Apr. 10, 2019.

Fusaro, P. C. & Miller, R. M. 2002. *What Went Wrong At Enron*, New Jersey: John Wiley & Sons, Inc..

Gallo, C. 2014. Southwest Airlines Motivates Its Employees With A Purpose Bigger Than A Paycheck. *Forbes*, Jan 21. https://www.forbes.com/sites/carminegallo/2014/01/21/southwest-airlines-motivates-its-employees-with-a-purpose-bigger-than-a-paycheck/#181f35635376. Accessed Apr. 16, 2019.

Gibbins, K. & Walker, I. 1993. Multiple Interpretations of the Rokeach Value Survey. *Journal of Social Psychology* 133 (6): 797-805.

Gibson, J. W. & Blackwell, C. W. 1999. Flying High with Herb Kelleher: A Profile in Charismatic Leadership. *Journal of Leadership Studies*, (Summer-Fall): 120-137.

Gillen, M. 2000. The Apparel Industry Partnership's Free Labor Association: A Solution to the Overseas Sweatshop Problem or the Emperor's New Clothes? *New York University Journal International Law and Policy* 32, 1059-1118.

Gittell, J. H. 2003. *The Southwest Airlines Way: Using the Power of Relationships to Achieve*

High Performance. New York: McGraw-Hill.

Glassdoor Team, 2016. Learn From the Best: How Walmart Builds Its Corporate Culture. *Glassdoor,* October 28. https://www.glassdoor.com/employers/blog/learn-best-walmart-builds-corporate-culture, Accessed March 20, 2019.

Goffee, R. & Jones, G. 1998. *The Character of a Corporation - How Your Company'S Culture Can Make Or Break Your Business*. New York: Harper Business.

Grinspoon, D. 2016. *Earth in Human Hands: Shaping Our Planet's Future*. Grand Central Publishing.

Guerrette, R. H. 1988. Corporate Ethical Consulting: Developing Management Strategies for Corporate Ethics. *Journal of Business Ethics* 7: 373-380.

Gunther, M. 2016. The Patagonia Adventure: Yvon Chouinard's Stubborn Desire to Redefine Business. *B Magazine.* https://bthechange.com/the-patagonia-adventure-yvon-chouinards-stubborn-desire-to-redefine-business-f60f7ab8dd60. Accessed Feb 12, 2018.

Hampden-Turner, C. & Trompenaars, A. 1993. *The Seven Cultures of Capitalism: Values Systems for Creating Wealth in the United States, Japan, Germany, France, Britain, Sweden, and the Netherlands*. New York: Currency Doubleday.

Handy, C. 1976. *Understanding Organizations*. London: Penguin.

Handy, C. 1985. *The Gods of Management*. London: Pan.

Hawken, P., Lovins, A. & Lovins, L. H. 1999. *Natural Capitalism: The Next Industrial Revolution.* London: Earthscan Publications.

Healy, M., & Iles, J. 2002. The Establishment And Enforcement Of Codes. *Journal of Business Ethics* 39: 117 - 124.

Hemphill, T. A. 1999. The White House Apparel Industry Partnership Agreement: Will Self-Regulation Be Successful? *Business and Society Review* 104(2): 121-137.

Hofstede, G. 1980. *Culture's Consequences: International Differences in Work-related Values*. Beverly Hills, CA.: Sage Publications.

Hofstede, G., Neuijen, B., Ohayv, D. D. & Sanders, G. 1990. Measuring Organizational Cultures: A Qualitative and Quantitative Study across Twenty Cases. *Administrative Science Quarterly* 35(2): 286-316.

Hofstede, G. 1991. *Cultures and Organizations: Software of the Mind*. London: McGraw-Hill Book.

Hofstede, G., Hofstede, G. J. & Minkov, M. 2010. *Cultures and Organizations, Software of the*

Mind. 3rd edition. New York: McGraw-Hill.

Hounshell, D. 1984. *From the American System to Mass Production, 1880-1932.* Baltimore: Johns Hopkins University Press.

House, C. H. & Price, R. L. 2009. *The HP Phenomenon: Innovation and Business Transformation.* Stanford, Cal.: Stanford University Press.

Howard, L. W. 1998. Validating the Competing Values Model as a Representation of Organizational Cultures. *International Journal of Organizational Analysis* 6(3): 231-250.

HP Origins, HP promotional DVD. (C) 2005 Hewlett-Packard Development Company, L.P. , https://www.youtube.com/watch?v=hLORM1TcE1A. Accessed March 20, 2019.

Humes, E. 2011. *Force of Nature: The Unlikely Story of Wal-Mart's Green Revolution Force of Nature.* New York: Harper Collins Publishers.

Hutchinson, C. 1997. *Building to Last: The Challenge For Business Leaders.* New York: Earthscan Ltd..

Ip, P. K. 1999. The Philosophical Traditions of the People of Hong Kong and Their Relationships to Contemporary Business Ethics. In Patricia W. and Singer, A. Eds. *Business Ethics in Theory and Practice: Contributions From Asia and New Zealand,* pp. 189-204. Dordrecht, The Netherlands: Kluwer Academic Publishers.

Ip, P. K. 2000. Developing Virtuous Corporation with Chinese Characteristics for the Twenty First Century. In Richter, F-J. Ed. *The Dragon Millennium: Chinese Business in the Coming World Economy,* pp. 183-206. Westport, Connecticut: Quorum Books.

Ip, P. K. 2003a. "A Corporation for the "World", The Vantone Group of China. *Business and Society Review* 108: 33-60.

Ip, P. K. 2003b. Business Ethics and a State-owned Enterprise in China. *Business Ethics: A European Review* 12: 64-75.

Ip, P. K. 2002. The Weizhi Group of Xian: Profile of a Chinese Virtuous Corporation. *Journal of Business Ethics* 35: 15-26.

Ip, P. K. 2005. Corporate Governance'S Missing Link -How Ethical Capital Helps. Paper presented at International Conference on Corporate Governance, organized by Hong Kong Baptist University, Hong Kong, August, 25, Hong Kong.

Ip, P. K. 2009. Is Confucianism Good for Business Ethics in China? *Journal of Business Ethics* 88: 463-476.

Ip, P. K. 2009. Developing A Concept Of Workplace Well-Being For Greater China. *Social*

Indicator Research, 91, 59-77.

Ip, P. K. 2011. Practical Wisdom Of Confucian Ethical Leadership - A Critical Inquiry. *Journal of Management Development* 30, 685-696.

Ip, P. K. 2013. Wang Dao Management As Wise Management. In Thompson, M. & Bevan, D. (Eds.), *Wise management in organizational complexity*, pp. 122-133. Hampshire, UK: Palgrave Macmillan.

Ip, P. K. 2014. Ethical capital as strategic resource for Chinese inclusive business. Paper presented at The 4th Annual Conference of Japan Forum of Business and Society, September 18-19. Tokyo, Japan.

Ip, P. K. 2016. Leadership in Chinese philosophical traditions - a critical perspective. In Habich, A. & Schmidpeter, R. (Eds.), *Cultural Roots Of Sustainable Management: Practical Wisdom And Corporate Social Responsibility,* pp. 53-63. Switzerland: Springer.

Issacson, A. 2017. Why the Tom's of Maine Founder Thinks He Can Create the Next Patagonia. *Inc.* April. https://www.inc.com/magazine/201704/andy-isaacson/the-very-long-road.html. Accessed Jan 20, 2019.

Issacson, W. 2012. The Real Leadership Lessons Of Steve Jobs. *Harvard Business Review,* Apr. 90(4): 92-100.

Jackall, R. 1983. Moral Mazes: Bureaucracy and Managerial Work. *Harvard Business Review* Sept-Oct.: 118-30.

Jacobs, J. B., 1979. A Preliminary Model Of Particularistic Ties In Chinese Political Alliances: Kan-Ch'ing And Kuanhsi In A Rural Taiwanese Township. *China Quarterly* 78 (June) 232-73.

Jacobs, M. 1999. Sustainable Development as a Contested Concept. In Dobson, A. Ed., *Fairness and Futurity: Essays on Environmental Sustainability and Social Justice*, pp. 21-45. Oxford: Oxford University Press.

Jacobson, D. 1998. Founding Fathers. *Stanford Magazine* Jul/Aug. https://stanfordmag.org/contents/founding-fathers, accessed March 20, 2019.

Jeff Thomson, J. 2018. Company Culture Soars At Southwest Airlines. *Forbes*, Dec. 18. https://www.forbes.com/sites/jeffthomson/2018/12/18/company-culture-soars-at-southwest-airlines/#2ea85a76615f. Accessed Apr. 20, 2019.

Johnson & Johnson, 2018. The Power of Our Credo: Johnson & Johnson Chairman and CEO Alex Gorsky Reflects On The Legacy Of The Company's Historic Mission Statement,

December 13. Accessed on April 10, 2019, https://www.jnj.com/latest-news/johnson-johnson-ceo-alex-gorsky-reflects-on-the-power-of-the-companys-credo

Jones, E. E. 1985. Major Development in Social Psychology during the Past Five Decades. In Lindzey, G. & Aronson, E. Eds. *The Handbook of Social Psychology*, pp. 47-107 New York: Random House.

Jones J. E. & Pfeiffer, J W. 1975. *The 1975 Annual Handbook For Group Facilitators*. La Jolla, Calif.: University Associates.

Jost & Pim. 2019. Why We Need More Herbs In The World. *Corporate Rebels*. January 16.https://corporate-rebels.com/herb-kelleher/. Accessed Apr. 14, 2019.

Kaku, R. 1997. The Path Of Kyosei. Harvard Business Review 75 (4): 55-63.

Kalb, I. 2012. Everything At Hewlett-Packard Started To Go Wrong When Cost-Cutting Replaced Innovation. Business Insider May 27. https://www.businessinsider.com/heres-where-everything-at-hewlett-packard-started-to-go-wrong-2012-5-27.

Kamprad, I., & Torekull, B. 1999. *Leading by Design: The Ikea Story*. New York: Collins.

Katz, D. 1994. *Just Do it: The Nike Spirit in the Corporate World*. New York: Random House.

Keogh, J. 1988. Ed. *Corporate Ethics: A Prime Business Asset*. New York: The Business Roundtable.

Klett, L. M. 2019. Southwest Airlines: How Faith, Servant Leadership Of Colleen Barrett Led To Company's Massive Success. *Christian Post*, Jan. 12. https://www.christianpost.com/news/southwest-airlines-how-faith-servant-leadership-of-colleen-barrett-led-to-companys-massive-success.html. Accessed Apr. 14, 2019.

Kluckhohn, C. 1968. The Philosophy of the Navaho Indians. In M. Fried (Ed.), *Readings in anthropology* 2, pp. 674-699. New York: Thomas Y. Crowell.

Kluckhohn, C. & Mowrer, O. H. 1944. Culture and personality: A conceptual scheme. *American Anthropologist* 46 (1).

Knight, P. H. 2016. *Shoe Dog: A Memoir by the Creator of Nike*. New York: Scribner.

Kono, T. & Clegg, S. R. 1998. *Transformations of Corporate Culture: Experiences of Japanese Enterprises*. Berlin: Walter de Gruyter.

Kotter, J. 1997, *Matsushita Leadership*. New York: Free Press.

Kroeber, A. & Kluckhohn, C. 1952. Culture: A Critical Review Of Concepts And Definitions. *Papers of the Peabody Museum of American Archaeology and Ethology* 47. Cambridge, Mass.: Harvard University Press. http://www.pseudology.org/Psyhology/

CultureCriticalReview1952a.pdf.

Accessed April 2, 2019.

Korsgaard, M. A., Schweiger, D. M. & Sapienza, H. J. 1995. Building Commitment, Attachment, and Trust in Strategic Decision-making Team: The Role of the Procedural Justice. *Academy of Management Journal* 38: 60-84.

Kotter, J. P. & Heskett, J. L. 1992. *Corporate Culture and Performance*. New York: The Free Press.

Kwan, P. & Walker, A. 2004. Validating the Competing Values Model as a Representation of Organizational Culture through Inter-Institutional Comparisons. *Organizational Analysis* 12(1): 21-39.

Lacey, R. 1986. *Ford: The Men and the Machines*. Boston: Little Brown & Co..

LaFeber, W. 1999. *Michael Jordan and the New Global Capitalism*. New York: W.W. Norton & Company.

Lamond, D. 2003. The Value of Quinn's Competing Values Model in an Australian Context. *Journal of Managerial Psychology* 18(1/2), 46-59.

Lee Scott, 2005. Twenty First Century Leadership. *Walmart*. October 23. https://corporate.walmart.com/_news_/executive-viewpoints/twenty-first-century-leadership Accessed March 20, 2019.

Leonard, A. & Ridgeway, R. 2011. Stuffing Ourselves On Black Friday. LA Times, Nov.25. https://www.latimes.com/opinion/la-xpm-2011-nov-25-la-oe-leonardridgeway-blackfriday-20111125-story.html. Accessed Feb 10, 2018.

Lessem, R. 1990. *Managing Corporate Culture*. Brookfield, Vermont: Gower Publishing Company.

Levering, R., Moskowitz, M. & Katz, M. 1984. *The 100 Best Companies to Work For in America*. Reading, Mass.: Addison-Wesley publishing company.

Levering R, & Moskowitz, M. 1988. The 100 Best Companies To Work For In America. *Fortune*, Jan 12, 137(1):84-95.

Lewis, J. 1969. *Anthropology Made Simple*. London: W.H. Allen.

Lidow, D. 2018. *Building on Bedrock: What Sam Walton, Walt Disney, and Other Great Self-Made Entrepreneurs Can Teach Us About Building Valuable Companies*. NY: Diversion Books.

Lombardo, J. 2017. Ford Motor Company's Organizational Culture Analysis. *Panmore*. Feb. 5.

http://panmore.com/ford-motor-company-organizational-culture-analysis.

Luban, D., Strudler, A. & Wasserman, D. 1992. Moral Responsibility in the Age of Bureaucracy. *Michigan Law Review* 90: 2348- 2392.

Luthans, F. & Kreitner, R. 1985. *Organizational Behavior Modifications and Beyond: An Operant and Social Learning Approach*, Glenview, IL.: Scott Forsman.

MacKinnon, J. B. 2015. Patagonia's Anti-Growth Strategy. *New Yorker*, May 21. https://www.newyorker.com/business/currency/patagonias-anti-growth-strategy. Accessed Feb 12, 2018.

Makovsky, K. 2013. Behind The Southwest Airlines Culture. *Forbes*, Nov. 21. https://www.forbes.com/sites/kenmakovsky/2013/11/21/behind-the-southwest-airlines-culture/#42fb130a3798. Accessed Apr. 20, 2019.

Makower, J. 2015, Walmart Sustainability At 10: The Birth Of A Notion. *Greenbiz*. November 16. https://www.greenbiz.com/article/walmart-sustainability-10-birth-notion.

Accessed March 23, 2019.

Makower, J. 2015. Walmart Sustainability At 10: An Assessment. *Greenbiz*. November 17. https://www.greenbiz.com/article/walmart-sustainability-10-assessment. Accessed March 23, 2019.

Malinowski, B. 1948. *A Scientific Theory of Culture*. Oxford: Oxford University Press.

Malone, M. 2007. *Bill & Dave: How Hewlett and Packard Built the World's Greatest Company*. New York: Portfolio.

Mandel, M. 2005. The Real Reasons You'Re Working So Hard, And What You Can Do About It. *Business Week* 3953, October 3.

Marcario, R. 2015. Repair is a Radical Act. *Patagonia*, Nov 25. https://tcl.patagonia.com/worn-wear/repair-is-a-radical-act/. Accessed Feb 10, 2018.

Marcario, R. 2018. Regenerative Organic Certification Unveiled. *Patagonia*, Mar 12, https://www.patagonia.com/blog/2018/03/regenerative-organic-certification-unveiled/. Accessed Mar. 12, 2019.

Massari, P. 2014. Divine Company. *Harvard Divinity School*. Feb. 3. https://hds.harvard.edu/news/2013/10/15/divine-company#. Accessed Jan 20, 2019.

Matsushita, K. 1984. *Not By Bread Alone: A Business Ethos, A Management Ethic*. Tokyo: PHP Institute.

Matthews, J. B., Goodpaster, K. E. & Nash, L. L. 1985. *Policies and Persons: A Casebook in Business Ethics*. New York: McGraw Hill.

Mayer, R., Davis, J. & Schoorman, F. 1995. An Integrative Model of Organizational Trust. *Academy of Management Review* 20: 709-734.

McCoy, C. S. 1985. *The Management of Values: Ethical Difference in Corporate Policy and Performance*. London: Pitman.

McDonough, W. & Braungart, M. 2002. *Cradle to Cradle: Remaking the Way We Make Things*. North Point Press.

McGregory, D. 1960. *The Human Side of Enterprise*. New York: McGraw-Hill.

McKinney, P. 2012. *Beyond The Obvious: Killer Questions That Spark Game Changing Innovation*. New York: Hyperion.

McMillan, R. 2011. Steve Jobs: HP Implosion Was An itragedy. *Wired* 10.25. https://www.wired.com/2011/10/steve-jobs-itragedy/. Accessed 11Nov 2018.

Mele, D. 2001. Loyalty in Business: Subversive Doctrine or Real Need? *Business Ethics Quarterly* 11: 11-26.

Mele, D. 2003. Organizational Humanizing Cultures: Do They Generate Social Capital? *Journal of Business Ethics* 45: 3-14.

Meyer, E. 2014. Power Distance: You Can't Lead Across Cultures Without Understanding It. *Forbes*, Sep 25. https://www.forbes.com/sites/forbesleadershipforum/2014/09/25/power-distance-you-cant-lead-across-cultures-without-understanding-it/#398a2d12459a. Accessed Dec 24, 2018.

Millen, J. 2019. Leadership lessons of Southwest Airlines CEO Herb Kelleher. *johnmillen.com*, Jan. 17. https://johnmillen.com/blog/leadership-lessons-ofsouthwest-airlines-ceo-herb-kelleher. Accessed Apr. 12, 2019.

Mintzberg, H. 1979. *The Structure of Organization*. Upper Saddle River, N.J.: Pearson Education, Inc..

Mintzberg, H. 1989. *Mintzberg on Management: Inside our Strange World of Organizations*. New York: Free Press.

Mizuo, Junichi, 1998. Business Ethics and Corporate Governance in Japanese Corporation. *Business and Society Review* 102/103: 65-79.

Moodie, M. 2016. The Martin Moodie Interview: How Shiseido CEO Masahiko Uotani's 20/20 Vision Inspired A 'Beauty To Hearts' (B2H) Philosophy. *The Moodie Davitt Report*, 12 November. https://www.moodiedavittreport.com/the-martin-moodie-interview-how-shiseido-ceo-masahiko-uotanis-2020-vision-inspired-a-beauty-to-hearts-b2h-philosophy/. Accessed

on April 06, 2019.

Morrison, M. 2003. Herb Kelleher On The Record. *BusinessWeek Online*, Dec. 22, http://www. businessweek.com/bwdaily/dnflash/dec2003/nf20031222_1926_db062.htm. Accessed Apr. 16, 2019.

Mowday, R.T., Steers, R. M. & Porter, L.W. 1979. The Measurement of Organizational Commitment. *Journal of Vocational Behavior* 14: 224-47.

Nader, R. 2019. Southwest Airlines Herb Kelleher - One of a Kind! *counterpunch.org*, Jan. 11. https://www.counterpunch.org/2019/01/11/southwest-airlines-herb-kelleher-one-of-a-kind/. Accessed Apr. 20, 2019.

Nakane, C. 1973. *Japanese Society.* Middlesex, England: Penguin Books.

Napapier, J. & Ghosal, S. 1998. Social Capital, Intellectual Capital and the Organization Advantage. *Academy of Management Review* 23: 242-266.

Nash, L. L., I993. *Good Intentions Aside*. Boston, Mass: Harvard Business School Press.

National Geographic, 2016. *Adventurers of the Year 2008: Hall of Fame: Rick Ridgeway. National Geographic*. April 25. https://www.nationalgeographic.com/adventure/features/ adventurers-of-the-year/2008/rick-ridgeway-2008/. Accessed Feb 10, 2018.

Naturass, B. & Altomare, M. 1999. *The Natural Step For Business - Wealth, Ecology and the Evolutionary Corporation*. Gabriola Island, B. C.: New Society Publishers.

Neilsen, R. P. 1989. Changing Unethical Organizational Behavior. *Academy of Management Executive* 3(2): 123-30.

Nelson, D. L. & Quick, J. C. 2003. *Organizational Behavior: Foundations, Realities, and Challenges*. Mason, Ohio: South-Western.

Nikebiz, 2011. Workers and Factories: Improving Conditions in Our Contract Factories. *Nike Inc*. http://www. nikebiz.com/responsibility/workers_and_factories.html, Accessed May 11, 2011.

Numazaki, I. 1986. Network of Taiwanese Big Business. *Modern China*, 12(4): 487-530.

Numazaki, I. 1992. *Network and Partnerships: The Social Organization of the Chinese Business Elite in Taiwan*. Dissertation of Michigan State University.

Numazaki, I. 1993. The Tainanbang: The Rise and Growth of a Banana-Bunch Shaped Business Group in Taiwan. *Developing Economics*, 31(4): 485-509.

OCAI, 2012. Organizational Culture Assessment Instrument, *OCAI Report 2012*. https://www. ocai-online.com/userfiles/file/ocai_enterprise_example_report.pdf.Accessed April 20, 2019.

O'Reilly, C. A., & Chatman, J. A. 1996. Culture As Social Control: Corporations, Cults, And Commitment. In Staw, B. M. & Cummings, L. L. Eds., *Research in organizational behavior: An annual series of analytical essays and critical reviews*, Vol. 18, pp. 157-200. US: Elsevier Science/JAI Press.

Ortega, Bob, 1998. *In Sam We Trust: The Untold Story of Sam Walton and How Wal-Mart Is Devouring America*. New York: Random House.

Ouchi, W. 1981. *Theory Z: How American Business Can Meet the Japanese Challenge*. Reading, M.A.: Addison-Wesley.

Oz, E. 2001. Organizational Commitment and Ethical Behavior: An Empirical Study of Information System Professionals. *Journal of Business Ethics* 34: 137-142.

Packard D. 1960. The Responsibility of Business to Society. *Packard Speeches June 7, 1960*. AMA, New York. https://historycenter.agilent.com/packard-speeches/ps1960. Accessed on March 08, 2019.

Packard, D. 1995. *The HP Way: How Bill Hewlett and I Built Our Company*. New York: HarperCollins.

Paine, L. 1994. Managing for Organizational Integrity. *Harvard Business Review* March-April, 106-117.

Pandya M., Shell R., Warner S., Junnarkar, S., & Brown, J. 2005. *Lasting Leadership: What You Can Learn From The Top 25 Business People Of Our Times*. New Jersey: Pearson Education Inc..

Parboteeah, K. P., Chen, H.C., Lin, Y-T., Chen, I-Heng, Lee, A. Y-P., & Chung, A. 2010. Establishing Organizational Ethical Climates: How Do Managerial Practices Work? *Journal of Business Ethics*, 2010: 599-611.

Park, H-J., & Kang, S-W. 2014. The influence of the founder's ethical legacy on organizational climate: Empirical evidence from South Korea. *Social Behavior And Personality* 42(2): 211-222.

Parker, J. 2008. *Do the Right Thing: How Dedicated Employees Create Loyal Customers and Large Profit*. Upper Saddle River, NJ.: Pearson Education, Inc..

Pascale R. T. & Athos, A. G. 1981. *The Art of Japanese Management, Application for American Executives*. New York: Warner Books.

Paumgarten, N. 2016. Patagonia's Philosopher-King. *New Yorker*, Sept 12. https://www.newyorker.com/magazine/2016/09/19/patagonias-philosopher-king. Accessed Feb 12, 2018.

Patagonia, 2011. Introducing the Common Threads Initiative - Reduce, Repair, Reuse, Recycle, Reimagine. *Patagonia*. Sep 7. https://www.patagonia.com/blog/2011/09/introducing-the-common-threads-initiative/. Accessed Feb 22, 2019.

Payne, S. L. 1991. A Proposal for Corporate Ethical Reform: The Ethical Dialogue Group. *Business & Professional Journal* 10(1): 67 - 88.

Peters, T. J. & Waterman, R. H. Jr. 1982. *In Search of Excellence: Lessons from America's Best-Run Companies*. New York: Warner Books.

Pettigrew, A. M. 1979. On Studying Organizational Cultures. *Administrative Science Quarterly* 24: 570-581.

Pfeffer, J. 1998. *Human Equation, Building Profits by Putting People First*. Boston, Massachusetts: Harvard Business School Press.

Pfeffer, J. 1994. *Competitive Advantage Through People: Unleashing the Power of the Workforce*. Boston, Mass.: Harvard Business School Press.

Pheysey, D. C. 1993. *Organizational Cultures: Types and Transformations*. London and New York: Routledge.

PHP Institute, 1994. *Matsushita Konosuke: His Life & His Legacy*. Tokyo: PHP Institute.

Pilling, D. 2005. Shiseido Brand Change More Than Skin Deep. *Financial Times* Dec 20. https://www.ft.com/content/041ed068-70c1-11da-89d3-0000779e2340. Accessed on March 08, 2019.

Poletti, T. 2017. Meg Whitman Leaves Behind A Fractured Hewlett-Packard With No Guarantees. *Marketwatch* Nov 22. https://www.marketwatch.com/story/meg-whitman-leaves-behind-a-fractured-hp-with-no-guarantees-2017-11-21. Accessed 23 March 2019.

Porretto, J. 2003. The 100-year Legacy of Henry Ford. *The Associated Press*. Jun 13. https://www.post-gazette.com/business/auto/2003/06/13/The-100-year-legacy-of-Henry-Ford/stories/200306130022. Accessed on March 08, 2019.

Posner, B. & Schmidt, W. 1984. Values and American Manager: An Update. *California Management Review* 24(3): 206-16.

Preece, S., C. Fleisher and J. Toccacelli: 1995. Building a Reputation Along the Value Chain at Levi Strauss. *Long Range Planning* 28, 88-98.

Primeaux, E. 2016. Numbers Manipulator Describes Enron's Descent. *Fraud Magazine* March/April. https://www.fraud-magazine.com/article.aspx?id=4294991880. Accessed on April 04, 2019.

Quinn, R. E. & Cameron, and K. S. 1983. Organizational Life Cycles and Shifting Criteria of Effectiveness: Some Preliminary Evidence. *Management Science* 29(1): 33-51.

Redding, S. G. 1983. Management Styles: East and West. Orient Airlines Association Manila Conference. (quoted from 鄭伯壎，莊仲仁，1984)

Rees, M. J. & Anonymous, 2004. *Our Final Hour: A Scientist's warning: How Terror, Error, and Environmental Disaster Threaten Humankind's Future in This Century: On Earth and Beyond.* Perseus Books Group (first published March 19th 2003).

Reichert, J. 2006, *Ikea and the Natural Step*. Washington, D.C.: World Resources Institute.

Reichheld, F. F. 1996. *The Loyalty Effect: The Hidden Force Behind Growth, Profits and Lasting Values*. Boston, MA.: Harvard Business School Press.

Reichheld, F. F. 2001. *Loyalty Rules! How Today's Leaders Build Lasting Relationships.* Boston, MA.: Harvard Business School Press.

Reidenbach, R. E. & Robin, D. P. 1991. A conceptual Model of Corporate Moral Development. *Journal of Business Ethics* 10: 273-84.

Reingold, J. 2013. Southwest's Herb Kelleher: Still Crazy After All These Years. *Fortune*, January 14. http://fortune.com/2013/01/14/southwests-herb-kelleher-still-crazy-after-all-these-years/. Accessed Jan. 10, 2019.

Reischauer, E. O. 1978. *The Japanese.* Tokyo: Charles E. Tuttle company.

Robert, K-H. 2002. *The Natural Step: Seeding a Quiet Revolution*, Gabriola Island, BC.: New Society Publishers.

Robin, D. P. & Reidenbach, R. E. 1988. Integrating Social Responsibility and Ethics into the Strategic Planning Process. *Business & Professional Journal* 7(3&4): 29-46.

Rokeach, M. 1968. *Beliefs, Attitudes, And Values: A Theory Of Organization And Change.* San Francisco, CA: Jossey-Bass.

Rokeach, M.1973. *The Nature of Human Values*. New York: The Free Press.

Rosen, R. H. & Brown, P. B. 1996. *Leading People: Transforming business From the Inside Out*. New York: Viking Penguin.

Rosoff, M. 2011. A Brief History Of HP's Totally Dysfunctional Board. *Business Insider,* Sep 26. https://www.businessinsider.com/a-brief-history-of-hps-totally-dysfunctional-board-2011-9#but-apotheker-clearly-wasnt-in-control-12. Accessed 23 March, 2019.

Ross, T. 1988. *Ethics In American Business: An Opinion Survey*. Touche Ross & Co..

Rossouw, G. J. van Vuuren, L. J. 2003. Modes of Managing Morality: A Descriptive Model of

Strategies for Managing Ethics. *Journal of Business Ethics* 46: 389-402.

Sabel, C., D. O'Rourke and A. Fung: 2001. Realizing Labor Standards. In Sabel, C., O'Rourke, D. & Fung, A. Eds. *Can We Put an End to Sweatshops?* pp. 3-22. Boston: Beacon.

Sandra, V. & Roy, Scott, R. 1992. *Wal-Mart: A History of Sam Walton's Retail Phenomenon.* New York: Doubleday.

Schein E. H. 1983. The Role of the Founder in Creating Organizational Culture. *Organizational Dynamics* (Summer): 13-28.

Schein E. H. 1992. *Corporate Culture and Leadership*, Second Edition. San Francisco: Jossey-Bass Publishers.

Schoenberger, K.: 2000, *Levi's Children: Coming to Terms with Human Rights in the Global Marketplace.* New York: Atlantic Monthly.

Scholz, C. 1987. Corporate Culture and Strategy: the Problem of Strategic Fit. *Long Range Planning* 20(4): 78-87.

Schwartz, S. H. 1992. Universals In The Content And Structure Of Values: Theoretical Advances And Empirical Tests In 20 Countries. *Advances in Experimental Social Psychology* 25: 1-65.

Schwartz, S. H. 2012. An Overview Of Schwartz Theory Of Basic Values. *Online Readings in Psychology and Culture*, 2 (1). http://dx.doi.org/10.9707/2307-0919.1116, Accessed Mar. 2018.

Schwartz, S. H. & Bardi, A. 2001. Value Hierarchy Across Culture. *Journal of Cross-Cultural Psychology* 32 (3): 268-290.

Schwarz, H. & Davis, S. M. 1981. Matching Corporate Culture and Business Strategy. *Organizational Dynamics* 10: 30-48.

Schwepker, C. H. Jr. 2001. Ethical Climate's Relationship to Job Satisfaction, Organizational Commitment, and Turnover Intention in the Salesforce. *Journal of Business Research* 54: 39-52.

Schwepker, C. H. Jr. 1999. Understanding Salespeople's Intention to Behave Unethically: The Effect of Perceived Competitive Intensity, Cognitive Moral Development and Moral Judgement. *Journal of Business Ethics* 21: 303-316.

Selznick, P. 1957. *Leadership in Administration.* Evanston, IL.: Row, Paterson.

Shao, R., Aquino, K., & Freeman D. 2008. Beyond Moral Reasoning: A Review Of Moral Identity Research And Its Implications For Business Ethics. *Business Ethics Quarterly* 18:

513-540.

Sharpe-Paine, L. 2002. Venturing Beyond Compliance. In Hartman, L. P. Ed. *Perspectives in Business Ethics,* pp. 133-137. Boston: McGraw-Hill Irwin.

Sims, R. R. 1991. Institutionalization of Organizational Ethics. *Journal of Business Ethics* 10: 493-506.

Sims, R. R. 2003. *Ethics and Corporate Social Responsibility: Why Giants Fall.* Westport, Connecticut: Praeger.

Sims, R. I. & Kroeck, G. K. 1994. The Influence of Ethical Fit on Employee Satisfaction, Commitment and Turnover. *Journal of Business Ethics* 13: 939-947.

Simons, T. 2002. The High Cost of Lost Trust. *Harvard Business Review* 80: 18-19.

Skelly, J. 1995. Interview: Ryuzaburo Kaku. *Business Ethics 9* (2): 30-33.

Slater, R. 2003. *The Walmart Decade: How a New Generation of Leaders Turned Sam Walton's Legacy Into the World's #1 Company.* New York: Portfolio.

Stead, W. E., Worrell, D. L. & Stead, J. G. 1990. An Integrative Model for Understanding and Managing Ethical Behavior in Business Organizations. *Journal of Business Ethics* 9: 233-242.

Steers, R. 1977. Antecedent and Outcomes of Organizational Commitment *Administrative Science Quarterly* 22: 46-56.

Suess, R. 2018. The 'HP Way', An Outdated Management Style? Linkedin Jan 16. https://www.linkedin.com/pulse/hp-way-outdated-management-style-ralf-suess. Accessed on June 05, 2019.

Swartz, M. 2001. How Enron Blew It. *Texas Monthly.* https://www.texasmonthly.com/the-culture/how-enron-blew-it/. Accessed on April 05, 2019.

Swartz, M., & Watkins, S. 2003. *Power Failure: The Inside Story of the Collapse of Enron.* New York: Doubleday.

Taylor, B. 2011. How Hewlett-Packard Lost the HP Way. *Harvard Business Review*, September 23. https://hbr.org/2011/09/how-hewlett-packard-lost-the-h-p-way. Accessed on June 05, 2018.

Taylor, B. 2019. The Legacy of Herb Kelleher, Cofounder of Southwest Airlines. *Harvard Business Review*, JAN 08, 2-4.

Tenbrunsel, A. E., & Smith-Crowe, K., & Umphress, E. E. 2003. The role of ethical infrastructure in organizations. *Social Justice Research* 16: 285-307.

Teutsch, A. 1991. *The Sam Walton Story*. Austin, Texas: Golden Touch Press.

Thompson, G. F. n.d. Fordism, Post-Fordism and the Flexible System of Production. https://www.cddc.vt.edu/digitalfordism/fordism_materials/thompson.htm. Accessed April 12, 2019.

Thomson, J. 2018. Company Culture Soars at Southwest Airlines. *Forbes*, Dec. 18. https://www.forbes.com/sites/jeffthomson/2018/12/18/company-culture-soars-at-southwest-airlines/#2ea85a76615f. Accessed Apr. 20, 2019.

Tibbs, H. B. C. 1992. Industrial Ecology: An Environmental Agenda For Industry. *Whole Earth Review* (Winter): 4-19.

Trevino, L. K. 1986. Ethical Decision Making in Organization: A Person-Situation Interactionist Model. *Academy of Management Review* 11(3): 601-17.

Trice, H. M. & Beyer, J. M. 1993. *The Cultures of Work Organizations*. Englewood Cliffs, New Jersey: Prentice Hall.

Trimble, V. H. 1990. *Sam Walton: The Inside Story of America's Richest Man*. New York: Dutton.

Tully, S. 2019. Remembering Herb Kelleher: An Unparalleled Innovator In Commercial Aviation. *Fortune*, JAN. 16. http://fortune.com/2019/01/16/remembering-herb-kelleher-an-unparalleled-innovator-in-commercial-aviation/. Accessed Apr. 10, 2019.

Tunstall, W. B. 1983. Cultural Transition at AT&T. *Sloan Management Review* 25(1): 15-26.

Tyler, T. R, 1990. *Why People Obey Law*. New Haven, Conn.: Yale University Press.

Tyler, T. R., 2005. Promoting Employee Policy Adherence And Rule Following In Work Settings: The Value Of Self-Regulatory Approaches. *Brooklyn Law Review*, 70, 1287-1312.

Tyler , T. R., & Blader, S. L. 2005. Can Business Effectively Regulate Employee Conduct? The Antecedents Of Rule Following In Work Settings. *Academy of Management Journal 48*, 1143-1158.

Victor, B. & Cullen, J. B. 1988. The Organizational Basis of Ethical Work Climates. *Administrative Science Quarterly* 33: 101-25.

Walton, S. 1992. *Made in America: My Story*. New York: Doubleday.

Watts, S. 2005. *The People's Tycoon: Henry Ford and the American Century*. New York: Knopf.

Wazir, B. 2001. Nike Accused Of Tolerating Sweatshops. *The Guardian*, May 20. https://www.theguardian.com/world/2001/may/20/burhanwazir.theobserver. Accessed 2001, July 10.

Weber, J. 2015. How Southwest Airlines Hires Such Dedicated People. *Harvard Business*

Review, Dec. 02. https://hbr.org/2015/12/how-southwest-airlines-hires-such-dedicated-people. Accessed Feb. 14, 2019.

Weber, M. 1976. *The Protestant Ethic and the Spirit of Capitalism*. London: George Allen & Unwin. [1930].

Wilkins, A.L. 1984. The Creation of Company Culture: The Roles of Stories and Human Resource Systems. *Human Resource Management* 23 (Spring): 41-60.

Williams, R. M. Jr. 1970. *American Society*, 3rd Edition. New York: Knopf.

Williams, R. M. Jr. 1979. Changing And Stability In Values And Value Systems: A Sociological Perspective. In Rokeach, M. Ed. *Understanding Human Values*. New York: Free Press.

Wilson, C. 2015. *The Compass and the Nail: How the Patagonia Model of Loyalty Can Save Your Business, and Might Just Save the Planet.* LA, Cal.: Rarebird Books.

Yamaguchi, T. 1997. The secret of Matsushita's Success-Five Principles of Rational Humanistic Management. Manuscript given by Yamaguchi to author.

Yeh, R. 1988. On Hofstede's Treatment of Chinese and Japanese Values. *Asia Pacific Journal Of Management* 6(1): 149-160.

Yener, M., Yaldiran, M. & Ergun, S. 2012. The Effect Of Ethical Climate On Work Engagement. *Procedia -Social and Behavioral Sciences* 58: 724-733.

Whittaker, R. H. 1975. *Communities and Ecosystems*. 2nd ed. New York: Macmillan.

Wu, M. 2006. Hofstede's Cultural Dimensions 30 Years Later: A Study of Taiwan and the United States. *Intercultural Communication Studies* XV(1): 33-42.

Zadek, S. 2004. The Path to Corporate Social Responsibility. *Harvard Business Review* December 125-132.

國家圖書館出版品預行編目資料

企業文化的創造與傳承／葉保強著. -- 初版.
-- 臺北市：五南，2019.12
　　面；　公分
　　ISBN 978-957-763-682-9（平裝）

1.組織文化　2.組織管理

494.2　　　　　　　　　　108015922

1FJ9

企業文化的創造與傳承

作　　者 ― 葉保強

發 行 人 ― 楊榮川

總 經 理 ― 楊士清

總 編 輯 ― 楊秀麗

主　　編 ― 侯家嵐

責任編輯 ― 李貞錚

文字校對 ― 許宸瑞、石曉蓉

封面設計 ― 姚孝慈

出 版 者 ― 五南圖書出版股份有限公司

地　　址：106台北市大安區和平東路二段339號4樓

電　　話：(02)2705-5066　　傳　真：(02)2706-6100

網　　址：http://www.wunan.com.tw

電子郵件：wunan@wunan.com.tw

劃撥帳號：01068953

戶　　名：五南圖書出版股份有限公司

法律顧問　林勝安律師事務所　林勝安律師

出版日期　2019年12月初版一刷

定　　價　新臺幣480元

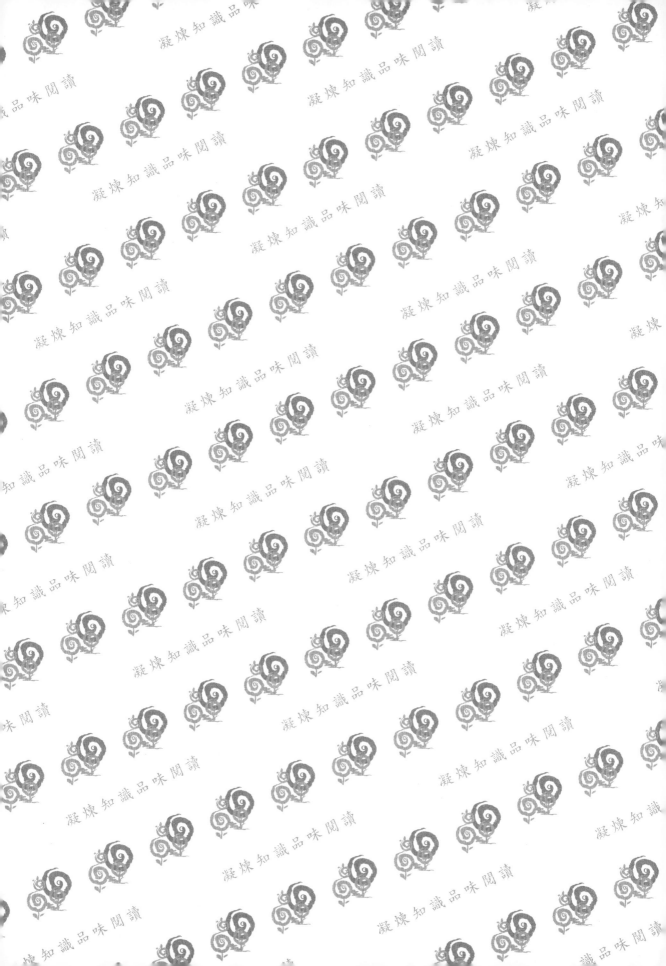